環 境 変 化 を 定 量 的 に 把 握 し よ う

Pythonで学ぶ衛星データ解析基礎

田中康平　田村賢哉　玉置慎吾

監修
宮﨑浩之

技術評論社

はじめに

　私たちが暮らしている地域、ひいては地球は、いまどのような状況にあるのでしょうか？

　近年、異常気象の発生回数が増加したり、自然の多様性が失われていたりといった変化があちらこちらで発生しています。身近な地域でも、目まぐるしく建物の建て替えなどにより地域の風景が変わっている方も多いことでしょう。このような中で、さまざまな変化を把握できるようになることは非常に重要です。

　変化を把握する1つの手段として人工衛星による地球観測データ（以下、衛星データ）の利用が有効です。人工衛星は地球を周回することで世界中を定期的に観測するため、時間に応じて移り変わる地球環境の変化をとらえるのに向いています。衛星データは高額だろうなと想像される方が多いと思いますが、現在は無料で公開されているデータも多くあります。無料の衛星データの場合、人がどこに移動しているかということを見るには十分ではありませんが、どこに建物が建てられたか、どこの森林が伐採されているのかといったことを把握できます。さらに、人工衛星はさまざまなセンサで地球を観測しているため、地表面温度や水質など私たちの目に見えない変化もとらえることができます。

　無料で公開されている衛星データも多く蓄積されてきたことで、機械学習を使った解析事例やツールも徐々に増えてきています。近年ではデータサイエンティストが参加するコンペティションの題材として衛星データが利用されることもあります。

　地域や地球の状況を知ることができるデータやツールが整備されつつある中で、これらを使いこなせる人をもっと増やす、という課題があると私たちは考えています。しかし、広く一般の方を対象とした、データやツールの利用方法について解説した入門書はまだ多くありません。

　そこで、本書籍では人工衛星による地球観測の概要から始まり、土地の利用区分や海岸線の変化など地球環境に関連した課題について、データサイエンスでよく用いられるプログラミング言語であるPythonを利用して衛星データ解析手法について解説しています。これにより、地域課題や地球的課題に取り組まれる方々に新しいデータとツールの理解へ部分的に貢献できると考えています。

　まずは、身の回りのことを衛星データで把握できるようになってから、最終的には地球上のあらゆる地域の接続可能な発展への貢献に衛星データを駆使する方々が増えることを願っています。

2022年晩秋　筆者一同

謝 辞

本書はさくらインターネット株式会社が運営している衛星データプラットフォームTellusや宇宙ビジネスメディア宙畑のコンテンツを多く再編集する形で利用しています。本書籍の出版を後押ししてくださった山﨑秀人様や小笠原治様、竹林正豊様を始め、同社や宙畑編集部の皆さまに感謝いたします。なお、同社の由井文様に技術評論社の池本公平様を紹介いただいたことで本書籍の出版は実現いたしました。心よりお礼を申し上げたいと思います。

上記の皆さま以外にも、本書の基となるコンテンツの一部は一般財団法人リモート・センシング技術センター（RESTEC）やキラメックス株式会社の皆さまにご協力いただきながら作成されており、多くの方々が加わることで構成されました。コラム執筆に協力いただきました皆様を始め、本書籍にかかわったすべての皆さまに感謝いたします。

本 書 の 対 象 読 者

本書籍は、Pythonによる衛星データ解析に興味がある初学者に向けた入門書となっています。学校の情報の授業等で利用する際の副教材になることを意識し、衛星データだけでなくデータサイエンスの基礎的な内容も含めました。学校で地球環境やご自身が住んでいる地域がどのように変化しているか調べたい方はもちろんのこと、衛星データを使って何かビジネスを始めたい方にも読んでいただきたいと思っています。

従来のデータサイエンスの教材の場合には身近なデータを利用することが難しかった中で、衛星データであれば身近な地域のデータを利用して解析することができます。少しのプログラミング変更で解析対象地域を変えることができるようになっているので、関心のある地域の変化についてぜひ調べてみてください。

読 み 方

興味を持った章から読んでいただくことができますが、第1章で記載されている環境構築や各章で利用するデータの利用登録は済ませるようにしてください。各種パッケージの更新により仕様が変更されている可能性があるため、本書で作成したプログラムは実行ができない場合があります。修正した最新のプログラムはGitHubに随時アップロードしておりますので、変更履歴を次のWebサイトから確認ください。ダウンロードしたプログラムをGoogle Colab等で実行することで書籍の内容を再現できます。

- 利用データと分析ノートブックのダウンロード　　　https://gihyo.jp/book/2022/978-4-297-13232-3
- 分析ノートブックのダウンロード　　　　　　　　　https://github.com/tamanome/satelliteBook

第2章では衛星データの基礎知識について紹介します。衛星データ解析を通してどのような成果物を得られそうか、イメージを持つためにご覧ください。

第3章からはPythonによる衛星データ解析を行います。第3章では衛星データを取得する方法や、解析する上で必要になる事前の処理方法について紹介します。第4章では衛星データの波長を組み合わせた解析を行います。森林の違法伐採や道路抽出、米の収量予測、湾岸線の変化といった事例について学んでいきましょう。第5章以降は機械学習について学んでいきます。第5章では回帰モデルによる森林の樹高推定について学習し、第6章では土地の利用状況の分類について演習を通して見ていきましょう。

なお、本書籍では衛星データ解析に興味を持った皆さまがどのような分野に進学・就職すると衛星データにかかわることができるのか知ることができるように、さまざまな分野で活躍する方々がどのような場所で学び、どのようなことに衛星データを利用しているのかコラム形式で紹介しています。

目次

第 1 章

解析環境の構築

衛星データの基礎

第 **3** 章
衛星データ解析準備

第 **4** 章
衛星データ解析
手法別演習［解析編］

第 **5** 章

衛星データ解析
手法別演習［教師あり機械学習編］

第 **6** 章

衛星データ解析
手法別演習［分類編］

付 録

第1章

解析環境の
構築

Chapter1

第 1 章 解析環境の構築

この章で学習すること

データサイエンスを始めるためには、まずはデータを解析する環境が必要です。自分のパソコン（以降、PC）に解析環境を用意する（ローカルに解析環境を作成）、クラウドコンピューティングを利用する（Google Colab など）、Tellus の仮想マシン（Virtual Machine：VM）といった環境があります。

これらの解析環境の構築方法に加え、Sentinel Hub や USGS、Tellus など、本書で利用するサービスのアカウント登録方法を紹介します。

1-1 解析環境を構築する

ローカルに、つまり自分の手もとの PC に解析環境を構築することは初学者にとってハードルが高いものですが、柔軟に環境を構築できたり、余計な出費を抑えられたりという利点があります。

一方、クラウドコンピューティングを利用することは、最初から解析が可能な環境が提供されているという利点があります。しかしながら、無料のものは連続使用時間制限があったり、新しい解析パッケージをインストールするのに特殊な手順があったり、有料であったりといった欠点もあります。

仮想マシンでは、ローカルに環境を構築するのと同じ手間があったり（ただし、解析環境を簡単に構築できるサービスもあります）、無料ではないといった欠点がありますが、自分の PC のスペックに縛られず、ネットに接続されていればどの端末からでも解析を行うことができるといった利点もあります。

まとめると表1-1のようになります。

表1-1 ローカル VS. クラウドの利点欠点について

	利点	欠点	導入難度
ローカル環境	無料で利用可能	PCのスペックに解析能力が依存する。パッケージの依存関係により、作業環境の構築が煩雑になる場合がある	やや難しい
クラウド環境（Tellus）	クラウド上に解析環境が構築可能。インターネットに接続されてさえいれば、どこからでも同じ環境で解析が可能で、時間制限もない	利用が基本的に有料。クラウドのスペックを上げると、それに伴って料金が高くなってしまう。またターミナルでの操作が基本となるため初心者には扱いが難しい	難しい
クラウド環境（Colab）	同じ環境設定で解析が可能。煩わしい環境作成も少ない	無料利用の場合時間制限があり、リセットされるごとに作業環境を構築しなおさねばならない	やさしい

1-1-1 ローカルに解析環境を作成する

　自分のパソコン（PCやMac）にAnaconda[注1]を利用して解析環境を構築する手順を解説します。本書では macOS環境へのインストールを例に紹介しますが、Windows環境でもその方法はほとんど変わりません。

Anaconda（アナコンダ）のインストール

　アナコンダのダウンロードサイトにアクセスし、使用している自分のPCに合ったインストールファイル をダウンロードします。macOSの場合は64-Bit Graphical Installer（519）MBをクリックします（図1-1）。 ファイルサイズは約500MBほどです。ダウンロードしたファイルを解凍し、pkgファイルを実行します （Windowsの場合はexeファイル）。

---

https://www.anaconda.com/products/distribution

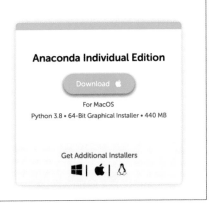

図1-1 Anacondaのダウンロードページ

　［Continue］をクリックして、インストールを行います（図1-2）。

注1　Anacondaとは、データ解析にかかわるpythonパッケージの管理と仮想環境を提供するものです。そのため、Anacondaを導 入することで、データ解析するための環境を容易に構築できます。Anacondaは大規模な利用では有償ですが、個人や教育目的 であれば、基本的に無料で利用できます。

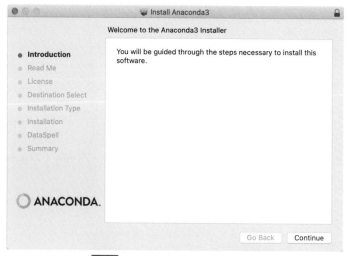

図1-2 Anacondaのインストーラー画面

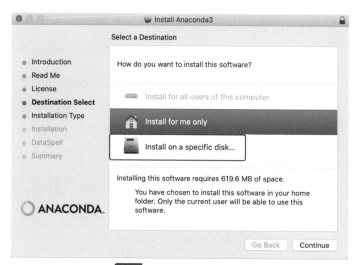

図1-3 Anacondaの起動画面

　インストール先に変更がなければ、そのまま［Continue］を押します。特定の場所に変更を行う場合には、［Install on specific disk］を押してください（図1-3）。Pycharm IDEは今回は使用しないため、［続ける］を押して、インストール作業を継続します。

　インストール後、Anacondaを起動します。

Pythonのインストールと仮想環境の構築

最初に仮想環境[注2]を構築します（図1-4）。

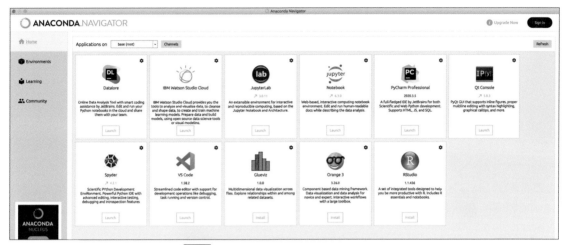

図1-4 AnacondaでのPythonインストール画面

図1-5で［Environments］タブをクリックし、さらに［Create］をクリックします。

今回はPython 3.8をインストールします（図1-6）。仮想環境の名前は、何を解析する環境なのかわかりやすいものにしましょう。たとえば、PythonGISなどにしておけば、GIS専用の環境だとわかりやすくなります。

図1-5 新しい解析環境の構築

注2 仮想環境を構築する利点として、1つの環境に複数のライブラリをインストールすることにより生じる、ライブラリ間のバージョンの不整合を避けることにあります。そのため、解析の内容ごとに仮想環境を構築しておけば、トラブルの発生を低くめることができます。

Create new environment
Name: pythouGIS
Location: /Users/eruza_kurumi/opt/anaconda3/envs/pythouGIS
Packages: Python 3.8.13
R 4.1.3
Cancel
Create

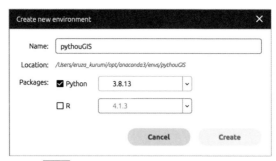

図1-6 Pythonのバージョン3.8のインストール

図1-7のようにインストールしたいライブラリを検索窓に入力します。例ではNumPyを検索しています。チェックボックスにチェックを入れ、[Apply]をクリックします。初期設定では、検索窓の並びにある左上のプルダウンの部分がInstalledになっており、検索しても探すことができません。その場合には、InstalledをNot installedに切り替えて検索してください。

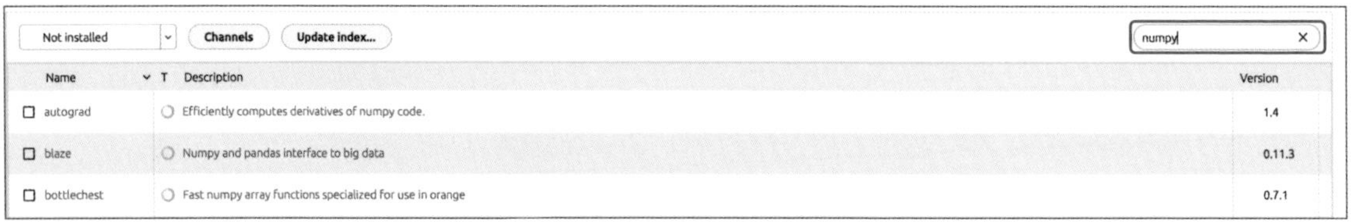
Not installed
Channels
Update index...
numpy
Name
T
Description
Version
autograd
Efficiently computes derivatives of numpy code.
1.4
blaze
Numpy and pandas interface to big data
0.11.3
bottlechest
Fast numpy array functions specialized for use in orange
0.7.1

図1-7 ライブラリの検索とインストール

ライブラリと依存関係にあるパッケージが自動で候補として挙がりますので、そのまま[Apply]をクリックしましょう(図1-8)。

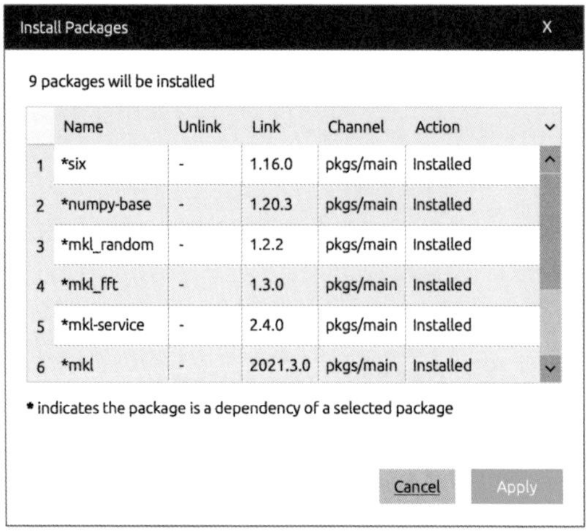
Install Packages
9 packages will be installed
Name
Unlink
Link
Channel
Action
1 *six - 1.16.0 pkgs/main Installed
2 *numpy-base - 1.20.3 pkgs/main Installed
3 *mkl_random - 1.2.2 pkgs/main Installed
4 *mkl_fft - 1.3.0 pkgs/main Installed
5 *mkl-service - 2.4.0 pkgs/main Installed
6 *mkl - 2021.3.0 pkgs/main Installed
* indicates the package is a dependency of a selected package
Cancel
Apply

図1-8 ライブラリのインストール

NumPyがインストールされたのが確認できました (図1-9)。

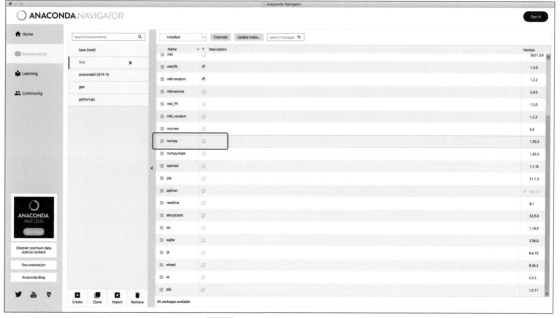

図1-9 NumPyのインストール確認

同じ手順で本書で必要となるライブラリをすべてインストールしていきます。

- GeoPandas
- rasterio
- Cartopy
- GDAL

これらをインストールすれば解析の準備が整います。細かい部分のインストールは、macOSであればTerminalから、Windowsであれば、Anaconda Promptから行う方が便利です。Windows環境の場合は、詳しくは「anaconda prompt conda windows」でWeb検索してみてください。

1-1-2 Tellusに解析環境を作成する

Tellus (テルース) とは、衛星から取得できる情報を含めたさまざまなデータを集約したデータプラットフォームのことです。日本発のプラットフォームのため日本語に対応しています。簡単な手順に従うことにより、衛星データ解析が行える環境を構築できます。

■○ 開発環境の申し込み方法

開発環境の申し込みは右上の[user name]からダッシュボードへとアクセスし、「開発環境」から行ってください（図1-10）。

図1-10 Tellusの申し込み（2021年9月時点）

■○ コンソールの選択

図1-11はVPS（仮想専用サーバのことです。VMの1つです）の設定画面です。環境構築はすべて「シリアルコンソール」で行います。

図1-11 Tellus VPSサービスの選択

コンソールからVNCコンソール（図1-12）から、シリアルコンソールを選びます（図1-13）。

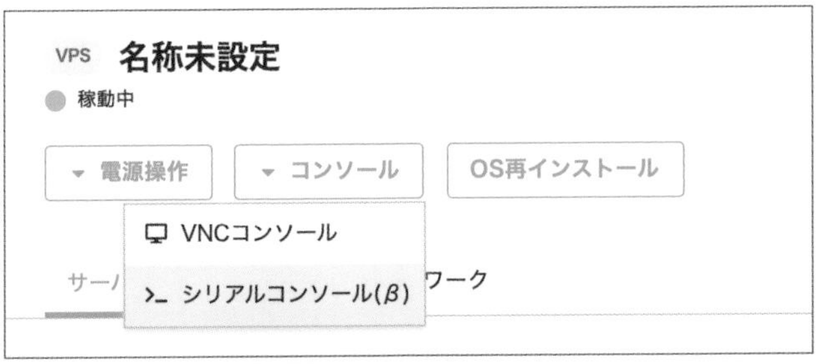

図1-12 VNCコンソールの選択

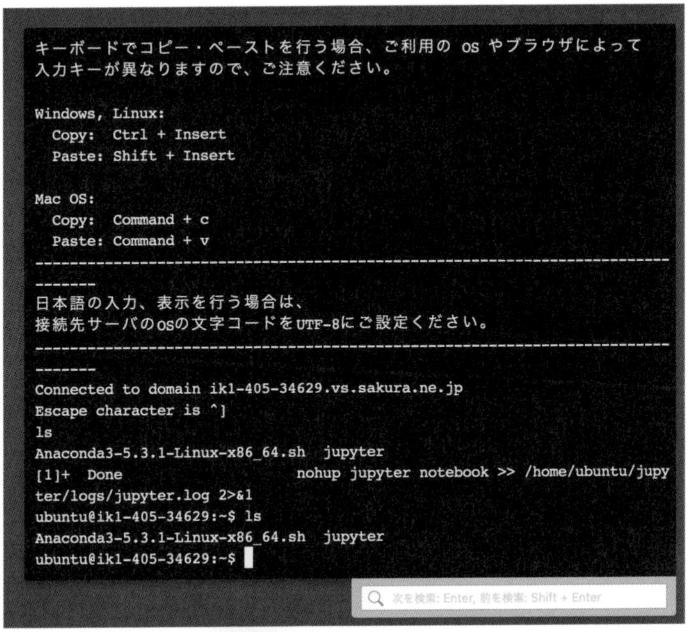

図1-13 シリアルコンソール画面

　VPS環境には標準でJupyter Notebookが入っていますが、今回はJupyterLabのインストールも併せて行います。

```
echo ". /usr/local/anaconda3/etc/profile.d/conda.sh" >> ~/.bashrc
source ~/.bashrc
conda create -n pythonGIS python=3.8
conda activate pythonGIS
```

　conda activateのコマンドを使えるようにするために、echoを用いてパスを通します。パスが通ったら、変更を反映するためにsourceコマンドを用いて、設定ファイルであるbashrcの更新を行います。最後にcoda createを行い、pythonGISという仮想の環境を構築します。condaでは初期設定としてbaseが作られ

ますが、今回は仮想環境を構築し、そちらに衛星データ解析環境を構築していきます。環境構築の際に
pythonのバージョンも指定してあります。今回は3.8xで環境を構築しています。

余談ですが、bashrcを手作業で編集したい場合にはemacsエディタをインストールすると便利です。
VPSにはVimエディタが最初から入っていますが、Vimに慣れていない場合にはemacsをお勧めします。
emacsのインストールは、次のコマンドで行います。

```
$ sudo apt install emacs
```

conda activate pythonGISと入力すると、コンソール上の表示が(base)から(pythonGIS)に変わったの
がわかるはずです。(base)上でのPythonは3.7系でしたが、pythonGISでは3.8系になっています。python
--versionとコンソール上で入力することで確認できます(図1-14)。

```
(pythonGIS) ubuntu@ik1-405-34629:~$ python --version
Python 3.8.10
(pythonGIS) ubuntu@ik1-405-34629:~$
```

図1-14 インストールされたライブラリの確認

■■◎ ライブラリのインストール

続いて必要なライブラリをインストールします。

```
conda install -c conda-forge jupyterlab -y
conda install mamba -c conda-forge -y
mamba install geemap -c conda-forge -y
mamba install geopandas -c conda-forge -y
mamba install rasterio -c conda-forge -y
mamba install cartopy -c conda-forge -y
mamba install geojson -c conda-forge -y
mamba install contextily -c conda-forge -y
mamba install mplleaflet -c conda-forge -y
mamba install osmnx -c conda-forge -y
```

これらで必要なものすべてというわけではありませんが、基本的に必要なものがそろっています。足りな
いものは必要に応じて、適宜インストールしていくという形で問題ありません。

インストールが完了すれば、jupyter labとコンソールに入力しましょう。ログイン画面で正しいパス
ワード(トークン)を入力すれば環境に移行できます。正しいパスワードを入力しているにもかかわらず、
無効なパスワードと判定されてしまう場合には、

```
$ jupyter notebook password
```

上記のコマンドでパスワードの設定を行いましょう。設定したパスワードで環境に入れるようになります
(図1-15)。

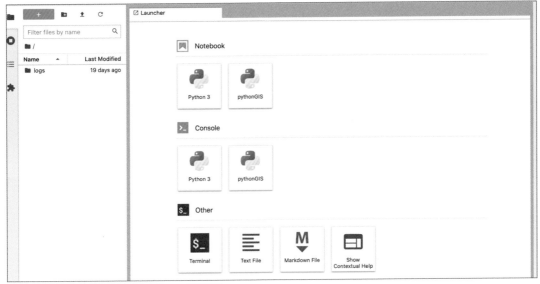

図1-15 Jupyter Notebookの実行画面

1-1-3 Gooble Colabを用いた基本操作

Colabの使い方は公式が提供しているドキュメントに詳しく紹介されています[注3]。Colabはローカルやクラウドで整えたJupyterLabとほぼ同様の利用方法であり、すでにJupyter環境に慣れた方は容易にデータ解析を行える仕組みになっています。

本書籍で利用するコードは以下にアップロードされています。Google Colabにファイルをアップロードすることでコードを実行できるようになっているので、環境構築に自信がない方はこちらで試すのも良いでしょう。

- 利用データと分析ノートブックのダウンロード
  https://gihyo.jp/book/2022/978-4-297-13232-3
- 分析ノートブックのダウンロード
  https://github.com/tamanome/satelliteBook

▣○ Colabの使い方

無料のGoogle Colabでは12時間の連続使用に制限がかけられているものの、計算資源を無料で提供しており、ネットワークにつなぎさえすれば、いつでもデータ解析を進めることができます。また利用者には同様の環境が提供されているため、異なる環境により生ずるさまざまな問題を事前に回避できます(たとえば、ライブラリのインストールができない等)。

注3　Google Colabチュートリアルページ (https://colab.research.google.com/notebooks/intro.ipynb)

図1-16 Gooble Colabチュートリアルページ

　まずは、上記のURLからリンク先に飛び「Colabへようこそ」を開きましょう。開くと図1-16のような画面に遷移します。その後、ドライブにコピーをクリックし、このノートブックを自身のGoogle Driveへ保存します。これによりドライブのトップページ（マイドライブ）へ自動的にColab Notebooksという新しいフォルダが生成され、ファイルが保存されます。

　ノートブックは、ドライブの［新規］から作成できます。

　［新規］をクリックし、［その他］を選択肢、Google Colaboratoryを選択してください（図1-17）。

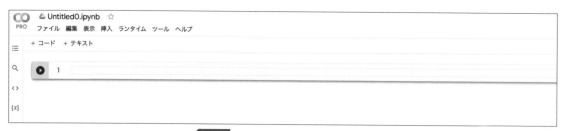

図1-17 Untitled0.ipynbファイルの作成

　Untitled0.ipynbというファイルが生成されます。このノートブックは自動でランタイムへ接続し、使用可能な状態となります。接続された状態で、左カラムにあるフォルダマークをクリックすると、図1-18のような状態が表示されます。

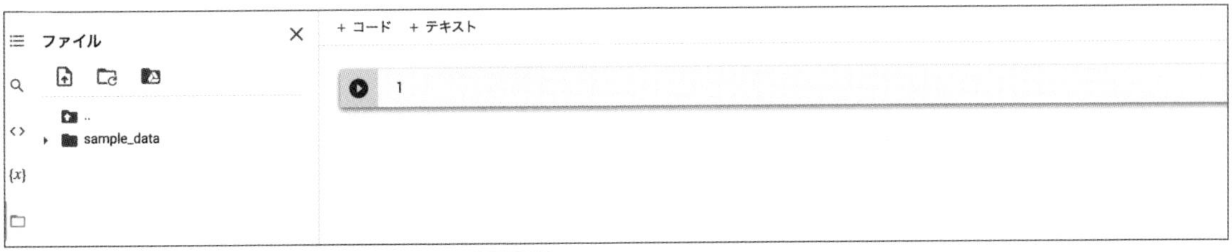

図1-18 sample_dataフォルダ

　この状態では、sample_dataというフォルダだけが見えています。初期化が済んでランタイムに接続された時点では、自分のドライブに接続しておらず、Colabが提供する一時的に利用可能なドライブに接続している状態です。

```
import os
os.getcwd()
```

　セル内に上記コマンドを入力して実行してみましょう。実行はセルの左側にある[再生ボタン ●]をクリックするか、キーボードの[Shift]+[Enter]を入力することで実行されます。実行結果として/contentが返されたと思います。これが現在の作業ディレクトリです。この作業ディレクトリは一時的なものなので、ブラウザやタブを閉じる、作業制限時間により作業が中断されるといったものにより、保存したすべてのデータが消されてしまいます。ノートブックを利用して保存したデータを残しておきたい場合には、自分のドライブをマウントする必要があります。そのためには、ファイルのカラムにある3つのアイコンのうち、もっとも右側にある[ドライブをマウントする]をクリックします。

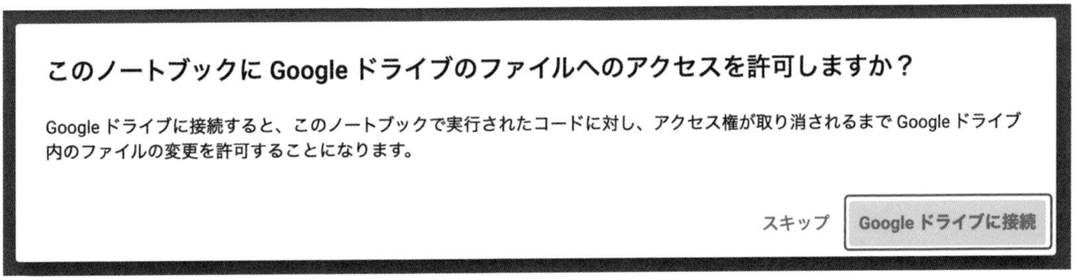

このノートブックに Google ドライブのファイルへのアクセスを許可しますか？

Google ドライブに接続すると、このノートブックで実行されたコードに対し、アクセス権が取り消されるまで Google ドライブ内のファイルの変更を許可することになります。

スキップ　　Google ドライブに接続

図1-19 ドライブのアクセス警告メッセージ

　図1-19のような警告画面が現れますので、Googleドライブに接続をクリックします。接続後、ファイルの再読み込みを行う（3つのアイコンの中央をクリック）ことにより、マイドライブに接続されます。ドライブの読み込みはコマンドでも行えます。

```
from google.colab import drive
drive.mount('/content/drive')
```

上のようにセルに書き実行します。その後、先ほどと同じ画面が現れますので、同様に許可します（図1-20）。

図1-20 ファイルの実行と許可

MyDrive以下に保存されたファイルは消されることがありませんので、残すべき結果は必ず「MyDrive」配下に保存しましょう（図1-21）。また、今後の演習ではファイルをアップロードして解析に利用する場合もあります。その場合には、「MyDrive」を右クリックすることで新しいフォルダを作成し、その場所に利用するファイルをアップロードすることができます。もちろん、自分のGoogle Driveに前もって作業フォルダを作成しておき、そのフォルダをマウントする方法もあります。

図1-21 MyDriveの保存先の決定

本書では、解析に関係するすべてのノートブックを技術評論社の本書紹介Webページもしくは筆者の GitHubからダウンロードできます。ダウンロードしたノートブックはローカル環境でもColabでも実行できます。読者のみなさんは、セルに含まれているコードを実行することで（本書では薄黄色の背景でセルとコードを示しています）、書籍と同じ結果を得られます。本書を読みつつ、セルを実行することで、徐々に解析に慣れてください。

1-2 アカウント登録について

本書では解析を行うにあたり、いくつかのサイトからデータをダウンロードします。その際に、ユーザー登録が必要なサイトもあります。その登録方法について紹介します。いずれのサイトも2021年9月現在、無料でアカウントを作成できます。以降で紹介する以外にも、Googleアカウントが必要なことがあります。事前にアカウントを登録し作成してください。

1-2-1 Tellus

日本発の衛星データプラットフォームであるTellus。このサイトに搭載されているデータを使用するために、アカウント登録をしましょう。同様のサービスを実施しているサイトでは英語が必要ですが、Tellusではすべて日本語で記載されています。図1-22のWebページにアクセスしてアカウントを作成します。

```
https://www.tellusxdp.com/market/sign_up
```

図1-22 Tellusのアカウント登録ページ

1-2-2 Landsat
ランドサット

Landsat のデータをダウンロードする際には、EarthExplorer を利用します。EarthExplorer には次の
URL からアクセスできます。

https://earthexplorer.usgs.gov

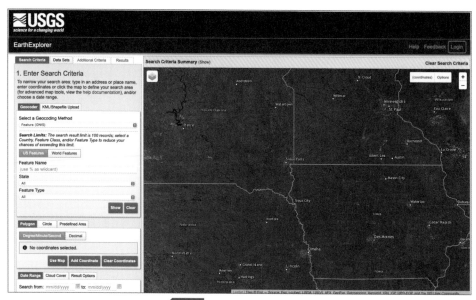

図1-23 Landsat の Web ページ

図1-23の右上の［ログイン］を押すと図1-24の画面に遷移します。［Create New Account］からアカウン
ト登録しましょう。

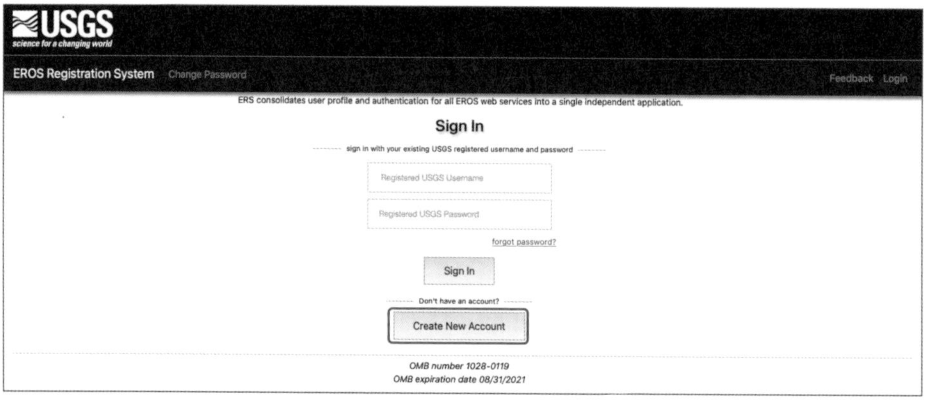

図1-24 Landsat のアカウント登録

1
2
3
4
5
6
A

図1-25で希望するユーザー名とパスワードを登録します。

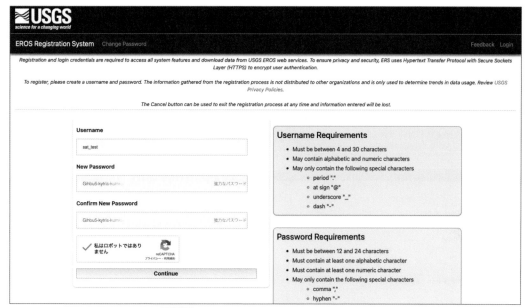

図1-25 Landsatのユーザー名とパスワードの登録

図1-26で各質問に回答します。[Submit Registration]をクリックしたらアカウント登録は完了です。

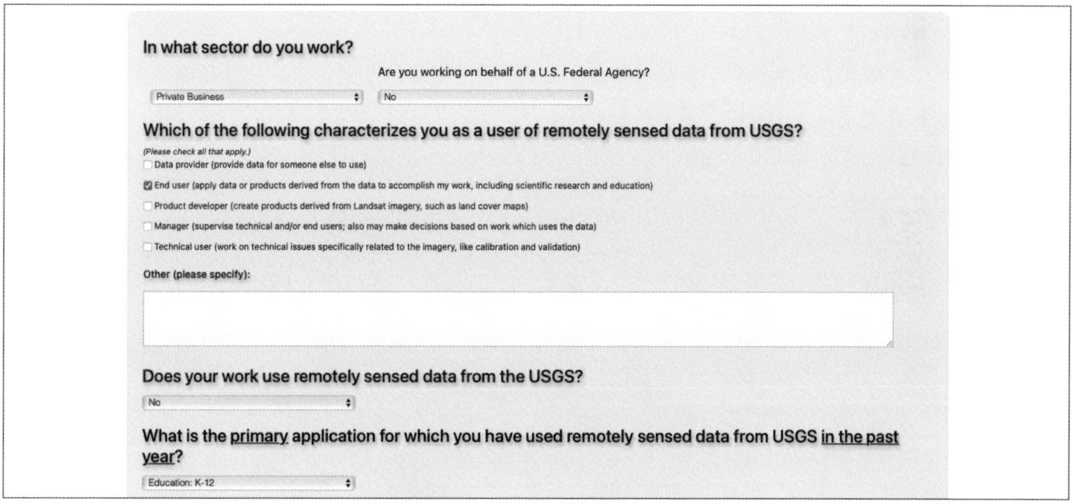

図1-26 Landsat登録時の質問回答

1-2-3　MODIS

　MODISのデータにアクセスするためには、NASAのEARTHDATAでのアカウント登録が必要です。前述と同様の手順で、下記のURLでサイトにアクセスしアカウント登録します（図1-27）。

https://urs.earthdata.nasa.gov/users/new

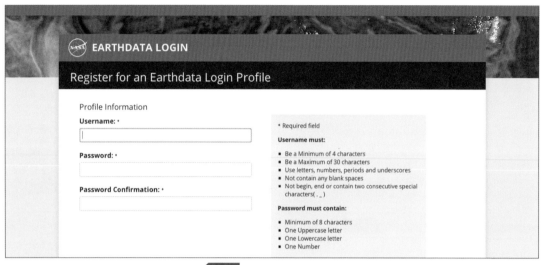

図1-27　MODISの登録ページ

1-2-4　Sentinel

　Sentinelのデータをダウンロードする際には2つアカウント登録が必要です。API経由でデータをダウンロードする場合には下記のサイトにアクセスします。

https://scihub.copernicus.eu/dhus/

　図1-28の右上にあるログインボタンをクリックします。

図1-28　Sentinelの登録ページ

［Sign up］をクリックすることでアカウント登録ページ（図1-29）へと遷移します。

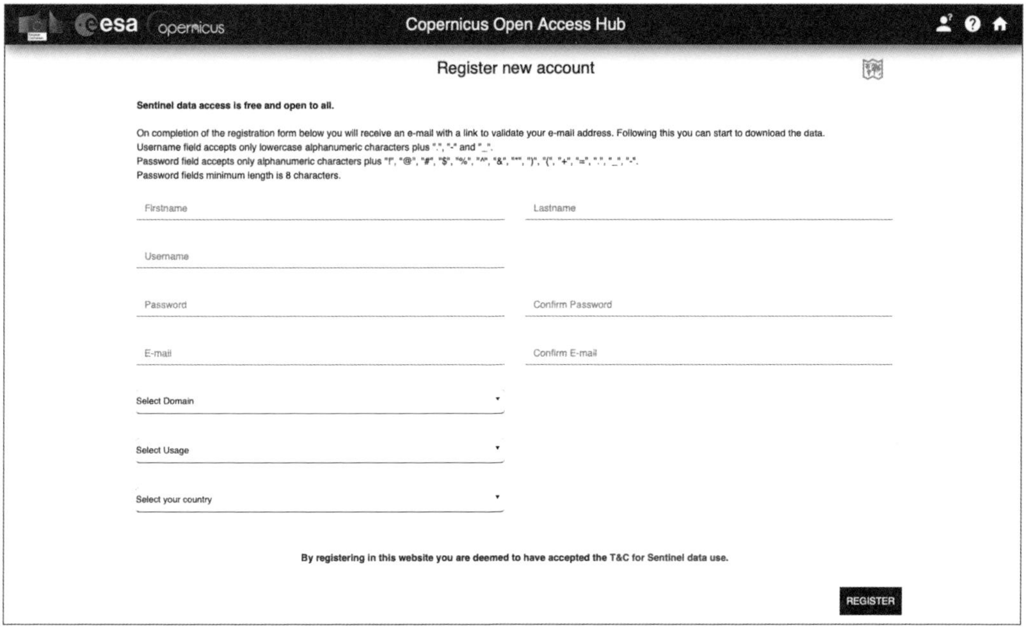

図1-29 Sentinelのアカウント登録ページ

アカウントの登録方法がわからない場合は、下記サイトに手順が詳細に紹介されていますので参考にして確認ください。

https://scihub.copernicus.eu/userguide/SelfRegistration

ブラウザ（GUI）ベースでデータにアクセスするEO Browserからデータにアクセスする場合には、Sentinel Hubでのアカウント登録も必要となります。右上の［Sign in］をクリックします。

https://www.sentinel-hub.com

図1-30 Sentinel のアカウント登録ページ

そうすると図1-31の画面に遷移します。次に［Sign Up］をクリックしてアカウント登録します。

図1-31 Sentinel のアカウント登録ページ

以上でアカウント登録は完了です。

いずれも登録したメールアドレス宛に、確認用のメールが送信されます。メールを確認して、アカウントを有効化してください（メールがしばらくしても届かない場合には、迷惑メールフォルダにメールが入っていることもありますので確認ください）。

本書では扱いませんが、今回紹介したサイト以外にもJAXAが運用するG-Portalからデータを取得できますのでアカウントの登録方法を紹介します（図1-32）。

https://gportal.jaxa.jp/gpr/

サイドバーから［User registrationを選択し、同意をする］にチェックを入れて次のステップへ進みます（図1-33）。後は登録に必要な情報を記入していくだけです。

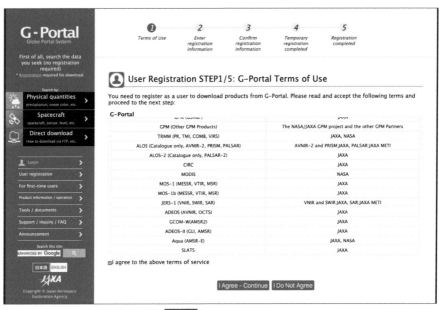

図1-32 JAXAのG-Portal

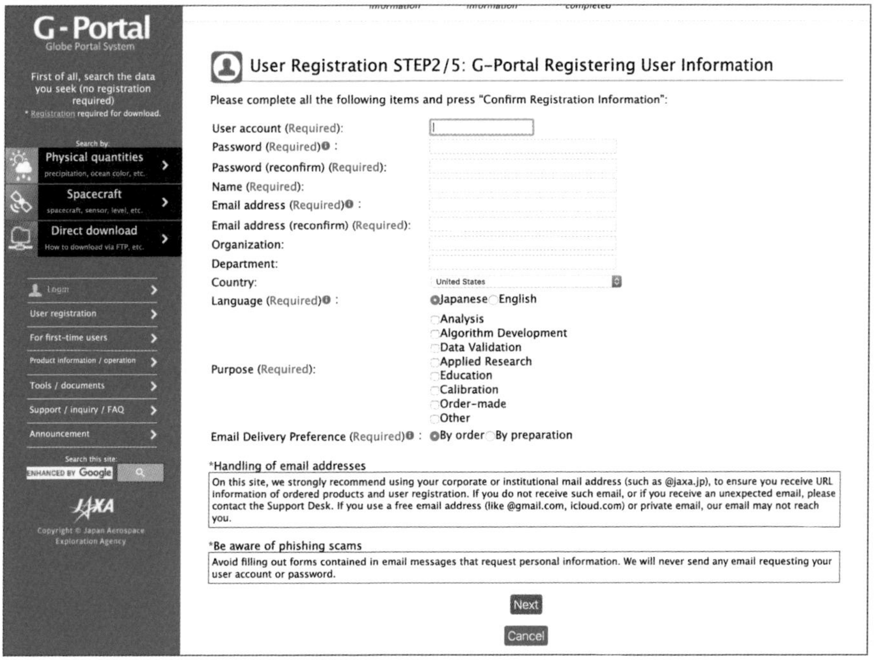

図1-33 ユーザー情報の登録

データサイエンティストの役割①
「衛星データを利用した研究例」

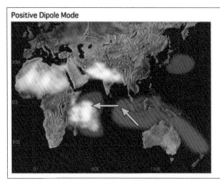 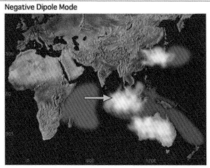

図1-34 気候変動（credit：JAMSTEC）

　およそ20〜30年前、中央アジア、カザフスタン共和国のアラル海周辺では、Ecological diseaseと呼ばれる原因不明の疾病が起こっていました。Ecological diseaseは綿花の大規模灌漑農業で利用する農薬や枯葉剤、工場からの重金属などの環境汚染物質、旧ソ連崩壊による社会経済の混乱に伴うさまざまな問題が絡み合って引き起こされたものと考えられています（ただし詳細は不明です）。その頃から、私は高い関心をもって環境問題と健康障害のかかわりについて研究を始めました。現在の環境問題は国や地域を越えて対策を必要とするものが中心となり、その1つに気候変動問題があります。このグローバルな環境問題と健康影響の関係というテーマが、私にとって現在最も関心の高い研究分野となっています。

　私が初めて衛星データを活用したのは、ケニア西部の高地（海抜1,500〜2,000m程度）におけるマラリア発生と気候の関連を調べるためでした。マラリアは、基本的に熱帯性の気候で発生する感染症ですが、1990年代後半からケニア高地でそれまでに見られなかった規模のマラリアの流行が起こるようになりました。研究を進めていく過程で、インド洋ダイポールモード現象と呼ばれる海洋気象現象に着目することとなり、そこで利用したのがOptimum Interpolation Sea Surface Temperature（OISST）と呼ばれる衛星プロダクトでした。もちろん、衛星データを利用した研究は感染症だけでなく、非感染性疾患でも利用が進められています。たとえば、夜間光や植生指数などの衛星データを、センサスなどの地上データと組み合わせて、広域での熱中症リスクを推測するという研究もあります。

　疫学研究において衛星データは有用である一方、疫学でよく使われる指標に変換できなければ疫学者にとっては利用しにくいものです。光学衛星であれば雲の影響を受け、また長期間の時系列データの取得が困難であるという欠点もあります。しかし、地上観測で取得が難しい時空間データを手に入れることができるという大きな利点を考慮して、疫学研究において衛星データの活用がますます重要となってくることは疑いようがありません。

■橋爪 真弘（はしづめ まさひろ）
　東京大学大学院医学系研究科 国際保健学専攻 国際保健政策学 教授
　長崎大学 熱帯医学研究所 客員教授
●主要な研究テーマ：環境疫学、気候変動、感染症、プラネタリーヘルス

Column

データサイエンティストの役割②
「衛星データを用いた学習方法についての紹介」

表1-2 衛星画像等を用いたデータサイエンス教育の一例※

回	時間	内容
1	4時間20分	ガイダンスと初心者向け学習
2	2時間50分	Tellus × TechAcademy初心者向けTellus学習コースlesson 1-7
3	4時間20分	
4	2時間50分	
5	4時間20分	Tellus Trainer Mission 3〜7
6	2時間50分	
7	4時間20分	
8	2時間50分	宙畑事例学習
9	4時間20分	
10	2時間50分	
11	4時間20分	
12	2時間50分	
13	4時間20分	班ごとに考案：打ち合わせ＆作業
14	2時間50分	
15	4時間20分	
16	2時間50分	
17	4時間20分	班ごとにプレゼン作成
18	4時間20分	プレゼン発表会
19	4時間20分	各自で報告書作成

※引用文献「鈴木静男，田中康平，大沼巧，玉置慎吾，大庭勝久，酒井基至，竹口昌之，白井秀範，芳野恭士（2021）衛星データプラットフォームを用いた遠隔方式によるデータサイエンス教育．工学教育，69（4）：80-85.」から一部改変。

　「Think globally, act locally.」とあるように、地球規模で考え、足元から行動することを大切にしています。そのために、地域における資源の発見と課題解決に取り組んでいます。衛星データは、地球規模で蓄積され、防災・災害監視、土木・建設、地理情報、農林水産、エネルギー・資源、気象・環境、海洋、通信・測位、教育・デザイン、国際協力等、あらゆる分野に活用されているため、上記の目的を達成するツールとして重宝しています。

　地域における資源の発見と課題解決への取り組みは、高等専門学校（高専）の教員として授業にも取り入れています。「数理・データサイエンス・AI」は、デジタル社会の「読み・書き・そろばん」であるといわれており、産業界からもこれらを使いこなし応用できる人材が求められています。このような理由から、衛星画像等を用いたデータサイエンス教育に力を入れています。実際に行った授業回数と内容の一例を表に記しました。

　データサイエンス教育を実施するにあたって、大規模なデータを、加工・処理する情報技術（データエンジニアリング）、多様なデータを分析・解析する統計技術（データアナリシス）ビジネスや政策などさまざまな領域の課題を読み取りデータ分析による知見を活かして解決していく（価値創造スキル）の育成（竹村 2019 統計 70:45-49）を目指しています。近年、プログラミング言語を用いて衛星データを処理・解析できるプラットフォームができ、教材としての衛星データは、非常に有益と感じています。

■鈴木 静男（すずき しずお）
北海道大学大学院 地球環境科学研究科 生態環境科学専攻修了 博士（地球環境科学）
●静岡県伊豆の国市生まれ。現在は、沼津工業高等専門学校電子制御工学科にて、地理情報システム、リモートセンシング、機械学習、IoTをツールとして、地域に根差した調査を学生とともに実施。データサイエンス教育に力を入れ、題材として衛星画像を用いた解析も取り上げる。「Think globally, act locally.」を心に留め、地域の方々と一緒に地域のことに取り組むことをライフワークにしている。

Column

データサイエンティストの役割③
「目に見えない波長の情報の見える化」

図1-35 JERS-1による観測データによるボジョレー地方

　この画像は、1992年に打ち上げられた日本の地球観測衛星、JERS-1によって撮影されたフランスのボジョレー地方の一部分です。ボジョレーといえばワイン、この画像の中にも有名どころのワイン畑がたくさんあります。地質鉱物学を学んでいた学生時代に、ワイン好きの教授にこれらの畑の土をもらい、衛星データから土の成分がどの程度識別できるのかを調べたのが、衛星データに触れるきっかけとなりました。この画像は、人間の目に見えない中間赤外領域の波長帯を使って観測したデータで、それぞれの畑の土の成分の違いなどが明るさの違いとして表されています。

　遠く離れたワイン畑の様子を知ることができるように、その場にいなくても、衛星に搭載されたさまざまな種類のセンサを活用し、リモートセンシングによって周期的に広い範囲の情報を得ることができるのが、衛星データを使うメリットの1つです。最近では小型衛星もたくさん打ち上げられるようになり、衛星やセンサの開発・運用の費用も今までよりも下がっていくことが期待されます。そこを踏まえて、衛星データをさまざまなデータと組み合わせることにより、社会の役に立つ情報として提供する、ソリューションサービスの開発を進めています。

■山本 彩（やまもと あや）
　東京大学理学系研究科鉱物学専攻修了 博士（理学）
●大阪生まれのブラジル育ち。大学卒業後、（一財）リモート・センシング技術センターに入社以来、さまざまな衛星データによる解析利用研究の業務に従事。趣味はバンド（ドラム演奏）と読書。

第2章

衛星データの
基礎

Chapter 2

衛星データの基礎

この章で学習すること

この章では衛星データの種類と可視化手法について紹介します。衛星データにはさまざまな波長帯（バンド）があり、異なる波長帯のデータを組み合わせることで植物や水、土壌などを検出できます。本章では各波長帯の特徴や、バンドの組み合わせ例を紹介します。人工衛星で撮影した一般的な画像はそのまま私たちが利用できる形になっているものは少なく、前処理をして初めて解析しやすい形になります。代表的な前処理について説明したあと、衛星データを解析するうえでの考え方について紹介します。

2-1 衛星データの基礎

2-1-1 衛星データの種類

衛星データと言っても、私たちが目にしている太陽光の反射である「可視光領域」の光を撮影するデータから、非接触で体温を測定する際に利用する「熱赤外領域」をとらえるデータ、衛星が「能動的に電波を照射した際の反射」をとらえるデータまでさまざまな種類[注1]があります（図2-1）。

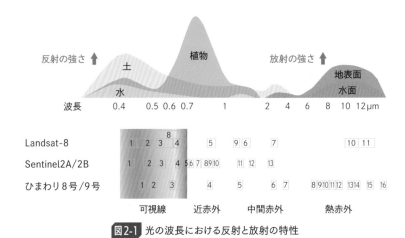

図2-1 光の波長における反射と放射の特性

注1　「センサの違いで見る（可視光・赤外・電波）」https://www.sapc.jaxa.jp/use/data_view/ も参照。より詳細な情報はNASAのランドサット情報も参照（https://landsat.usgs.gov/spectral-characteristics-viewer）。

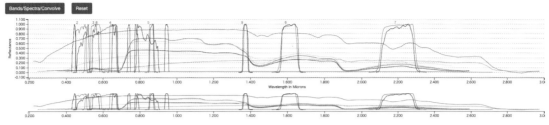

Bands
■ Landsat 9 OLI
Spectra
■ Lawn Grass ■ Aspen Leaf 1 ■ Dry Grass ■ Maple Leaf ■ Alunite ■ Clear Water ■ Desert Varnish 1

図2-2 光の波長と波長による観測しやすい観測対象を表すグラフ（USGS）

　衛星データについて解説をする前に光と物体の色の関係について説明します。私たちがモノの色を認識するとき、どのように把握しているかご存じですか？　私たちは、光が物体に当たって反射した特定の波長の反射光を眼が信号として受け取り、初めて色がわかります（図2-3）。このように、物体によって反射する波長は異なり、これを反射特性[注2]と言います。これは私たちに見える可視領域限った話ではなく、目に見えない近赤外領域の波長であったとしても、物体（の状態）に応じて反射特性が異なります。

モノに反射した光を眼でキャッチすることで、「モノが見える」

図2-3 モノが見えるしくみ（https://sorabatake.jp/19255/）

　これに対して、温度などに応じて物体から放射される特性もあり、放射特性と言います。夏に触れていなくとも地面が暖かいと感じたり、非接触の体温計で体温を計測できたりするのは、地面や人体が熱を放射しており、それをセンサでとらえているからです。
　つまり人工衛星には、太陽光が地表面に当たって反射した光をとらえる場合と、地表面の物体が放射する電磁波をとらえる場合とがあります。物体は状態に応じて異なる反射特性や放射特性を有するため、人工衛

注2　宙畑参照（https://sorabatake.jp/19255/）

星から観測することで、物体の状態を推定できるのです。

　これ以外に衛星が能動的に電波を放射してその反射をとらえる場合や、ほかの衛星が発した電波をとらえることで大気の状態減衰を観測している場合などもありますが、今回は説明を省略します。

2-1-2 光学衛星が観測しているデータの種類

　光学衛星は、主に可視光や近赤外の波長帯（＝データの種類）を観測しています。光学衛星は、太陽光の反射を観測する受動型のセンサを搭載し、地表面にある物体の色や大きさ、数や形状のほか、植物の活性度（植物がどれほど元気か）や水の濁度などを把握できます。

　撮影した画像は私たちにとって直感的にわかりやすいため、多くの衛星が光学で撮影していますが、雲があったり夜だったりすると地上の様子を撮影できないほか、撮影時刻や季節によって撮影される画像の見た目が少し異なるという課題もあります。

　光学衛星によっては、複数の波長帯（バンド）で撮影しています。代表的な光学衛星と観測しているバンドを図2-4に示します。

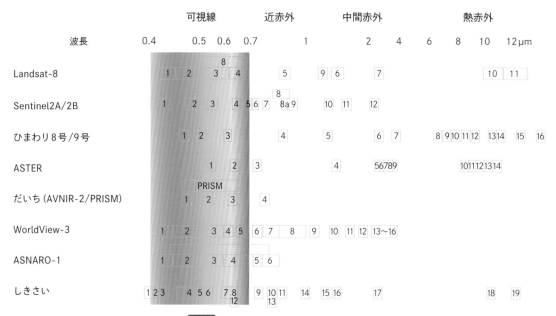

図2-4 光の波長における反射と放射の特性

　人工衛星によって、それぞれ異なるバンドを観測していることがわかります。中には可視光や近赤外だけでなく、熱赤外の情報も合わせて観測している人工衛星もあります。たとえば、私たちにもっとも馴染みがある「気象衛星ひまわり」は雲を観測するため、雲画像や水蒸気情報を観測できる放射計を搭載しています。放射計は文字通り、地上からの放射を観測する観測装置で、波長帯としては熱赤外の領域を観測します。

　次の節では、可視光から近赤外までのバンドの組み合わせることで、どのような画像を生成できるのか紹

介します。

2-1-3 波長帯の組み合わせでわかること

バンドの組み合わせを変えることで、同じ地域の画像であったとしても、異なる情報を認識しやすくなります。具体的に見ていきましょう。

可視光だけで画像を生成する

まず、私たちが目にしている可視光のバンドを組み合わせて画像化したものは図2-5のようになります。Sentinel-2の赤色帯域（バンド4）をRed、緑色帯域（バンド3）をGreen、青色帯域（バンド2）をBlueに割り当てた合成画像です。

航空写真やGoogle Mapsで見るのと同じような色合いで、草木が生えているところは緑色に、河川があるところは青色に見えることがわかります。しかし、全体的に同じような色合いのため、植物が生えていそうな場所や水辺を今すぐに塗りつぶして！と言われても、少し時間がかかってしまう方が多いのではないでしょうか。そこで、バンドの組み合わせを工夫してみます。

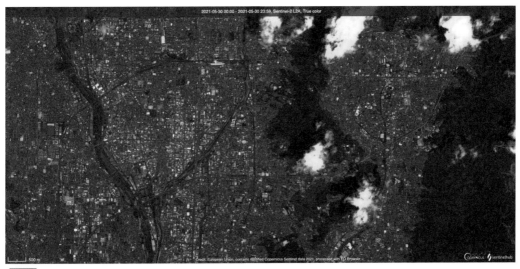

図2-5 Sentinel-2衛星をバンド4（R）、3（G）、2（B）に割り当てた画像（Produced from ESA remote sensing data）

植生被覆の視認性を上げる

冒頭で示した物体の反射特性に関する図を思い出してみてください（図2-1）。植物は近赤外の帯域で強く反射するという特徴を持ちます。

そこで、近赤外のバンドを赤色に割り当てた画像を生成してみます。近赤外帯域（バンド8）をRed、赤色帯域（バンド4）をGreen、緑色帯域（バンド3）をBlueに割り当てた合成画像です（図2-6）。

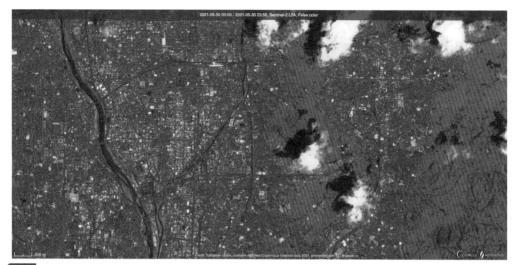

図2-6 Sentinel-2衛星をバンド8（R）、4（G）、3（B）に割り当てた画像（Produced from ESA remote sensing data）

　先ほどに比べていかがでしょうか？　こちらの画像では、近赤外の反射が強い場所、つまりは植物が生え
ている（植生被覆が高い）場所が赤色に目立って見えます。そのため、先ほどの画像に比べれば、植物が生
えている場所を塗りつぶすのは容易でしょう。

　また、単純に植物が生えているだけでなく、植物が繁っている場所を次のように可視化することもできま
す。英語ではNormalized Difference Vegetation Index（NDVI）、日本語では正規化植生指標と言います。
近赤外のバンドと赤色のバンドの反射率から算出できます（図2-7）。

$$NDVI = \frac{Red - NIR}{Red + NIR}$$

　これらについては、第4章で詳しく解説します。

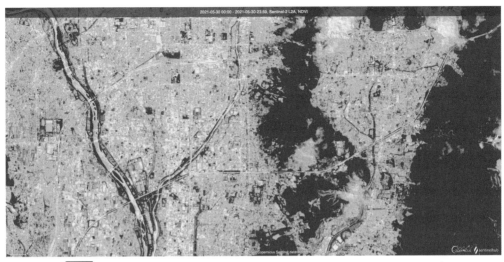

図2-7 NDVI（正規化植生指標）を可視化（Produced from ESA remote sensing data）

2-1-4 水域の視認性を上げる

　次に、水辺を把握するべく、水が目立つバンドの組み合わせに変更して衛星データを可視化します。水域を可視化したい場合には、赤外の中でも短波長赤外線（SWIR）と呼ばれる波長帯のデータを利用します。水はSWIRの波長を吸収することから、SWIRは植物や土壌に含まれる水の量を推定するのに役立ちます。

　図2-8はSentinel-2のSWIRを利用して画像を生成した例です。短波長赤外帯域（バンド12）をRed、近赤外帯域（バンド8A）をGreen、赤色帯域（バンド4）をBlueに割り当てた合成画像です。

　この合成画像では、植生は緑、土壌や工業地帯は茶色、水は黒に見えます。そのため、黒い場所が水のある場所だな、とわかりやすいです。

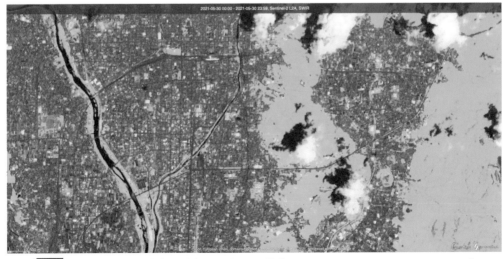

図2-8 バンド12（R）、8A（G）、4（B）に割り当てた画像（Produced from ESA remote sensing data）

　また、単純に水があるというだけでなく、地表面における水域（雪を含む）や、植生に含まれる水分量の存在度合いも可視化できます。Normalized Difference Water Index（NDWI）は、日本語では正規化水指数と言われています。図2-1に示したように、水や雪などによる光の反射は可視光帯で最も大きく、SWIR（短波長赤外線）で最小の値を持ちます。SWIRの波長帯は $0.9\,\mu\mathrm{m} \sim 2.5\,\mu\mathrm{m}$ です。

　地表面における水域について算出する場合には、SWIRのバンドと赤色のバンド情報を用いて演算します。植生に含まれる水分の指標について算出する場合には、SWIRのバンドと近赤外のバンド情報を用いて演算します（図2-9）。

$$NDWI\,(地表面)=\frac{Red-SWIR}{Red+SWIR}$$

$$NDWI\,(植生)=\frac{NIR-SWIR}{NIR+SWIR}$$

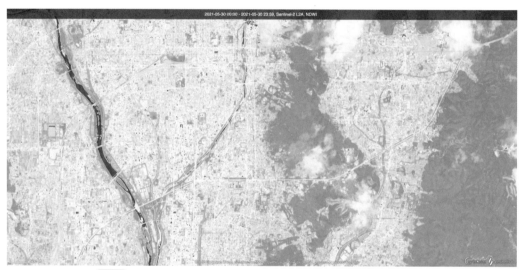

図2-9 正規化水指数を可視化（Produced from ESA remote sensing data）

2-1-5　複数バンドを組み合わせた演算

　物体ごとに異なる反射特性を有することが上記までの例でわかりました。上記では、水なら水を、植物なら植物を目立つように可視化していましたが、そもそも水や植物がわかるように可視化できるのであれば、同時に目立つように可視化できるのではないかと思われた方もいるのではないでしょうか。

　そこで、物体ごとの反射特性が異なるという特徴を利用し、土地被覆のタイプごとにバンドの特徴を抽出して解析し、結果を可視化する方法があります[注3]。この解析する手順を、土地被覆分類と呼びます。図2-10

注3　課題に応じて変幻自在？　衛星データをブレンドして見えるモノ・コト「マンガでわかる衛星データ」（https://sorabatake.jp/5192/）

は厳密的には土地被覆分類した結果ではありませんが、植物、水域、都市域（植生ではない場所）、雲、雲の影、土壌・砂漠などを分類して可視化しています。

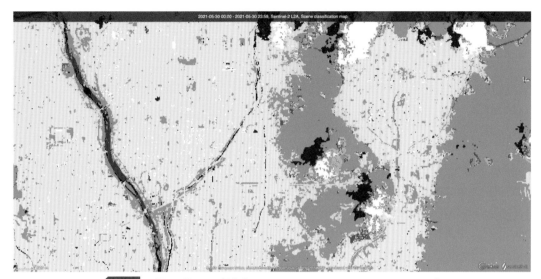

図2-10 分類した結果を可視化（Produced from ESA remote sensing data）

今回はよく利用される植生や水の指数についてだけを紹介しましたが、その他に土壌や雪、都市化（人工物）に関するものもあります。興味のある対象物が決まったら、それを可視化しやすい波長の組み合わせについて調べてみると良いでしょう。

2-1-6 利用する衛星データ

衛星データには有料のもの・無料のものがあります。この節では本書籍でも利用する、無料で入手できる衛星データを紹介します。

■● ALOS

ALOS、だいちシリーズは、JAXA（宇宙航空研究開発機構）が打ち上げている陸域観測衛星です[注4]。2006年に打ち上げられたALOSには、光学の他、衛星が電波を放射してその反射を観測する装置（SAR）の両方の観測センサが搭載されていました。同一地点は46日に1回程度撮影していました。現在は後継機であるALOS-2が運用中です。ALOSの光学センサは表2-1のバンドを持っています。

注4　ALOS：https://www.satnavi.jaxa.jp/project/alos/

表2-1 ALOSの光学センサのバンド数

バンド番号	波長域	解像度	特徴
バンド1	420〜500nm	10m	青色
バンド2	520〜600nm	10m	緑色
バンド3	610〜690nm	10m	赤色
バンド4	760〜890nm	10m	近赤外域

■○ Landsat

Landsatシリーズは、NASA（アメリカ航空宇宙局）が打ち上げている陸域観測衛星です[5]。2021年現在1972年に打ち上げられたLandsat 1から現在運用中のLandsat 7（1999年4月打ち上げ）とLandsat 8（2013年2月打ち上げ）まで、およそ40年間にわたり継続して地球の状態を観測しています。Landsatは16日程度の周期で同一地点の観測を行います。Landsatシリーズはすべて光学センサを搭載した地球観測衛星で構成されます。現在Landsat 7とLandsat 8が運用されています（2021年時）。

Landsat 7に搭載されているセンサ「Enhanced Thematic Mapper Plus（ETM+）」は、表2-2の8つのバンドを持っています。

表2-2 Landsat 7の光学センサのバンド数

バンド番号	波長域	解像度	特徴
バンド1	450〜520nm	30m	青色
バンド2	520〜600nm	30m	緑色
バンド3	630〜690nm	30m	赤色
バンド4	770〜900nm	30m	近赤外
バンド5	1550〜1750nm	30m	中間赤外
バンド6	10400〜12500nm	60m	熱赤外
バンド7	2090〜2350nm	30m	中間赤外
バンド8	520〜900nm	15m	パンクロマティック

Landsat 8に搭載されているセンサ「Operational Land Imager（OLI）」は9つのバンドを、「Thermal Infrared Sensor（TIRS）」は2つのバンドを持っています（表2-3）。

注5　Landsat：https://www.usgs.gov/core-science-systems/nli/landsat/landsat-8

表2-3 Landsat 8のバンド数

バンド番号	波長域	解像度	特徴
バンド1	430-450nm	30m	沿岸／エアロゾル
バンド2	450-510nm	30m	青色
バンド3	530-600nm	30m	緑色
バンド4	630-680nm	30m	赤色
バンド5	850-880nm	30m	近赤外域
バンド6	1560-1660nm	30m	中間赤外
バンド7	2100-2300nm	30m	中間赤外
バンド8	500-680nm	15m	パンクロマティック
バンド9	1360-1390nm	30m	中間赤外
バンド10	10600-11190nm	100m	熱赤外
バンド11	11500-12510nm	100m	熱赤外

■○ Terra/Aqua（テラ／アクア）

　Terra（1999年）／Aqua（2002年）はそれぞれNASAが打ち上げた地球観測衛星です。陸域だけでなく、大気・海洋環境も観測しています。この両衛星に搭載されている、MODIS[6]というセンサから取得されたデータが解析にはよく利用されます。

　MODISは36種類の異なる波長帯（バンド）で地球を観測しており、観測データから生成される高次プロダクトは次の5種類に大別されます。

- 放射輝度データ等（レベル1データ）
- 大気プロダクト
- 陸域プロダクト
- 氷圏プロダクト
- 海洋プロダクト

　空間分解能は0.5〜1kmほどとLandsatなどに比べると粗いものの、同一地点を1日に1、2回と観測頻度が高いという特徴があります。さらに、MODISの観測データから処理されるデータプロダクトには、表面反射率、植生指数、土地被覆図、異常熱源など、すぐにGIS解析に使えるデータが多数あります。長期にわたる全球データプロダクトのため、多くの研究や情報サービスで利用されています。

■○ Sentinel

　Sentinelシリーズは、ESA（欧州宇宙機関）が打ち上げている地球観測衛星シリーズです[7]。光学観測する

注6　MODIS：https://modis.gsfc.nasa.gov/
注7　Sentinel：https://sentinels.copernicus.eu/web/sentinel/home

衛星以外に、SAR観測する衛星や、大気の状態を観測する衛星、海洋環境（海面温度や波高）を観測する衛星などがあります。Sentinel-1やSentinel-2は12日に1回程度の頻度で同一地点を観測しています。Sentinel-1やSentinel-2は2機体制で観測しているため、実際には6日に1回程度の頻度で同一地点を撮影しています。

　本書では、光学観測する衛星Sentinel-2のデータを扱います。Sentinel-2は可視光、近赤外を含む12のバンドで観測しています（表2-4）。

表2-4　Sentinelのバンド数

バンド	中心波長	解像度	特徴
バンド1	443nm	60m	エアロゾル
バンド2	493nm	10m	青色
バンド3	560nm	10m	緑色
バンド4	665nm	10m	赤色
バンド5	704nm	20m	レッドエッジ
バンド6	740nm	20m	近赤外域
バンド7	783nm	20m	近赤外域
バンド8	833nm	10m	近赤外域
バンド8a	865nm	20m	近赤外域
バンド9	945nm	60m	中間赤外
バンド10	1374nm	60m	中間赤外
バンド11	1610nm	20m	中間赤外
バンド12	2190nm	20m	中間赤外

2-2 衛星データ解析の概要

2-2-1 衛星データ解析の流れ

　衛星データは私たちにとって、最初から扱いやすい形になっているわけではありません。たとえば食肉を例にとりましょう。同じ肉と言っても、牛の状態から、スーパーの店頭に並んでいる状態、さらには調理済みの状態まであります。同様に衛星データにもさまざまな状態が存在します。いくつかの段階を経ることで、私たちが普段で目にするデータになります[注8]。その過程を本書では、図2-11の4つの段階に分けて説明します。

　衛星で撮影した状態のデータを生データと言います。これに前処理を加えることでデータを解析可能な形にします。その後は解析を行って処理したデータを、サービスに組み込むことで、普段私たちが目にするデータとなります。

　次の節では、主に前処理までの流れについて示していきます。

注8　衛星データの前処理とは～概要、レベル別の処理内容と解説～（https://sorabatake.jp/9192/）

| 生データ | 前処理 | 解析 | サービス |

ただの数字羅列　意味を持つ数値になる　数値から知見を得る　知見から価値を提供する

図2-11 衛星データ処理の流れ

2-2-2 衛星データの前処理までの流れ

解析可能な状態になるまでに、衛星データには複数の状態が存在します。衛星データ前処理の流れは図2-12のようになります。

L0の"L"は、Level（レベル）のことで、処理のステップを意味します。L0から1、2とレベルが上がることで処理は高次に進んでいきます。

それぞれについて詳しく解説します。なお、本書籍では高次処理済みのデータだけを利用して解析を進めます。そのため、本節の知識はなくとも解析できます。

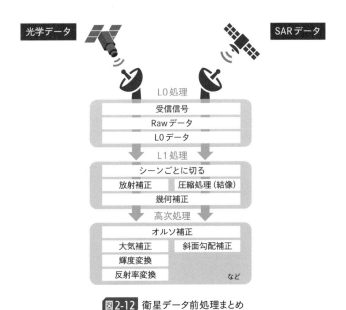

図2-12 衛星データ前処理まとめ

■◯ L0処理について

L0処理には大きく3つのステップがあります。

①衛星からの電波を地上のアンテナで受信する

②受信信号は伝送向けに加工が行われているので、元の信号（Rawデータ）に戻す

③Rawデータから余計な情報を削ぐ（L0データ）

デジタルカメラの写真データの名称としてよく使われる「Rawデータ」という表現ですが、衛星データにおける「Rawデータ」とはこの②の状態のデータを指し、私たちが触れることはほとんどないデータです。L0処理は、各衛星固有の設計に基づいて行われるため、衛星を所有する企業・機関で行われることがほとんどです。

■◯ L1処理について

L1処理とは、どの衛星に搭載されたセンサでもほぼ共通する基本的な処理です。L1処理は大きく次の3つのステップがあります。

①シーンごとの切り出し

②画像の感度調整／結像して画像にする

③画像に地理座標値を与え、歪みを除去する（幾何補正）

これらの処理も衛星ごとにそれぞれ特有なため、衛星を所有する企業・機関で行われることがほとんどです。

幾何補正という言葉はよく出てくるので、詳細に解説します（図2-13）。人工衛星はさまざまな方向を向きながら広範囲を一度に撮影をしているため、撮影した画像には歪みやズレがあり、そのまま地図に重ねることはできません。幾何補正とは、ある程度の位置精度で地図に重なるように変形させる処理のことです。衛星がどの位置からどの方向を観測しているかという情報（衛星の撮影時の姿勢情報）から、画像の位置情報を計算して幾何的な歪みを補正します。同時にセンサ固有の歪みなども補正しています。さらに緯度経度を画像の四隅に与えることで地図データと重ねられるようにします。

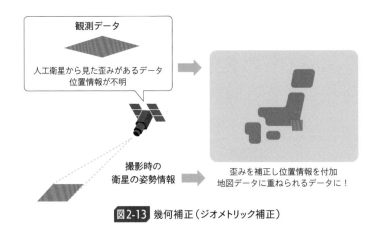

図2-13 幾何補正（ジオメトリック補正）

■○ **高次処理について**

　高次処理とは、L1処理を終えたデータをさらに用途に合わせて行う処理です（図2-14）。この処理の中のいくつかを見ていきましょう。

真上から撮ったように変換した画像
全体の歪みが補正される

斜めから撮影した画像
地形や衛星の動きにより画像が歪む

正射変換

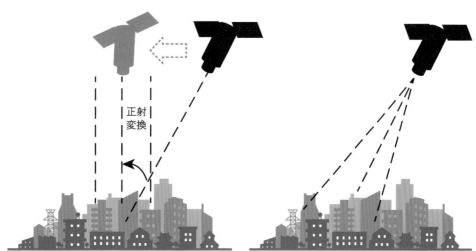

正射
変換

図2-14 オルソ補正の例（国土交通省ホームページ　https://plateauview.mlit.go.jp/のデータを利用）

　オルソ補正処理とは、背の高い建物や山など斜めに見えてしまう対象物を真上から見たように戻す処理のことです。それによって地図に合うデータになります。高分解能な商用衛星の画像は斜めから撮影している場合がほとんどです。高分解能な商用衛星の画像ではオルソ処理済みのデータが標準化されつつあるため、普段私たちが目にするのはこの処理がされているデータです。

　オルソ補正にも1つ課題があります。それは高い建物や山などで遮蔽される部分は表示されないことです。たとえば山の斜面で衛星が向いている側はよく見えるものの、反対斜面は見えません。オルソ補正は、見えない部分は近傍の画像情報で補完することで幾何的に正しい位置にするため、見えない部分の情報は不確実にならざるを得ない場合があります。高分解能な衛星データを判読する場合はこの点も考慮する必要があります。低分解能な衛星データについては直下視する場合がほとんどのため考慮する必要はあまりありません。

　大気補正は大気による散乱や吸収による効果を仮定して、これを相殺する処理です。大気補正をすることによって、大気の状態に依存しない地表面での太陽光からの反射特性を得られます。これは季節によっても違いますし、日によって薄雲がかかったり、雲がなかったりすると太陽光からの反射は変わります。これらの影響を排除し、衛星データ同士を比較できるような形にしたのが大気補正済みのデータとなります。

　他に、輝度変換や反射率変換なども存在しますが、今回は説明を省略します[注9]。

2-2-3　解析からサービス提供までの流れ

　本書ではARD（Analysis Ready Data）を用いて解析を進めます。ARDのデータは基本的に幾何補正やオルソ補正、大気補正など、画像として解析するのに必要となる前処理をされた状態のものですので、前処理のプロセスを意識する必要はありませんが、解析するにはデータをどのように組み合わせるのか？——ということを意識する必要があります。そのため、この節では衛星データ解析の設計のポイントを説明します。

　大まかな流れとしては次のようになります。

- テーマを設定する
- 観測ターゲットを定める
- ターゲットをとらえられる衛星データを調べる

①テーマを設定する

　何をするにもまずは衛星データを役立てるテーマを定めなければなりません。テーマは何か解決したいものでも良いですし、興味があるものでも良いです。本書はSDGsに貢献する解析の事例を紹介しているので、何かしら社会課題に紐づいた課題となっていますが、自分の身の回りで気になることを調べてみるのにも衛星データは有用です。たとえば、自分が住んでいる街と同じような街を探してみたい、といったものでも良いでしょう。

②観測ターゲットを定める

　衛星データの特性を理解していれば「近赤外帯のデータを用いると植生の解析ができる」「熱赤外帯のデータを用いると地表面温度の解析ができる」など、衛星データと物理現象が直接的に紐づいた課題であればターゲットを定めやすいでしょう。ただし、このようなターゲットはごく一部です。この際に重要になるのがターゲットの変換です。ターゲットを把握したい目的に照らし合わせた際に、他に何か関連しそうなターゲットはないかを、ターゲットを具体化したり、抽象化したり、置き換えたりしながら考えます（図2-15）。

　たとえば「獣害被害が発生しそうなタイミングを把握したい」ことがテーマだったとします。この際には野生の動物が被害を与えるわけですから、野生動物をターゲットに設定しようとする場合が多いでしょう。

注9　http://www.cr.chiba-u.jp/whatsnew/2004/kenshu2004/05imgepros.pdf

テーマの課題に関連する直接的なターゲットが衛星により観測可能な場合は良いですが、ただし、動物を衛星データで直接撮影することは困難なように、直接的に観測可能ではないターゲットが世の中の大半です。この際には、テーマに関連する間接的なターゲットを考えてみましょう。たとえば「獣害が多く発生する際には、動物たちの餌となる果樹が減ったときだ」ということを見つけたとします。そうすると、果樹が減ったことを検出することで、獣害被害が発生しそうかわかるわけです。果実の状態だけでなく、果樹そのものを衛星で特定するのは困難だったとしても、このような気象状態が続くと果樹は生育しないだろう、ということはわかるでしょう。そうなると、このテーマを解くターゲットは「動物を検出する」ではなく「果樹が生育できない気象状態となったことを検知する」ことに変わるわけです。ターゲットの定め方についてはのちほど具体例を交えて紹介します。

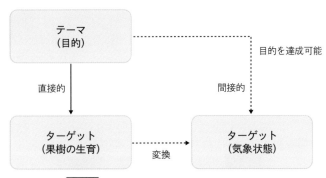

図2-15 衛星データを用いた解決策の検討方法

③ターゲットをとらえられる衛星データを調べる

たとえば図2-16のような流れ[注10]で扱うデータを考えることもできます。

もちろんすべてのターゲットが直接的に衛星データと紐づくわけではありません。ただし、直接的に衛星データで推測できない課題であったとしても、ターゲットを違った側面でとらえる、もしくは課題の抽象度・具体度・詳細さを変えることで、間接的に推定可能なものもあります。

注10　衛星データの学び方と読むべき記事を整理しました 2019（https://sorabatake.jp/5982/）

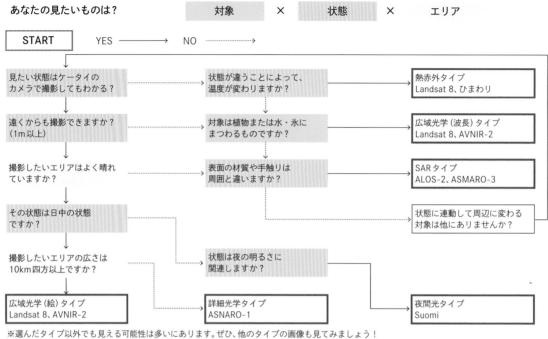

あなたの見たいものは？　　　対象　×　状態　×　エリア

図2-16 あなたにお勧めの衛星データの種類

※選んだタイプ以外でも見える可能性は多いにあります。ぜひ、他のタイプの画像も見てみましょう！

②と③について、具体的な例を交えてみてみましょう。

図2-17 衛星から人口分布を知りたい場合

　衛星データから人口密度が高い地域を検出したいとします。一人一人をターゲットとし、人工衛星から人口密度を推定することは不可能ですが、建物が密集する地域は人口密度が高いという前提のもと、建物をターゲットとすることで代替できます（図2-17）。人口というターゲットを、建物に置き換えると、建物密

度は衛星データから推定ができるので、衛星データで解決できるテーマになります。建物の把握が困難な場合には、たとえば街明かりを検出することで、人口規模を推定することも可能な場合もあるでしょう。このように、人に関連しそうな情報を連想することで、間接的にその状況を推定することが可能になります。

衛星データから住みやすい地域を推定したいとします。住みやすさを表すデータは存在しないので、この場合には「住みやすさ」を具体化してターゲットを定めることで利用するデータを紐づけられるようにします。たとえば「駅から10分以内」「標高差がない」「昼夜の寒暖差がない」「空気が澄んでいる」「晴れの日が多い」などを住みやすさの条件に設定したとしましょう。この場合には表2-5のようにデータを条件と紐づけることで、該当する地域を絞り込むことができます。

表2-5 住みやすさから人口を推定する

住みやすさの項目	ターゲット	データ	解析
駅から10分以内	駅	駅の位置情報、物件の位置情報	徒歩10分圏内(0.8km)以内に存在する物件を探す
標高差がない	標高	標高データ(DEM)	駅から自宅までの道のりで高低差がない、ということだとすると、上記で求めた物件と駅の高低差を比べればよい
昼夜の寒暖差がない	気温、植生被覆	地表面温度データ、植生被覆データ	昼間と夜間の温度差が小さい地域を探す。また、植生被覆によって気温変動が抑制されることから植生に囲まれる地域を探す
空気が澄んでいる	大気汚染	植生データ、エアロゾルデータ	周辺に緑が多い地域は空気が澄んでいるということもできるでしょうし、空気が澄んでいるということはエアロゾルの値が小さいということと置き換えることもできるでしょう
晴れの日が多い	気象	気象データ(衛星データではない)	晴天率から求めると良いでしょう

④実際にやってみる

ターゲットを設定し解く道筋を考えたら実際に解析をしてみましょう。勉強のためであれば解析して終わりでも良いのですが、サービス化にあたっては、解析した結果が正確かどうかの確認が必要です。精度の検証するためには何かしら地上の正解情報と照らし合わせることが必要となります。正解の情報を得るためには、サンプルされた地点の現地調査をしてみることや、すでにほかで公開されている類似の情報と照らし合わせて答え合わせすることが必要となります。

正解情報と照合して整合性を分析したら、それがエンドユーザーにとって受け入れられるかを考察します。整合性と費用にはトレードオフの関係があり、100%の整合性を達成するには甚大な費用を要します。たとえば20%程度の誤差を許容することで現実的な費用に抑えつつ、条件付きでエンドユーザーに十分なサービスを提供するといった方法があり得ます。

解析する際、衛星データ以外のデータと組み合わせることが多くあります。そのため、GISデータの表現形式としてラスターデータとベクターデータというものを意識すると解析しやすくなります。それぞれについて見てみましょう。

2-2-4 ラスターデータとは?

ラスターデータとは、図2-18のように格子状の中にデータ(数値情報)が入ったものです。この数値を用いることで、単純に見た目の色が変わるだけでなく、植物の活性度を求めたり、土壌の水分量を求めたりできます。

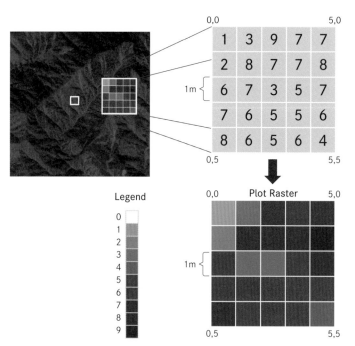

図2-18 ラスターデータの例（https://www.neonscience.org/resources/learning-hub/tutorials/dc-raster-data-r）より

　ラスターデータは格子の大きさにより画像の滑らかさが変わります。格子が細かいラスターデータは解像度の高い画像で、格子が大きくなれば粗い画像になります。このひとつひとつの格子をピクセルと呼びます。

　ラスターデータの形式として、座標情報などを備えているTIFF形式のデータ（GeoTIFF）は、地理空間解析と相性が良く、GISでは標準的な画像形式と言えます。

　解像度の数値が大きい画像（図2-19では90メートル）では、ピクセルがモザイク状になり、地上の様子が不鮮明に表れます。解像度の数値が小さい画像（図2-19では1メートル）では、ピクセルの粒度が高く、地上の様子が鮮明に表れます。

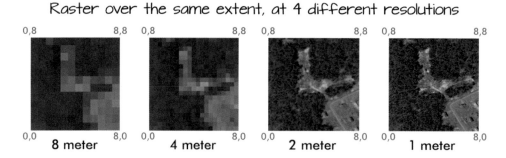

図2-19 ラスターデータの解像度による違い（https://www.neonscience.org/resources/learning-hub/tutorials/dc-raster-data-r）

衛星データとしてのラスターはバンド別画像データのほか、2-1-3節で示したNDVIやNDWIなどがあります。それ以外にも地表面温度を推定することもできます（図2-20）。

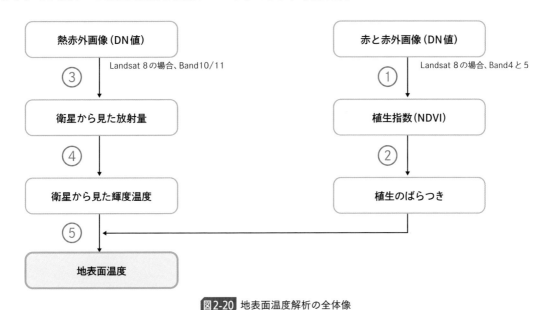

図2-20 地表面温度解析の全体像

本書では扱いませんが、ほかにも大気汚染物質である二酸化硫黄や二酸化窒素などの大気濃度も衛星データから取得できます。代表的な衛星としてGOSATやSentinel-5Pがあります。

2-2-5 ベクターデータとは？

ベクターはラスターと異なり、格子状のデータを持ちません。ベクターは座標値を有するパスで構成されます。ベクターは数学的に記述されたデータであり、それゆえに解像度という概念がなく、拡大しても縮小しても、ピクセルデータのように荒くなったり細かくなったりということはありません。ベクターファイルの代表的な形式としてはシェープファイル（shapefile）やGeoJSONなどがあります。点のデータ、線のデータ、そしてポリゴンと呼ばれる多角形のデータがベクターデータに当たります。具体的には、市町村区の境界（ポリゴン）、Google Maps上でお気に入りの場所に落としたピン（点）のようになります（図2-21）。

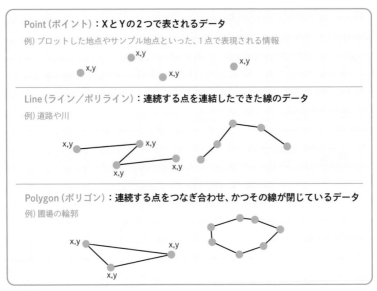

図2-21 ベクターデータの特徴（National Ecological Observatory Networkの図を改案）

　図2-21を見るとわかるように、点（ポイント）は、1つの座標で構成されています。線（ライン）は少なくとも2点の情報が必要であり、その線は閉じていません。ポリゴンでは、複数の線が閉じること（矩形を構成すること）が条件となります。もちろん、円もポリゴンの1つです。

2-2-6　さまざまな解析手法

　衛星データを解析する際には、図2-22に示すように大きく3つに分類できます。それぞれの手法について第3章以降で解説していきます。

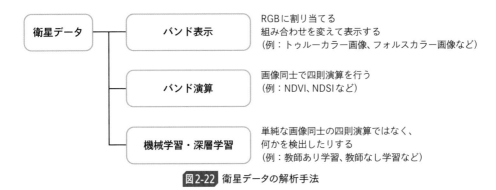

図2-22 衛星データの解析手法

　各手法を用いて光学画像のデータを解析して情報を求める際によく利用されるアプローチを図2-23に示します。

時系列に比較する	指標を計算する	領域を絞る
		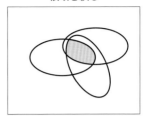
変化を検出する	物体を検出する	分類する
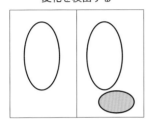	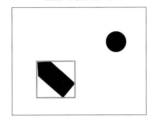	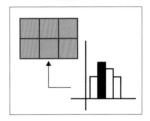

図2-23 光学衛星のデータを解析するアプローチ方法

- 時系列にデータを比較する

  ある点やエリアにおける値の変化を取得して解析を進めます。

- 指標を計算する

  植生指数（NDVI）などの正規化した指標を算出することで、比較可能な形にします。

- 領域を絞る

  いくつかデータを重ね合わせ、AND（かつ）の領域を取得します。自然が豊かな場所を求める、という場合にNDVIが0.7以上で水域に近く、かつ河原がある場所、などというように、条件をいくつか重ねて適した場所を探す際に利用します。

- 変化を検出する

  二時期の衛星データを利用して変化を検出します。定期的に同じ地点と撮影する衛星データであればこそ「比較する」ということに向いています。

- 物体を検出する

  物体を検出する方法です。自動車や飛行機、石油タンクなどを検出する場合に利用します。

- 分類する

  衛星データの画像パターンやスペクトルパターンに基づいて、土地のタイプを分類する際に利用します。ほかに同じカテゴリのものを寄せ集める（セグメンテーションと言います）のも含めて、この場合には分類と呼ぶこととしています。畑や都市域、水域を分類していくようなことを土地被覆分類と言いますが、これも分類の一種です。

Column
データサイエンティストの役割④
「航空輸送産業×宇宙領域の可能性」

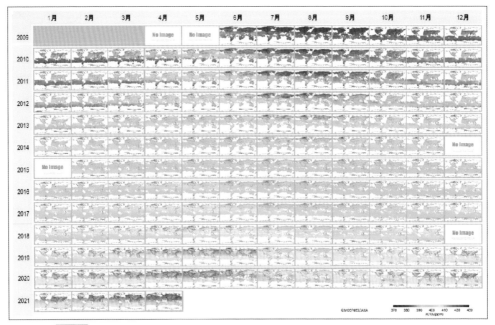

図2-24 「いぶき」が2009年から2021年にかけて宇宙から観測した全球の二酸化炭素濃度
（JAXA/NIES/MOE，https://www.satnavi.jaxa.jp/project/gosat/）

　JAXA、環境省および国立環境研究所の共同プロジェクトで開発した人工衛星「いぶき」は、地表面から放射される波長別の光の強度分布（スペクトル）を観測することで、私たちの目では見ることのできない地球温暖化の原因と言われている二酸化炭素やメタンなどの温室効果ガスを、約10kmの瞬時視野角（IFOV）で測定することができます。

　2020年9月より開始したJAXAとANAの共同プロジェクト（GOBLEU）では、「いぶき」の技術を応用して航空機から地表面の温室効果ガスを観測しています。このプロジェクトで利用する観測装置のIFOVは衛星の1/100程度になることから、測定データから発生源別の温室効果ガス排出量を推定できることが期待されています。このようなデータは、たとえば都市域における温室効果ガス排出量削減に向けて有効だと考えています。

　このプロジェクトに加えJAXAとANAでは、飛行機が排出する温室効果ガス量の削減に向けた新たな衛星データ活用についても検討しています。飛行機は、予報された上層の気象データを基に飛行経路や高度を計画し飛行に必要な燃料を計算しています。飛行機が排出する温室効果ガスを少しでも削減するためには、少しでも精度の高い飛行計画を作成することが重要であり、そのためには精度の高い気象予報を行う必要があります。現在、気象予報に用いている風の観測データは衛星による二次元の全球観測が主ですが、今後衛星による三次元の全球風観測が可能になると、気象予報の予測精度がさらに向上すると考えられます。このデータを用いて飛行計画を作成すると現在よりも精度が高い飛行計画が策定できることから、飛行機が排出する温室効果ガスを削減できると期待しています。

■ 松本 紋子（まつもと あやこ）
　お茶の水女子大学大学院　数理・情報科学（流体力学）専攻修了
● 広島県生まれ。現在はANAホールディングス株式会社にて、新規事業として宇宙事業（衛星データ利活用、宇宙物資輸送、宇宙旅行事業など）の検討を担当している。好きなことは、スキューバダイビングで無重力を味わうこと。

第 3 章

衛星データ
解析準備

Chapter 3

この章では、衛星データの取得方法や解析を行う前に実行する前処理を紹介します。Sentinel-2 を例として、オリジナルのデータ提供元からデータを取得する場合と STAC から取得する場合を解説します。また、ラスター形式の衛星データとベクター形式の地上データを組み合わせる際によく利用される GeoPandas というライブラリの利用方法を学習します。さらに、代表的な地球観測衛星「Landsat 8」が取得した観測データを用いて、地理データ処理ライブラリの1つである GDAL による衛星データの加工方法を学習します。

3-1 衛星データを取得する

今回は3つのダウンロード方法を紹介します。

- Copernicus Open Access Hub[注1]からの直接ダウンロード
- Open Data Hub API 経由でのデータ取得方法
- STAC（Spatio Temporal Asset Catalog）からデータを入手する方法

3-1-1 Sentinel-2 について

Sentinel-2は陸域観測を主目的とした光学衛星であり、可視光、近赤外を含む12種類の異なる波長帯（バンド）で観測を行っています。Sentinel-2の回帰日数は10日ですが、Sentinel-2は同じ設計の衛星2機を群として運用することで、5日に1回、同一地点を観測しています。次の2種類のプロダクトが提供されています。今回はLevel-2Aのプロダクトを使用します。

- Level-1C：建物の倒れこみなど、幾何学的な歪みを補正したオルソ補正済みプロダクト
- Level-2A：1Cの補正に加え、大気の吸収・散乱の影響を軽減し、地表面の反射率に変換した大気補正済みプロダクト

注1　https://scihub.copernicus.eu/

衛星の緒言についてはSentinelの公式サイト[注2]を参照してください。

3-1-2 Sentinel衛星シリーズとは

Sentinel衛星シリーズでは、ESAが展開しているCopernicus Programmeの一環として、地球の陸海空を観測しています。現行運用中の衛星は表3-1のとおりです。

表3-1 Sentinel衛星シリーズ

	Sentinel-1	Sentinel-2	Sentinel-3	Sentinel-5
観測方法 (観測域)	SAR (C)	光学 (VIS/NIR)	放射計 (VIS/NIR/SWIR)	分光観測 (UV/VIS/NIR/SWIR)
機数	1	2	2	1
運用開始	1A：2014年4月～ 1B：2016年4月～[注3]	2A：2015年6月～ 2B：2017年3月～	3A：2016年2月～ 3B：2018年4月～	2017年10月～
地方時 (観測時間)	18：00	10：30	10：00	13：30
観測対象	陸域・海域	陸域	海域	空域
利用例	森林伐採監視、船舶検出、地表面変化	土地被覆分類、植生変化、都市開発	海色、海面水温、水質、植生分布	オゾン、一酸化窒素、エアロゾル

これ以外にも、波高を観測する6号機が打ち上げられたほか、大気を観測する4号機の開発が進められており、最終的には6種類の衛星で地球全体を観測していく予定です。各衛星の観測結果は欧州宇宙機関などのプラットフォームから無償で公開されています。観測対象は欧州域だけでなく、地球全域ということもあり、世界中のユーザーが利用しています。また、データを公開するだけでなく、グラフィカルユーザーインターフェースを備えたEO Browserというプラットフォームも整備しています。

◼️◯ EO Browser

EO Browserは、各衛星の観測結果を日時・場所から絞り込むことで表示できます。図3-1のように矩形を使って面積を求めることなどもできます(すべての機能を利用するためには、ユーザー登録する必要があります)。

注2　https://sentinels.copernicus.eu/web/sentinel/home
注3　Sentinel-1Bは2021年12月に装置故障によって運用を終了している。

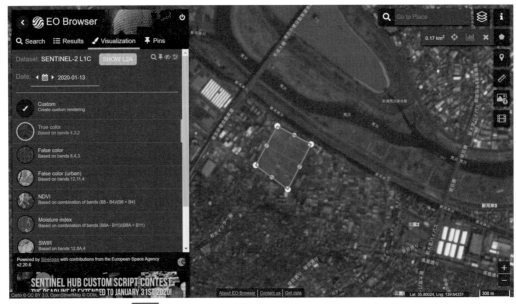

図3-1 EO Browserの機能（Copernicus Sentinel dataより）

　そのほかにも、図3-2のように囲んだ範囲の植生の変化を求めることもできます。秋ごろに植生指数の変化のピークが見られ、その後に下がっていることから、秋ごろに収穫する農作物を植えている地域と推測できます。

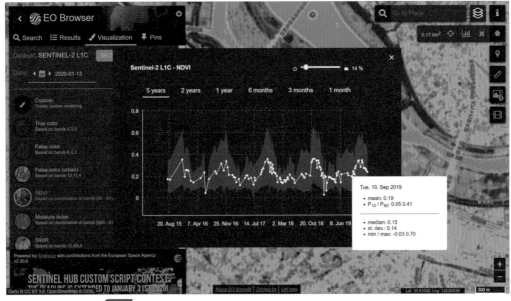

図3-2 EO Browserによる植生の変化（Copernicus Sentinel dataより）

3-1-3 Copernicus Open Access Hubからの直接ダウンロード

Copernicus Open Access Hubを利用するためにはユーザー登録が必要です。次のサイトにアクセスします。

https://scihub.copernicus.eu/dhus/

アクセスすると図3-3のようになります。

図3-3 Copernicus Open Access Hub（Copernicus Sentinel dataより）

図3-4 ログイン、人型のアイコンをクリック（Copernicus Sentinel dataより）

図3-4の右上の人型のアイコンをクリックします。ポップアップ表示された画面の左下に表示されている[Sign up]をクリックします。そうすると図3-5のようなユーザー登録画面になります。必要事項記入の上、

ユーザーアカウントを作成します。

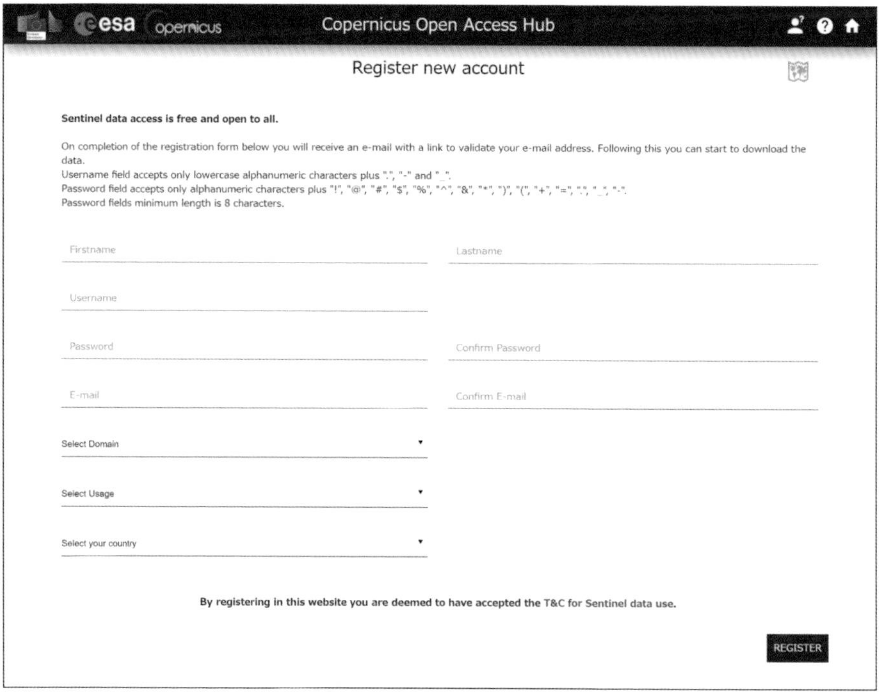

図3-5 ユーザーアカウント登録

　ユーザーアカウント作成方法の詳細はこちらのWebページ[注4]に記載されています。Username と Passwordはこのサイトにログインするときだけでなく、アプリケーションプログラミングインターフェース（API）を利用する際に使うので、メモしておきましょう。

　下記のCopernicus Open Access Hubの検索画面で、地図上で対象領域を指定した上で、次の条件を入力して検索しましょう（図3-6）。

　今回は茨城県の日立市を対象としてデータを検索します。

- 「Sensing period」（観測期間）に下記の期間を入力
    - ・2017年　→　2017年1月1日から12月31日
    - ・2018年　→　2018年1月1日から12月31日
- 「Mission: Sentinel-2」のチェックボックスにチェック
- 「Product type」はプルダウンで「S2MSI1C」を選択

注4　https://scihub.copernicus.eu/userguide/SelfRegistratio

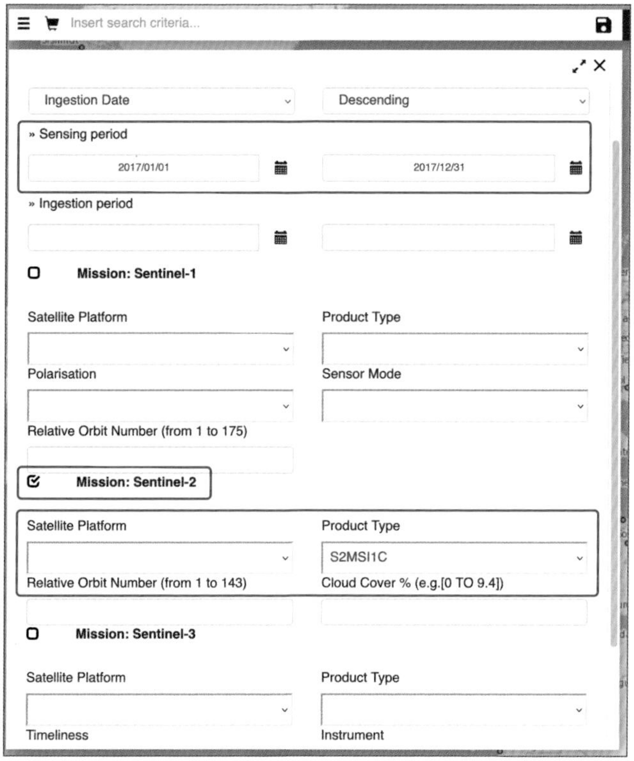

図3-6 各種情報の入力（Copernicus Sentinel data）

　サムネイルが表示されるため目視で雲が少ない画像を選択することもできますが、詳細検索のCloud Coverの検索窓に [0 TO 5] と入力することで、画像中の雲量が0%以上5%未満のものだけ表示することもできます。Copernicus Open Access Hubからデータをダウンロードすると、zip形式で圧縮されているので展開します。

　Open Access HubではSentinelの全データを利用可能な形で提供しておらず、古いデータはLong Term Archive（LTA）として保存されます。LTAはそのままではダウンロードすることができず、ダウンロード申請を送る必要があります。そのため本書のコードを実行する際にデータが表示されない場合には取得期間を変更してみてください。ダウンロード申請が処理されますと、その後最大で24時間以内にオフラインとなっていたデータ（LTA）をダウンロードを行うことが可能になります。LTAへの申請はOpen Access Hub上のGUIを利用する方法、またAPIから申請を行うことができます。

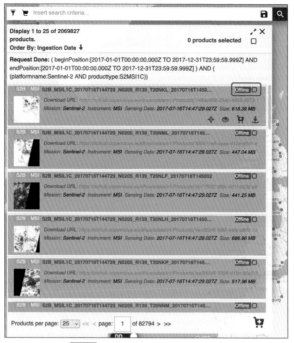

図3-7 Open Access Hub から申請

　オフラインプロダクトの場合には、図3-7で示すように、Offlineと記載されています。このデータをダウンロードするためには、Offlineの横にあるボックスにチェックを入れてデータ取得を要望する必要があります。

図3-8 カートを定期的に調べる

　ダウンロードする準備ができたことを知らせるメール通知などはないため、Cart内を忘れずに定期的にチェックしましょう。サイトからのダウンロード方法については以上です。

3-1-4 APIでSentinel-2の画像を取得する①

続いてはsentinelsatを用いたAPI経由でのダウンロード方法について説明します。

Sentinel衛星データのAPI詳細はWebページ[注5]をご覧ください。以降で実行するコートは、本書のWebページ・筆者のGitHubからダウンロードできます。

- データ：https://gihyo.jp/book/2022/978-4-297-13232-3
- 分析ノートブック：https://github.com/tamanome/satelliteBook

Google Colabを利用してデータ取得する場合には次のコマンドをColab上のセルに入力します（本章だけ[ ]は入力セルのイメージです）。

```
[] # Colab利用時
   from google.colab import drive
   drive.mount('/content/drive')
```

必要となるライブラリをインストールします。#で始まる行はコメント文です。

```
[] # Google Colab利用時に実行
   !pip install sentinelsat
   !pip install rasterio
   !apt install gdal-bin python-gdal python3-gdal
   !apt install python3-rtree
   !pip install geopandas
   !pip install shapely
   !pip install six
   !pip install pyproj
   !pip install geopandas
   !pip install earthpy
```

3-1-5 APIでSentinel-2の画像を取得する②

■○ 関心領域の画像情報を取得する

Sentinel-2の画像を取得しましょう。まず利用するライブラリをインポートします。画像を地図で可視化するfoliumや、pandasの拡張機能であり衛星データを処理する上で便利なGeoPandas、GDALのようにさまざまな処理をラスターデータに施すために便利なrasterioなどを利用します。

```
[] import os, glob, re
   from datetime import date
   import numpy as np
   from sentinelsat import SentinelAPI, read_geojson, geojson_to_wkt
```

注5 https://scihub.copernicus.eu/userguide/

```
import geopandas as gpd
import pandas as pd
import numpy as np
import matplotlib.pyplot as plt
import matplotlib.image as mpimg
from osgeo import gdal
import json, geojson
import rasterio as rio
from rasterio.plot import show
import rasterio.mask
import fiona
import folium
from PIL import Image
import earthpy.plot as ep

import warnings
warnings.filterwarnings('ignore')
plt.rcParams['figure.dpi'] = 250
```

　取得したい画像の場所を決定するために、座標情報を得る必要があります。今回はキーン州立大学が公開しているツールを利用して、その座標情報を取得しましょう（図3-9）。

```
[] from IPython.display import IFrame
   src = 'https://www.keene.edu/campus/maps/tool/'
   IFrame(src, width=960, height=500)
```

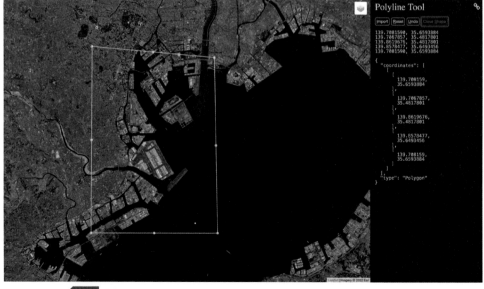

図3-9 取得したい領域の座標情報を取得する（取得したい領域をポリゴンで囲む）

[Close Shape]をクリックすることで、描画している図形を閉じることができます。たとえば、右クリックで4点選択した後に[Close Shape]を押すと、四角形のポリゴンを入手できます（図3-9）。

図形を描画したら下記でドラッグしている範囲の情報をコピーします（図3-10）。

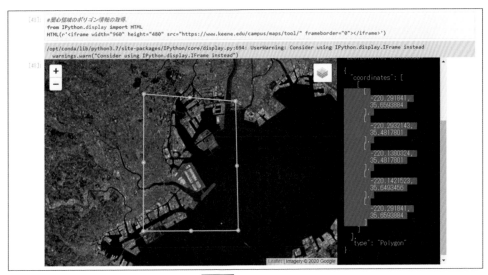

図3-10 情報のコピー

上記でコピーした情報をColab内のセルにペーストしてください。これで、取得する範囲を定義できました。

```
[] AREA = [
    [
        139.708159,
        35.6593884
    ],
    [
        139.7067857,
        35.4817801
    ],
    [
        139.8619676,
        35.4817801
    ],
    [
        139.8578477,
        35.6493456
    ],
    [
        139.708159,
        35.6593884
    ]
]
```

上記のサイトでは地図を東から西へと移動させると上図のように経度が異常値となります。それに対応するために以下のコードを実行します。異常値を取得していなければ下記のセルは実行せずとも問題ありません。

```
for i in range(len(AREA)):
    if AREA[i][0] >= 0:
        AREA[i][0] = AREA[i][0]%360
    else:
        AREA[i][0] = -(abs(AREA[i][0])%360) + 360
```

定義した領域のポリゴン情報を生成し、ファイル名を付けます。

```
m = geojson.Polygon([AREA])

#ファイル名を定義. 好きな名称に設定してください.
object_name = 'Tokyo_Bay'

with open(str(object_name) +'.geojson', 'w') as f:
    json.dump(m, f)
footprint_geojson = geojson_to_wkt(read_geojson(str(object_name) +'.geojson'))
```

なお、正しくポリゴンデータを定義できていない場合には、ファイルを読み込むことができません。エラーが出た場合には、正しくコピー&ペーストされていないか、選択領域が広過ぎることが原因として考えられます。

続いてOpen Access Hubからデータを取得するために、先ほど取得したOpen Access Hubのユーザー情報を入力します。

```
user = 'ここにusername'
password = 'ここにpassword'
api = SentinelAPI(user, password, 'https://scihub.copernicus.eu/dhus')
```

定義した領域が合っているか、foliumの地図閲覧機能を用いて確認します。

```
m = folium.Map([(AREA[0][1]+AREA[len(AREA)-1][1])/2,(AREA[0][0]+AREA[len(AREA)-1][0])/2], zoom_start=10)

folium.GeoJson(str(object_name) +'.geojson').add_to(m)
m
```

指定した領域であることを確認できたら、取得する衛星の種類を指定します。今回は光学画像であるSentinel-2の画像を取得するため、すでに指定している「場所」の情報以外である、「対象とする衛星」、「期間」、「データの処理レベル」、「被雲率」を指定します。データの処理レベルについては、レベルが上がるとデータに補正がかかり、より使いやすくなると考えてください。詳しくは、ESAのページ[注6]やSentinel-2の

注6　https://sentinels.copernicus.eu/web/sentinel/user-guides/sentinel-2-msi/processing-levels

情報サイト[注7]を参照ください。

```
products = api.query(footprint_geojson,
                     date = ('20211110', '20211120'), # 取得希望期間の入力
                     platformname = 'Sentinel-2',
                     processinglevel = 'Level-2A',
                     cloudcoverpercentage = (0,100)) # 被雲率（0%～100%）
```

　上記コマンドを実行した後にエラーが生じる場合には、関心領域に対象となる画像が存在しないことが考えられます。関心領域を狭くしたり、被雲率を変えたりして、画像が含まれる条件を整えてください。

　続いて取得した衛星データ数を確認します。

```
len(products)
```

　今回の例では、12シーンあることがわかりました。

　雲がない画像の方が、地上の様子がわかります。そのため、対象期間で一番雲が少ない画像を選択するべく、まずは取得できる衛星データを一覧で表示しましょう。

```
[] products_gdf = api.to_geodataframe(products)
   products_gdf_sorted = products_gdf.sort_values(['cloudcoverpercentage'], ascending=[True])
   products_gdf_sorted
```

　被雲率が低い順に表示します。

```
[] products_gdf_sorted.head()
```

　先頭にある画像は雲が一番少ないので、その画像を指定してダウンロードしましょう。利用している環境にも依りますが、ダウンロードには数十分程度かかる場合もあります。

```
[] # ファイルが重いため、時間がかかります
   uuid = products_gdf_sorted.iloc[0]["uuid"]
   product_title = products_gdf_sorted.iloc[0]["title"]
   api.download(uuid)
```

　取得したい画像情報を入手できました。なお、上記で取得できているURLにアクセスすることで、ローカル環境に手動で直接データを取得する[注8]こともできます。

注7　https://sentinels.copernicus.eu/web/sentinel/missions/sentinel-2/data-products

注8　'Product cecfe662-af60-4d0d-9c90-a4520ea58bb7 is not online'、'500 Internal Server Error'などが表示されて、api.download(uuid)が失敗することがあります。これは対象のデータがアーカイブ化されていることを示していますので、データの取得時期を変えることによって対処をしましょう。上の例では'20211110'、'20211120'の期間で取得していますが、できるだけ現在の日付に近い範囲で設定してください。すでにアーカイブになってしまったデータの取得方法については、補足として次で触れています。

■○ 補足：Long Term Archive（LTA）について

　Sentinelの過去データはLong Term Archive（LTA）と言うオフラインプロダクトとなっており、そのままでは取得できません。Open Access Hubを利用する場合は、GUIを用いてオフラインのプロダクトをオンラインにするように申請できます。sentinelsatでは同様のことをAPI経由で行うことになります。

　LTAプロダクトをオンラインにするためには、trigger_offline_retrieval(uuid)を利用します。まずは、対象としているデータがオンラインなのか、オフラインかを確認してみましょう。意図的に古いデータを取得してみます。

```
[] ltaProducts = api.query(footprint_geojson,
                date = ('20191001', '20191201'), # 取得希望期間の入力
                platformname = 'Sentinel-2',
                processinglevel = 'Level-2A',
                cloudcoverpercentage = (0,30)) # 被雲率 (0%〜30%)
```

　get_product_odata(uuid)を用いて、対象のメタデータを取得します。Onlineというキーは True と False の値を持ち、Falseの場合、対象のデータがオフラインになっていることを示しています。

```
[] len(ltaProducts) # 取得したltaプロダクトの数は6つ
```

```
[] ltaProducts_gdf = api.to_geodataframe(ltaProducts)
   api.get_product_odata(ltaProducts_gdf.index[0])['Online']
```

　値がTrueで返ってくると、オンライン化の申請を送信できたということになります。実際にダウンロードするまでには、最大で24時間程度かかります。1時間程度が経過した後、再びdownload(uuid)を試してください。

　下記のように実行することで、複数のオフラインプロダクトに対して同時に申請することもできます。

```
[] years = [2017,2018]

   api = SentinelAPI(user, password, 'https://scihub.copernicus.eu/dhus')

   for iyear in years:
     footprint = geojson_to_wkt(read_geojson('/content/Tokyo_Bay.geojson'))
     products = api.query(footprint,
                    date=('{}0101'.format(iyear),'{}0201'.format(iyear)),
                    platformname='Sentinel-2',
                    cloudcoverpercentage=(0,20))

     products_df = api.to_dataframe(products) # 取得したプロダクトの情報をデータフレームへ
     count = len(products)
     print('For the year {year}, {num} imagery(ies) were found.'.format(year=iyear,num=count))
     products_df_sorted = products_df.sort_values(['cloudcoverpercentage', 'ingestiondate'],ascend-
   ing=[True, True]) # 雲量とingestiondate(プロダクトがデータベースに格納された時間)で並び替え
```

```
    for steps in range(count):
        if os.path.exists(products_df_sorted['filename'].values[0]):
            print(products_df_sorted['filename'].values[0]," already exists. Skipping")
            continue
        sceneId = products_df_sorted.index[steps]
        product_info = api.get_product_odata(sceneId)
        if product_info['Online']:
            print('Product {} is online. Starting download.'.format(sceneId))
            api.download(sceneId)
        else:
            print('Product {} is not online. Please try again later.'.format(sceneId))
            try:
                # api.download(sceneId)
                print(api.trigger_offline_retrieval(sceneId))
                # Trueならば、オンライン化申請が成功。Falseの場合は、すでにオンラインになっている
            except:
                pass
    print('\n\n')
```

3-1-6 対象領域の画像を表示する

rasterioを用いて、取得したSentinel-2の観測画像を確認します。今回は、Sentinel-2のBand4,3,2を合成したトゥルーカラー画像を作成しましょう。

```
[] os.path.join(os.getcwd(),product_title) + ".SAFE" # パス指定
```

```
[] file_name = str(product_title) +'.zip' # ファイルネーム
   import zipfile
   with zipfile.ZipFile(file_name) as zf:
     zf.extractall()

   # SAFEファイルの場所をfilePathに入れます
   # jp2という画像ファイルが入っているフォルダはディレクトリの深い場所にあるため、以下のように分けています
   # jp2が入っているディレクトリは以下の通りです
   # /content/S2A_MSIL2A_20210805T012701_N0301_R074_T54SUE_20210805T035144.SAFE/GRANULE/L2A_T54SUE_
   A031960_20210805T012658/IMG_DATA/R10m
   filePath = os.path.join(os.getcwd(),product_title) + ".SAFE" # SAFEファイルの場所指定

   path = filePath + '/GRANULE'
   files = os.listdir(path)

   pathA = filePath + '/GRANULE/' + str(files[0])
   files2 = os.listdir(pathA)

   pathB = filePath + '/GRANULE/' + str(files[0]) +'/' + str(files2[1]) +'/R10m'
   files3 = os.listdir(pathB)
```

　画像を作るために、バンドを指定します。今回はバンド2を青に、バンド3を緑に、バンド4を赤に割り当てます。

```
[]  fileNameList = glob.glob(pathB+'/*.jp2')
    path_b2 = list(filter(lambda x: x.endswith('B02_10m.jp2'),fileNameList))[0]
    path_b3 = list(filter(lambda x: x.endswith('B03_10m.jp2'),fileNameList))[0]
    path_b4 = list(filter(lambda x: x.endswith('B04_10m.jp2'),fileNameList))[0]
```

　バンド4の画像を対象に、画像サイズや座標系を確認します。

```
[]  b4 = rio.open(path_b4)
    b3 = rio.open(path_b3)
    b2 = rio.open(path_b2)

    b4.count, b4.width, b4.height

    b4.crs
```

　今回の例の場合は、サイズは (1, 10980, 10980)、座標系は CRS.from_epsg(32654) と表示されました。10980 はピクセル数を表し、Sentinel は解像度が 10m GSD（つまり1ピクセルが地上における10mに相当）ですので、一辺が 10980pixel × 10m/pixel、およそ100km範囲の画像であることがわかります。EPSGの32654というのは、UTM座標系（UTM-54）のことを表します。座標系については、この後の3-2-3節で説明をします。

```
[]  with rio.open(str(object_name) +'.tiff','w',driver='Gtiff', width=b4.width, height=b4.height,
                   count=3,crs=b4.crs,transform=b4.transform, dtype=b4.dtypes[0]) as rgb:
        rgb.write(b2.read(1),3)
        rgb.write(b3.read(1),2)
        rgb.write(b4.read(1),1)
        rgb.close()

    RGB_tokyo =rio.open(str(object_name) +'.tiff')
    RGB_tokyo.crs

    nReserve_geo = gpd.read_file(str(object_name) +'.geojson')
    epsg = b4.crs
```

　このまま画像をダウンロードしてもよいのですが、このSentinel-2画像シーンは興味がある対象範囲以外も含みます。ファイルサイズも大きいため、関心領域だけを抽出してダウンロードしたほうが効率的です。
　関心領域だけをダウンロードするためには以下のように実行しましょう。

```
[]  nReserve_proj = nReserve_geo.to_crs({'init': epsg})
```

```
with rio.open(str(object_name) +'.tiff') as src:
    out_image, out_transform = rio.mask.mask(src, nReserve_proj.geometry,crop=True)
    out_meta = src.meta.copy()
    out_meta.update({"driver": "GTiff",
                "height": out_image.shape[1],
                "width": out_image.shape[2],
                "transform": out_transform})

with rio.open('Masked_' +str(object_name) +'.tif', "w", **out_meta) as dest:
    dest.write(out_image)

msk = rio.open(r'Masked_' +str(object_name) +'.tif')
fig, ax = plt.subplots(1, figsize=(18, 18))
show(msk.read([1,2,3]))
plt.show();
```

実行すると、図3-11のような画像が描画されると思います。

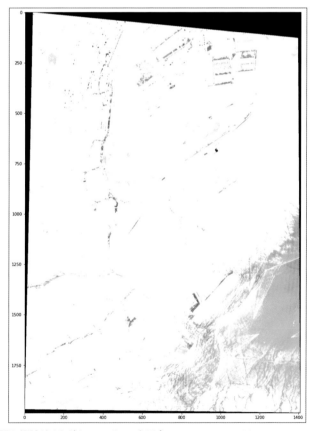

図3-11 関心領域だけをダウンロードして表示（Produced from ESA remote sensing data）

　画像自体は16ビット（65,536階調）ですが、スクリーンには8ビット（256階調）で描画されるため、255より高い画素値が飽和してこのような見た目となります。そのため続いて画像の見た目を調整しましょう。

```
[]  imgTif = 'Masked_' +str(object_name) +'.tif' # 読み出し用Tiffのパス
    imgJpg = 'Masked_' +str(object_name) +'.jpg' # 書き出し用jpgのパス


    with rio.open(imgTif) as src:
      img_array = src.read() # 配列情報の読み取り
```

```
[]  # 各々のピクセル値の分布をヒストグラムとして描画
    # eathpyを利用
    ep.hist(img_array,
            colors=['r', 'g', 'b'],
            title=['Red', 'Green', 'Blue'],
            cols=3,
            figsize=(12, 3));
```

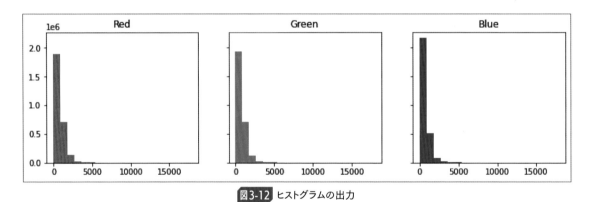

図3-12 ヒストグラムの出力

　図3-12を見てわかるように、左側に多くのピクセル情報が集まる右に裾の長い分布であることがわかります。おおよその分布が0から3000あたりにあるため、この範囲で8bitのJPEG画像へと変換します。変換にはgdal.Translateを利用します。

```
[]  gdal.Translate(imgJpg, imgTif, format='JPEG', scaleParams=[[0,3000,0,255]])
    # scaleParamsの部分は空白[[]]でも動作します。その場合は、gdal.Translateが自動で最適なコントラストに設
    定しますが、多くの場合手動でやるほうが良い結果になります
    im = Image.open('Masked_' +str(object_name) +'.jpg')
    im

    ## やや長いですが、下記方法でも変換可能です（より厳密な定義）
    # scale = '-scale 0 3000 0 255' # 画像の色調整を行います(16bitから8bit範囲へ変換)
    # options_list = [
    #     '-ot Byte', # 8bitまで扱う
```

```
#     '-of JPEG', # 変換後の画像フォーマット
#     scale # 画像のコントラスト
# ]
# options_string = " ".join(options_list)

# gdal.Translate(imgJpg, # 変換後の画像（パスごと記入）
#                imgTif, # 変換元の画像
#                options=options_string) # オプション指定
```

図3-13 8bitのJPEG画像へ変換（Produced from ESA remote sensing data）

　画像の明るさを調整しつつ、興味範囲の画像を取得できました。単に描画するだけなら、以下のような手順で処理できます。考え方は先ほどと同じで、描画するために外れ値処理を行い、8bit変換しています（図3-14）。

```
[] # rio.openされたjp2ファイルを配列化
   b, g, r = b2.read(1), b3.read(1), b4.read(1)
   imgArray = np.array([r, g, b])
```

```
# RGB画像の最大値を調整（見た目を良くする作業）
imgArray[imgArray > 3000] = 3000
img = ((imgArray / imgArray.max()) * 255).astype(np.uint8)
rio.plot.show(img)
```

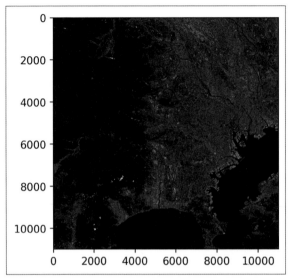

図3-14 外れ値処理を行い、8bit 変換（Produced from ESA remote sensing data）

3-1-7 SpatioTemporal Asset Catalog（STAC）を利用する

STAC[注9]は、地理空間データカタログの構築に推奨される仕様（フォーマット）を提供しています（STAC specification）。仕様が共通になることで、利用者は異なったデータの提供元が開発した独自のツールや API を使う必要がなくなります。つまり、STAC specification の目的は、時空間データに共通のメタデータや API を与えることにより、利用者がそのデータを容易に用いることを可能にすることです。

STAC に準じて構築されるカタログの情報を STAC Index[注10]で閲覧できます。Sentinel や Landsat のデータはこちらのサイト[注11]から確認できます。

STAC に準じた API を利用することにより、同じ手法で異なった衛星データを取得することが可能になります。また sentinelsat を利用する方法と異なり、STAC 経由の方が、データのダウンロードが早く、加えて、どのバンドのデータを取得するかもあらかじめ選ぶこともできるため便利です。もちろん、アーカイブ化されているデータも取得できます。これについては第4章をご覧ください[注12]。今回は sat-utils と

注9　https://stacspec.org
注10　https://stacindex.org
注11　https://stacindex.org/catalogs/earth-search#/?t=1
注12　COGとは通常のGeoTIFFと同じように扱える（Legacy Comparability）だけでなく、データアクセスの処理を効率化するという利点があります。そのため、多くの衛星データを取得したい場合には、COGの利用がお勧めです。

intake-STACという2つのライブラリを用いて、STAC経由でデータを取得してみましょう。

sat-utilsは衛星データを探索するのを支援するライブラリであり、intake-stacは、データ取得から解析しやすいデータまでの加工を行うライブラリになります。この2つをPythonで利用することにより、衛星データの探索から解析しやすいデータの取得までを一貫して行うことができます。

```
[]  # Colab利用時には以下のコマンドを実行してください (初回のみ)
    !apt-get install -y libspatialindex-dev
```

```
[]  # STACを利用するために、改めてライブラリのインストールを行います
    # Colab利用時にはインストール後ランタイムを再起動してください
    # 動作しないプログラムがあるため最新版はGitHubページ
    # https://github.com/tamanome/satelliteBook を確認ください
    !pip install cartopy
    !pip install pygeos
    !pip install rtree
    !pip install sat-search
    !pip install pystac-client
```

```
[]  # ライブラリのインポート
    import os, json
    from shapely.geometry import MultiPolygon, Polygon, box
    from fiona.crs import from_epsg
    import numpy as np
    from satsearch import Search
    from io import BytesIO
    import urllib
    import PIL
    from skimage import io
    from IPython.display import display, Image
    import geopandas as gpd
    import matplotlib.pyplot as plt
    import warnings
    warnings.filterwarnings('ignore')

    print("done")
```

先ほどと同じエリアを対象に検索します。

```
[]  AREA = [
        [
            139.708159,
            35.6593884
        ],
        [
            139.7067857,
            35.4817801
```

```
      ],
      [
         139.8619676,
         35.4817801
      ],
      [
         139.8578477,
         35.6493456
      ],
      [
         139.708159,
         35.6593884
      ]
   ]

# 左回りもしくは右回りに対応。
# 地図を左に大きく動かして場所を選択したり、右側に何周かして場所を選択したりすると、上記の経度が-180や、
+180度を超えたりします。その際には、下のコードを実行してください
for i in range(len(AREA)):
    if AREA[i][0] >= 0:
        AREA[i][0] = AREA[i][0]%360
    else:
        AREA[i][0] = -(abs(AREA[i][0])%360) + 360
```

```
[]  # AREAから最小緯度・経度、最大緯度・経度を取得します。
areaLon = []
areaLat = []
# iterating each number in list
for coordinate in AREA:
  areaLon.append(coordinate[0])
  areaLat.append(coordinate[1])

minLon = np.min(areaLon) # min longitude
maxLon = np.max(areaLon) # max longitude
minLat = np.min(areaLat) # min latitude
maxLat = np.max(areaLat) # max latitude
```

```
[]  bbox = [minLon, minLat, maxLon, maxLat] # 画像取得範囲の設定 min lon, min lat, max lon, max lat
dates = '2021-04-10/2021-06-10' # '20210410', '20210610'

URL='https://earth-search.aws.element84.com/v0'
results = Search.search(url=URL,
                        collections=['sentinel-s2-l2a-cogs'], # sentinel-s2-l1c, sentinel-s2-l2a-cogs,
sentinel-s2-l2aが指定できます
                        datetime=dates,
                        bbox=bbox,
                        sort=['<datetime'])
```

```
[]  print('%s items' % results.found()) #検索で取得したデータ数を表示
    items = results.items()
    items.save('sentinel-s2-l2a-cogs.json') #結果はJSONへ保存
```

先ほどの結果と同じく12データセットあることがわかります。同じ手順を繰り返しますので、雲の量が少ない画像を選択し、トゥルーカラー画像を作成するために必要なバンド情報を抽出してみましょう。

STACにはカタログに記載されているデータの保管場所を提示する機能があります。URLはバンド情報ごとに割り振られていますので、欲しいバンドのURLからデータをダウンロードします。

```
[]  catalog = intake.open_stac_item_collection(items) #取得結果のカタログ化。画像のダウンロード用に用います
    # list(catalog)
    # print(items.summary(['date', 'id', 'eo:cloud_cover'])) 取得した結果について雲の量を簡単に確認する場合のコード
    gf = gpd.read_file('/content/sentinel-s2-l2a-cogs.json')
    # display(gf)
```

```
[]  # 雲量で並び替え
    gfSroted = gf.sort_values('eo:cloud_cover').reset_index(drop=True)
    gfSroted.head()
```

先ほどの結果とやや変わりました。サムネイルで画像を確認しましょう（図3-15）。

```
[]  # 雲の量が最も少ない画像を取得
    item = catalog[gfSroted.id[0]]

    # 画像に含まれるデータを確認します
    # 手動でダウンロードしたものと同じバンド情報が入っていることがわかります
    print(list(item))

    # サムネイル画像の表示（RGB画像）
    Image(item['thumbnail'].urlpath)
```

図3-15 Produced from ESA remote sensing data

　予想に反して、雲で地表面がまったく見えない画像が表示されました。そのため、サムネイル画像を確認するというのも1つの過程としてとらえることもできます。

```
[]  def getPreview(thumbList, r_num, c_num, figsize_x=12, figsize_y=12):
      """
      サムネイル画像を指定した引数に応じて行列状に表示
      r_num: 行数
      c_num: 列数
      """
      thumbs = thumbList
      f, ax_list = plt.subplots(r_num, c_num, figsize=(figsize_x,figsize_y))
      for row_num, ax_row in enumerate(ax_list):
        for col_num, ax in enumerate(ax_row):
          if len(thumbs) < r_num*c_num:
            len_shortage = r_num*c_num - len(thumbs) # 行列の不足分を算出
            count = row_num * c_num + col_num
            if count < len(thumbs):
              ax.label_outer() # サブプロットのタイトルと、軸のラベルが被らないようにします
              ax.imshow(io.imread(thumbs[row_num * c_num + col_num]))
              ax.set_title(thumbs[row_num * c_num + col_num][60:79])
            else:
              for i in range(len_shortage):
                blank = np.zeros([100,100,3],dtype=np.uint8)
                blank.fill(255)
                ax.label_outer()
                ax.imshow(blank)
          else:
            ax.label_outer()
            ax.imshow(io.imread(thumbs[row_num * c_num + col_num]))
```

```
            ax.set_title(thumbs[row_num * c_num + col_num][60:79])
    return plt.show()
```

サムネイル画像を描画を表示します（図3-16）。

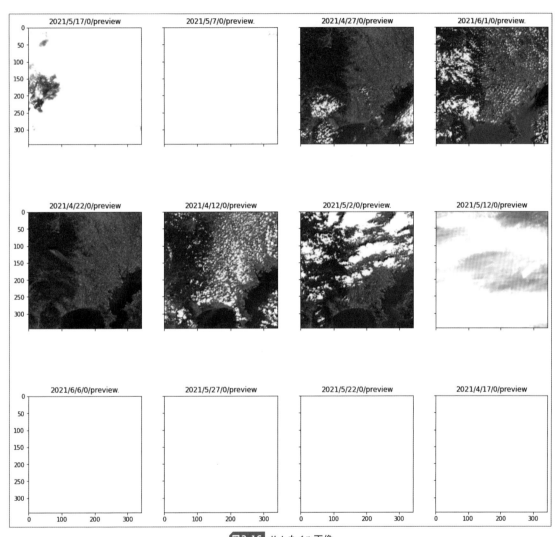

図3-16 サムネイル画像

```
[] allthumbUrl = [catalog[gfSroted.id[i]]['thumbnail'].urlpath for i in range(12)]
   getPreview(allthumbUrl[0:13],3,4,16,16)
```

これで先の結果と同じになりました（図3-17）。

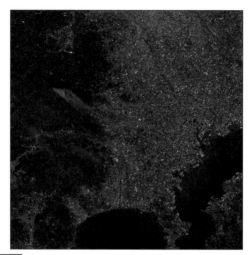

図3-17 結果画像（Produced from ESA remote sensing data）

```
[] # 雲の量が最も少ない画像を取得
   item = catalog[gfSroted.id[4]]

   # サムネイル画像の表示（RGB画像）
   Image(item['thumbnail'].urlpath)
```

それではファイルのURLを取得しましょう。URLはメタデータ内に記載されています。

```
[] bandLists = ['B04','B03','B02']
   file_url = [item[band].metadata['href'] for band in bandLists]
   print(file_url)
```

```
[] # 画像の作成フォルダを作成
   os.makedirs('sentinel2COG',exist_ok=True)
   RGB_dir = "/content/sentinel2COG"
```

続いて、画像の切り取り処理を行います。bboxの値はそのままでは利用できないため、以下のコードを用いて変換を行います。

```
[] # 参照：https://automating-gis-processes.github.io/CSC18/lessons/L6/clipping-raster.html

   bbox = box(minLon, minLat, maxLon, maxLat)
   geo = gpd.GeoDataFrame({'geometry': bbox}, index=[0], crs=from_epsg(4326)) # WGS84座標系を指定
   geo = geo.to_crs(crs='epsg:32654') # Sentinel-2の画像に合わせます

   def getFeatures(gdf):
       """rasterioで読み取れる形のデータに変換するための関数です"""
       return [json.loads(gdf.to_json())['features'][0]['geometry']]
```

1
2
3
4
5
6
A

```
    coords = getFeatures(geo)
    print(coords)


# 画像の読み込み
b2 = rio.open(file_url[2])
b3 = rio.open(file_url[1])
b4 = rio.open(file_url[0])

# 出力ファイル名
RGB_path = os.path.join(RGB_dir,'sentinel-2_l2a-cogs'+'.tif')

# GeoTIFFの作成
RGB_color = rio.open(RGB_path,'w',driver='Gtiff', # driverにGtiff(GeoTIFF)
    width=b4.width, height=b4.height, # 画像の高さや幅を指定。B04のバンドと同じ大きさにしています
    count=3, # 3つのバンドを利用（B02, B03, B04）
    crs=b4.crs, # crsもB04と同様。epsg:32654
    transform=b4.transform, # データに対する変換も同様のもの
    dtype=rio.uint16 # データ型を指定
    )
# 各々のバンド情報をRGB_colorに書き込み
RGB_color.write(b2.read(1),3) # 青
RGB_color.write(b3.read(1),2) # 緑
RGB_color.write(b4.read(1),1) # 赤
RGB_color.close()

with rio.open(RGB_path) as src:
  out_image, out_transform = rio.mask.mask(src, coords, crop=True) #mask処理の実行
  out_meta = src.meta # 作成する画像の情報はもともとの画像と同様のものにします

# メタ情報の更新
out_meta.update({"driver": "GTiff",
                "height": out_image.shape[1],
                "width": out_image.shape[2],
                "transform": out_transform})

# 画像の書き出し
with rio.open(RGB_path, "w", **out_meta) as dest:
  dest.write(out_image)

# 画像表示のため8bit形式で書き出し。画像の色味も調整します
scale = '-scale 0 255 0 25'
options_list = ['-ot Byte','-of Gtiff',scale]
options_string = " ".join(options_list)

gdal.Translate(os.path.join(RGB_dir,'sentinel-2_l2a-cogs_Masked'+'.tif'),os.path.join(RGB_dir,'sentinel-2_l2a-cogs'+'.tif'),options = options_string)

print("done")
```

画像と切り出す領域を表すポリゴンデータ（ここではcoords）のCRSが合わないと、エラーが発生します。取得した画像のCRSを忘れずにチェックするようにしましょう。item.metadata['proj:epsg']で確認できます。

```
[] plt.figure(figsize=(6,10))
   RGB_2017OctCOG = rio.open('/content/sentinel2COG/sentinel-2_l2a-cogs_Masked.tif')
   show(RGB_2017OctCOG.read([1,2,3]))
```

以上でsentinalsatと同様の画像を取得できました。比べてみると、ダウンロードから画像の作成までが早く行えることがわかります。アーカイブ画像も取得できるため、特にこだわりがない場合にはSTAC経由でデータを取得すると良いでしょう。

■■◉ Earth Explorerを利用したダウンロード方法

Landsat 8-OLIのデータをダウンロードしてみましょう。今回は、AWS（Amazon Web Service）のサイトから、Landsat 8の画像を呼び出す方法について紹介します。AWSに格納されているLandsat 8のデータを取得するには、まず、入手したいデータの「パス番号」「フレーム番号」「プロダクト名」を指定する必要があります。

この情報を得るためには、Landsat 8のデータ検索サイトであるEarth Explorerで検索する必要があります。Earth Explorerでは、以下の3要素を指定し、[Results]ボタンを押すと、画像を検索できます（図3-18）。

- 観測時期
- 観測範囲
- 衛星データ

図3-18は、サンプルとして、「2020年3月1日〜3月31日」の期間の「沖縄」の領域を指定します。左下の赤矩形部分に、期間を入力します。次に、画面中央のMAP上で、検索したい領域範囲をクリックすることで指定できます。

期間と領域が指定できたら、左下の[Data Sets]をクリックします。

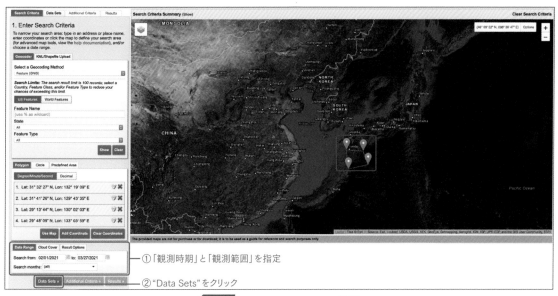

図3-18 USGS EarthExoplorer 説明

　衛星を選択する画面に移るので、今回はLandsatの［Collection1］の［Level-2］というデータを選択します。［Results］ボタンをクリックすることで検索結果が表れます。

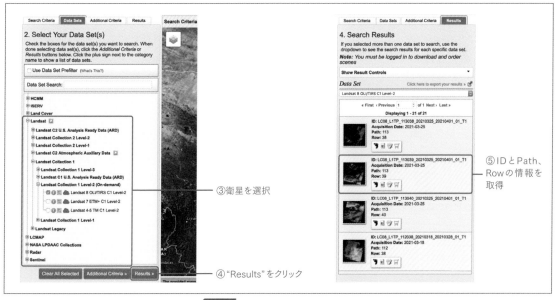

図3-19 USGS EarthExplorer 説明

検索結果が得られたら、

1. ［プロダクト ID］
2. ［Path 番号］
3. ［Row 番号］

を取得し、以下の URL を指定することで AWS に格納されている Landsat 8 のデータを取得できます。

```
/vsicurl/http://landsat-pds.s3.amazonaws.com/c1/L8/｛パス番号｝/｛フレーム番号｝/｛プロダクト名｝/
｛プロダクト名｝_｛バンド番号｝.TIF
```

以上が衛星データの取得方法についての紹介です。気象データとして有名な MODIS の取得方法について
は、第 4 章で説明します。そちらでは、EarthData 経由でデータを取得していますので、そちらもご参照く
ださい。

3-2 衛星データと地上データを組み合わせる準備

3-2-1 GeoPandas のインストール

衛星データと地上データを組み合わせる際には、GeoPandas[注13] というライブラリをよく利用します。ラ
スター形式の衛星データとベクター形式（であることが多い）の地上データでは、そのままでは組み合わせ
て解析できません。そのため、両者を組み合わせることができるデータ処理が必要となります。本節では次
のことを学びます。

- e-Stat からのデータ取得
- e-Stat のデータ加工
- e-Stat のデータを地図にプロット
- 空間参照系について

3-2-2 GeoPandas の基本

GeoPandas は、pandas によるテーブルデータの処理と shapely による幾何学的なデータ処理を併せ持ってい
ます。そこに matplotlib による描画支援も行われているため、地理空間情報を簡単なテーブルデータで処理で
きるだけでなく、短いコードで空間データの可視化まで行えるという優れものです。この節では、GeoPandas
を学びつつ、同時に地理空間データ解析に必須の知識である座標系についても学習しましょう（図3-20）。

注13　https://geopandas.org

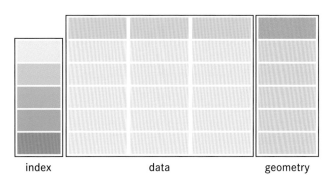

図3-20 Pandasのデータ構造とテーブル構造（GeoPandas Developers　https://geopandas.org/ より）

　GeoPandasのデータ構造は図で見るとわかりやすいです。地理空間情報はさまざまな形式がありますが、それを図3-20のようなテーブルにしてしまい、shapelyにより処理される幾何情報はgeometryという列に保存されています。このようなテーブルデータをGeoDataFrameと呼びます。

　geometryでは、

- Points または Multi-Points
- Lines または Multi-Lines
- Polygons または Multi-Polygons

が基本的なオブジェクトとして扱われます。ColabでGeoPandasなどを利用する場合には、下記のセルを実行してください。

```
# Colab利用時
# 解析に必須なライブラリのインストール
!apt install gdal-bin python-gdal python3-gdal
# rtreeをインストール（GeoPandasで必要）
!apt install python3-rtree
# GeoPandasのインストール
!pip install git+git://github.com/geopandas/geopandas.git
## Foliumをインストール（可視化用）
!pip install --upgrade folium
# plotlyのインストール
!pip install plotly-express
!pip install --upgrade plotly # ライブラリの更新
!pip install matplotlib-scalebar # 縮尺用のライブラリ
# geemapとipygeeをインストール
!pip install geemap
!pip install ipygee
```

　GeoPandasには次の依存関係があります。ローカルで環境を作成する場合にも依存関係に注意をしてください。

- NumPy
- pandas
- shapely
- fiona
- pyproj

詳しくは公式Webサイトを参照ください。

https://geopandas.org/getting_started/install.html

続けてライブラリのインポートを行います。すべてがインストールされていれば、エラーなく実行できます。

```
# Colab利用時には、Kernelの再起動が必要です
import pandas as pd
import numpy as np
import os
import geopandas as gpd
from shapely.geometry import Point
import matplotlib
import matplotlib.pyplot as plt
import folium
import plotly_express as px
from datetime import datetime
import geemap
from ipygee import*
import warnings
warnings.filterwarnings('ignore')
matplotlib.rcParams['figure.dpi'] = 300 # 解像度
```

　データを使って実際に解析をしてみましょう。今回は、オープンデータを利用して初婚の平均年齢を可視化してみましょう。
　利用するデータはGitHubからダウンロードできます。

・平均初婚年齢

https://github.com/sorabatake/article_20455_geopandas/blob/master/input/marriage.csv

・日本のシェープファイル

https://github.com/sorabatake/article_20455_geopandas/tree/master/input/japanSHP

■□○ テーブルデータの読み込み

初婚年齢データの読み込みは次のように行います。

```
# colab利用時
from google.colab import drive
drive.mount('/content/drive')
```

csvを読み込みます。

```
marriageDf = pd.read_csv('/content/drive/MyDrive/marriage.csv')
```

各変数の概要を確認する場合はinfo()を使います。

```
marriageDf.info()
```

こちらはe-Stat（https://www.e-stat.go.jp/dbview?sid=000341396）を基に本演習用に加工したデータです。そのため、ここでは簡単なデータクリーニングも含めて進めていきましょう。head()を用いて、最初の5行を読み込みます。

```
marriageDf.head()
```

カテゴリカル変数を表示したい場合にはincludeオプションを使いましょう。

```
# カテゴリカル変数も含めて表示
marriageDf.describe(include='all')
```

日本語表記のままだと扱いづらいため、列名を変更します。

```
marriageDf = marriageDf.loc[:,['夫・妻','都道府県（特別区－指定都市再掲）','時間軸（年次）','value']].\
rename(columns={'夫・妻':'sex','都道府県（特別区－指定都市再掲）':'prefecture','時間軸（年次）':'year','value':'avgAge'}).copy()
```

続いて、値も編集します。具体的には次のようにします。

- 夫はmale、妻はfemale
- xxxx年から年を削除
- 都道府県レベルだけを抽出

```
marriageDf.sex = marriageDf.sex.replace('夫','male',regex=False).replace('妻','female',regex=False)
marriageDf.year = marriageDf.year.replace('年$','',regex=True)

marriageDf.year = marriageDf.year.astype('int64')
```

081

```
includeStr = ['県$','道$','都$','府$']
marriageDf = marriageDf.loc[marriageDf.prefecture.str.contains('|'.join(includeStr)),:].reset_
index(drop=True)
```

describe()を用いて変数の統計量を確認します。

```
marriageDf.describe(include='all') # カテゴリカル変数も表示
```

初婚年齢が最も低い値を探してみましょう。

```
marriageDf.loc[marriageDf.avgAge == marriageDf.avgAge.min(),:]
```

初婚年齢が最も高い値を探してみましょう。

```
marriageDf.loc[marriageDf.avgAge == marriageDf.avgAge.max(),:]
```

都道府県レベルで見ると、佐賀県が最も早く、東京都が最も遅く結婚していることがわかります。

■○ シェープファイルの読み込み

シェープファイル（.shp）とは、前章で学んだベクターデータを扱ったファイル形式のことです。シェープファイルでは、ポイント、ライン、ポリゴンのベクター図形に地理座標が加えられているため、地図上にその形状を描画できます。

GADM[注14]（https://gadm.org/download_country_v3.html）からファイルをダウンロードします。

GADMからシェープファイルをダウンロードし、解凍すると次のファイルが展開されます。

- ［ファイル名］.cpg
- .dbf
- .prj
- .shp
- .shx

GeoPandasではシェープファイルを読み込む際に、.shpしか指定しません。しかしデータの読み込みにはshpだけでなく、.dbf、そして.shxは同じフォルダに存在している必要があります。仮にこれらのファイルが欠けてしまっている場合、pythonはエラーを返します。解凍したファイルからshpだけを残して他のファイルを削除しないようにしましょう。

```
[]  jpnShp = gpd.read_file('/content/drive/MyDrive/japanSHP/gadm36_JPN_1.shp')
```

注14　GADMでは世界の国々の行政区域データを取得できます。国土数値情報が提供しているデータと比べて、ポリゴンがシンプルな形状であるためデータ容量がやや軽量になっています。

同様にhead()を用いて先頭5行を表示します。

```
[] jpnShp.head()
```

今回はGADMのデータから行政界レベル1（Administrative level 1）を利用しているため、都道府県レベルでのデータを利用できます。行政界レベルが上がると、より細かいレベルでの自治体の境界データを取得できます。

取得したデータを可視化します。以下のコマンドは3行になっていますが、GeoDataFrame.plot()で描画できます（図3-21）。

```
[] ax = jpnShp.plot(figsize=(10, 10))
   jpnShp.plot(ax=ax)
   plt.show();
```

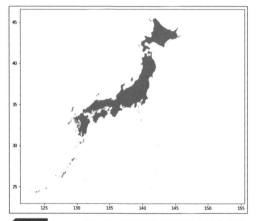

図3-21 シェープファイルを読み込み描画した日本地図

今回は都道府県レベルの境界データを利用していますので、都道府県の境界とラベルを描き加えます。

```
[] # 日本のシェープデータを可視化する
   ax = jpnShp.plot(figsize=(14, 14))
   jpnShp.apply(lambda x: ax.annotate(s=x.NAME_1, xy=x.geometry.centroid.coords[0], ha='center', color =
   'black', size = 6),axis=1)
   jpnShp.plot(ax = ax, edgecolors='black')
   plt.title('Administrative level 1 map in Japan', fontsize=16)
   plt.show();
```

GeoDataFrameではshapelyとmatplotlibにより、簡単にベクターデータを可視化できます。それでは、この図3-21と先ほど取得したe-Statのデータを結合し、さらに描画を行います（図3-22）。

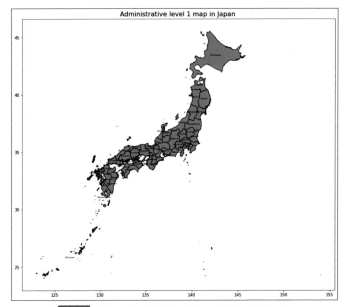

図3-22 都道府県の境界データを日本地図に描き加える

■○ シェープファイルとテーブルデータの結合

　シェープファイルのようなデータは、地図上にデータを投影するために必要なデータをすでに持っています。しかし、今回使用しているシェープファイルは、都道府県境界より詳細なレベルの境界データを含みません。平均初婚年齢データと行政区域のシェープファイルを結合し、各々の都道府県ポリゴンに対して平均初婚年齢の値を与えてみましょう。

```
[]    # 不必要な列の削除
      japan = jpnShp.loc[:,['NAME_1','NL_NAME_1','geometry']].copy()
      combDf = japan.merge(marriageDf,left_on='NL_NAME_1',right_on='prefecture',how='left') # データの結合
      combDf.head() # check
```

　再度、描画します。今度は、2019年の平均初婚年齢を日本地図に重畳します。

```
[]    from matplotlib_scalebar.scalebar import ScaleBar
      from mpl_toolkits.axes_grid1 import make_axes_locatable
```

　Pythonで縮尺を入れるためには、ScaleBar[注15]を利用します。ScaleBarではある緯度での1経度当たりの地理的距離と、その単位を指定する必要があります。今回は経度1度の距離を約100kmと指定しています。

注15　https://pypi.org/project/matplotlib-scalebar/0.4.1/

```
[]  # 男性
    # 方位の作成についての参考記事:
    ## https://mohammadimranhasan.com/geospatial-data-mapping-with-python/
    combDf2019M = combDf.loc[(combDf.year == 2019)&(combDf.sex == 'male'),:].reset_index(drop=True).copy()
    ax = combDf2019M.plot(figsize=(16, 16))
    scalebar = ScaleBar(100, location='lower right',units='km')
    ax.add_artist(scalebar) # 200km
    ax.text(x=153.215-0.55, y=40.4, s='N', fontsize=30) # North Arrow
    ax.arrow(153.215, 39.36, 0, 1, length_includes_head=True,
             head_width=0.8, head_length=1.5, overhang=.1, facecolor='k') # North Arrow
    [ax.annotate(s=row.NAME_1, xy=row.geometry.centroid.coords[0], ha='center', color = 'black', size = 6)
    for index, row in combDf2019M.iterrows()]
    combDf2019M.plot(column='avgAge', cmap = 'rainbow', edgecolors='black', ax = ax, legend=True,legend_
    kwds={'label': "Average age of first marriage",'orientation': "vertical"})
    plt.title('Average Age of First Marriage among Males by Prefectures in 2019', fontsize=16)
    plt.show();
```

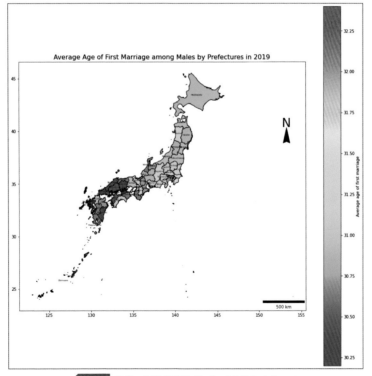

図3-23 男性の平均初婚年齢データを重ね合わせる

　図3-23を見ると、東京が平均初婚年齢が高い傾向が見られますが、西日本側、特に中国・四国・九州では平均初婚年齢が東京に比べるとやや低いことがわかります。このように地図上で可視化すると、地域差がわかりやすくなります。

さらに女性の平均初婚年齢のデータも見てみましょう。

```python
# 女性
combDf2019F = combDf.loc[(combDf.year == 2019)&(combDf.sex == 'female'),:].reset_index(drop=True).
copy()
ax = combDf2019F.plot(figsize=(16, 16))
scalebar = ScaleBar(100, location='lower right',units='km')
ax.add_artist(scalebar) # 500km
ax.text(x=153.215-0.55, y=40.4, s='N', fontsize=30) # North Arrow
ax.arrow(153.215, 39.36, 0, 1, length_includes_head=True,
         head_width=0.8, head_length=1.5, overhang=.1, facecolor='k') # North Arrow
[ax.annotate(s=row.NAME_1, xy=row.geometry.centroid.coords[0], ha='center', color = 'black', size = 6)
for index, row in combDf2019F.iterrows()]
combDf2019F.plot(column='avgAge', cmap = 'rainbow', edgecolors='black', ax = ax, legend=True,legend_
kwds={'label': "Average age of first marriage",'orientation': "vertical"})
plt.title('Average Age of First Marriage among Females by Prefectures in 2019', fontsize=16)
plt.show();
```

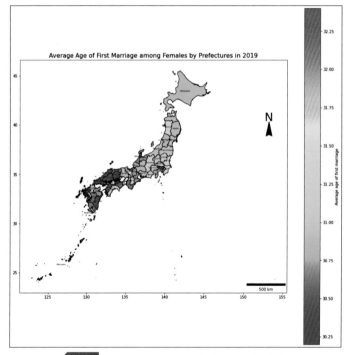

図3-24 女性の平均初婚年齢データを重ね合わせる

　男性、女性を比べても目立った差異はなさそうに見えます。続いて、5年分をまとめて描画します。このようにすることで時間による変化がわかりやすくなります。

```
[]   # 男性のみを抽出（4年分）
     combDf2018M = combDf.loc[(combDf.year == 2018)&(combDf.sex == 'male'),:].reset_index(drop=True).copy()
     combDf2017M = combDf.loc[(combDf.year == 2017)&(combDf.sex == 'male'),:].reset_index(drop=True).copy()
     combDf2016M = combDf.loc[(combDf.year == 2016)&(combDf.sex == 'male'),:].reset_index(drop=True).copy()
     combDf2015M = combDf.loc[(combDf.year == 2015)&(combDf.sex == 'male'),:].eset_index(drop=True).copy()
```

データを描画します。

```
[]   with plt.rc_context(rc={'font.family': 'serif', 'font.weight': 'bold', 'font.size': 12}):
         fig, ((ax1, ax2), (ax3, ax4), (ax5, ax6)) = plt.subplots(nrows=3, ncols=2, figsize = (20,20))
         fig.autofmt_xdate(rotation = 45)
         # 2019
         scalebar = ScaleBar(100, location='lower right',units='km')
         combDf2019M.plot(column='avgAge', cmap = 'rainbow', edgecolors='black', ax = ax1,
     legend=True,vmin=28.5, vmax=32.5)
         ax1.set_title('Average age of first marriage in 2019', fontsize=10)
         ax1.text(x=152.215-0.85, y=40.7, s='N', fontsize=15) # North Arrow
         ax1.arrow(152.215, 39.36, 0, 1, length_includes_head=True, head_width=0.8, head_length=1.5,
     overhang=.1, facecolor='k') # North Arrow
         ax1.add_artist(scalebar)
         # 2018
         scalebar = ScaleBar(100, location='lower right',units='km')
         combDf2018M.plot(column='avgAge', cmap = 'rainbow', edgecolors='black', ax = ax2,
     legend=True,vmin=28.5, vmax=32.5)
         ax2.set_title('Average age of first marriage in 2018', fontsize=10)
         ax2.text(x=152.215-0.85, y=40.7, s='N', fontsize=15) # North Arrow
         ax2.arrow(152.215, 39.36, 0, 1, length_includes_head=True, head_width=0.8, head_length=1.5,
     overhang=.1, facecolor='k') # North Arrow
         ax2.add_artist(scalebar)
         # 2017
         scalebar = ScaleBar(100, location='lower right',units='km')
         combDf2017M.plot(column='avgAge', cmap = 'rainbow', edgecolors='black', ax = ax3, legend=True,
     vmin=28.5, vmax=32.5)
         ax3.set_title('Average age of first marriage in 2017', fontsize=10)
         ax3.text(x=152.215-0.85, y=40.7, s='N', fontsize=15) # North Arrow
         ax3.arrow(152.215, 39.36, 0, 1, length_includes_head=True, head_width=0.8, head_length=1.5,
     overhang=.1, facecolor='k') # North Arrow
         ax3.add_artist(scalebar)
         # 2016
         scalebar = ScaleBar(100, location='lower right',units='km')
         combDf2016M.plot(column='avgAge', cmap = 'rainbow', edgecolors='black', ax = ax4, legend=True,
     vmin=28.5, vmax=32.5)
         ax4.set_title('Average age of first marriage in 2016', fontsize=10)
         ax4.text(x=152.215-0.85, y=40.7, s='N', fontsize=15) # North Arrow
         ax4.arrow(152.215, 39.36, 0, 1, length_includes_head=True, head_width=0.8, head_length=1.5,
     overhang=.1, facecolor='k') # North Arrow
         ax4.add_artist(scalebar)
         # 2015
```

```
    scalebar = ScaleBar(100, location='lower right',units='km')
    combDf2015M.plot(column='avgAge', cmap = 'rainbow', edgecolors='black', ax = ax5, legend=True,
vmin=28.5, vmax=32.5)
    ax5.set_title('Average age of first marriage in 2015', fontsize=10)    ax5.text(x=152.215-0.85,
y=40.7, s='N', fontsize=15) # North Arrow    ax5.arrow(152.215, 39.36, 0, 1, length_includes_
head=True, head_width=0.8, head_length=1.5, overhang=.1, facecolor='k') # North Arrow    ax5.add_
artist(scalebar)    # Blank    ax6.axis('off')    # plt.tight_layout(pad=4)    plt.show();
```

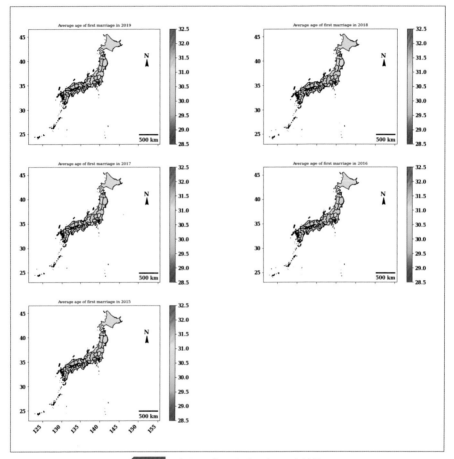

図3-25 5年分のデータを重ね合わせた結果

　わずかな変化は見られますが、基本的に関東地域で平均初婚年齢が高く、中国、九州地方で低いという傾向が見て取れます。2時期の差をとることにより、変化をより明確に見ることができます。演習として試してみてください。

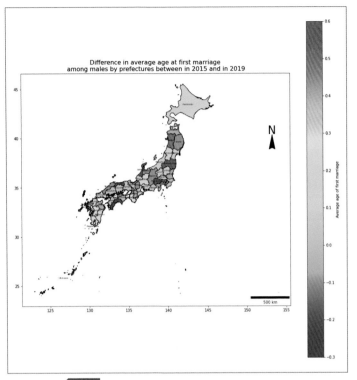

図3-26 これまでのデータをすべて重ね合わせた結果

3-2-3 座標系とは

ここからは座標系について解説を行います。

■○ 座標系

ラスターデータやベクターデータが地理空間情報を含むということは、そのデータを地球上のどこかに当てはめることができるということです。この位置を表す決まりを参照系と呼び、データは参照系に基づいて、平面や球面状に表現されることになります。持っている空間データが同じ日本内のものであっても、参照系が異なれば、異なったルールで描画されるため、わずかに描画の精度が変化します。そのため、目的に合わせて適切な参照系を選ぶことが重要になります。

先ほど作成したGeoJSONデータを読み込み、その参照系[注16]を確認しましょう。

座標参照系とは地理座標系（Geographic Coordinate System）と投影座標系（Projected Coordinate System）からなるものです。

注16　正しくはCoordinate Reference System（CRS：座標参照系と呼びます）。

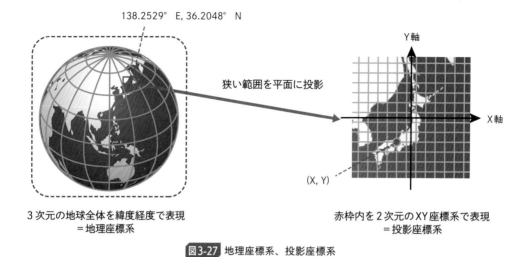

138.2529° E, 36.2048° N

狭い範囲を平面に投影

Y軸

X軸

(X, Y)

3次元の地球全体を緯度経度で表現
＝地理座標系

赤枠内を2次元のXY座標系で表現
＝投影座標系

図3-27 地理座標系、投影座標系

地理座標系では、地球の中心を基準として、緯度や経度で対象の位置を表します。一方で投影座標系では球体を平面に置き換え、基準点からの距離で位置を表します。そのため、ある地物（建物や植生など、地表面に存在するあらゆるもの）の面積を計算したい場合には、球面から生ずる歪みをもたない投影座標系で計算することが少なくありません。

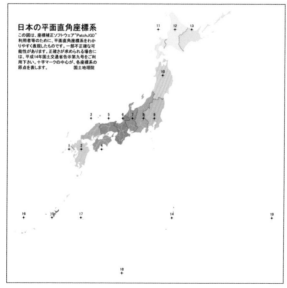

図3-28 日本の平面直角座標系［引用：わかりやすい平面直角座標系（https://www.gsi.go.jp/sokuchikijun/jpc.html#9）］この図は、座標補正ソフトウェア "PatchJGD" 利用者のために平面直角座標系をわかりやすく表現したものです。一部不正確な可能性があります。精確さが求められる場合には、平成14年国土交通省告示第9号をご利用ください。十字マークの中心が各座標系の原点を表します。

図3-28に示すように日本では19の平面直角座標系を設定し、狭い範囲での歪みを少なくするという方法（ガウス・クリューゲル図法）をとっています。

WGS 84[注17]とサンソン図法[注18]、そして日本の平面直角座標を比べて、どのような違いがあるのかを確かめてみましょう。WGS 84では地球面上の対象の位置を緯度と経度で表します。サンソン図法は、形状、方向、角度、距離に歪みが生じますが、面積を正しく表現できる図法です。今回使用しているものはWorld Sinusoidal Projectionで、MODISで利用されているものです（MODISについては第1章で詳しく説明しています）。

```
# 再度日本のポリゴンを読み込み
jpnShp = gpd.read_file('/content/drive/MyDrive/Sorabatake/japanSHP/gadm36_JPN_1.shp')
jpnShp.crs # 初期値はWGS 84の地理座標形
```

参照系を変えた日本地図を描画します。

```
fig, ((ax1, ax2), (ax3, ax4)) = plt.subplots(nrows=2, ncols=2, figsize = (8,8))

jpnShp.plot(ax=ax1) # WGS 84
ax1.text(x=125, y=25, s='WGS 84\nEPSG:4326', fontsize=12)

# Convert 4326 to esri:54008
# World Sinusoidal
jpnShp.to_crs('esri:54008',inplace=True)
jpnShp.plot(ax=ax2) # 6678
ax2.text(x=12000000, y=3000000, s='World Sinusoidal\nESRI:54008', fontsize=12)

# Convert esri:54008 to 6669
# 長崎県、鹿児島県の一部に対応
jpnShp.to_crs('epsg:6669',inplace=True)
jpnShp.plot(ax=ax3) # espg 6669
ax3.text(x=1000000, y=-500000, s='Ichi Kei\nEPSG:6669', fontsize=12)

# Convert 6669 to 6678
# 青森県、秋田県、山形県、岩手県、宮城県
jpnShp.to_crs('epsg:6678',inplace=True)
jpnShp.plot(ax=ax4) # 6678
ax4.text(x=0, y=-1500000, s='Jyu Kei\nEPSG:6678', fontsize=12)

plt.show()
```

注17　地球の重心に原点がある座標系。
注18　正弦曲線図法とも呼ばれる。すべての緯線と中心子午線を正角な縮尺で表すもの。地図上の縁付近で大きく歪みが生じる。

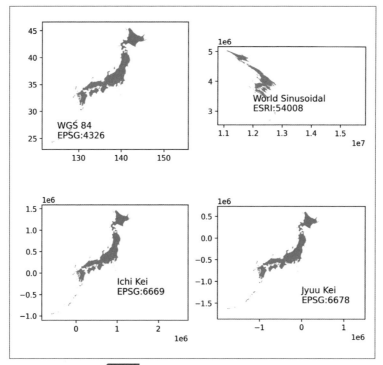

図3-29 参照系を変えた日本地図を描画

WGS 84 と平面直角座標では XY の座標値が大きく異なることがわかります。WGS 84 は地球の中心から見た角度（緯度経度）で投影するため、-180 〜 180度および-90 〜 90度の範囲で位置を表します。平面直角座標では原点からの距離（メートル）を用いて位置を示しています。日本における19の平面直角座標では、区域ごとに原点（x=0.0m, y=0.0m）が定められているため、系ごとに原点が異なります。

平面直角座標である一系（EPSG:6669）と十系（EPSG:6678）では、面積において、ほとんど目立った差がありませんが、角度にズレがあることがわかります[注19]。これらは非常に狭い範囲での歪みを消しているので、対象となる場所を拡大して比較するとわかりやすい差が見えてくると思います。

最後にサンソン図法で描かれた日本地図（ESRI:54008）も歪んでいることがわかります。そもそも世界地図としての当てはめを利用しているため、どこを中心として描くかにもよってきますが、今回は地図上の輪郭に近いところに日本があるため、歪みが大きくなっています（図3-29）。

座標参照系において把握しておくべきことは、衛星データは必ずしも同じ参照系を用いていないため、必要に応じて参照系を変換する必要があるということです。そしてポリゴンの面積を計算したいのであれば、WGS 84（EPSG:4326）のような地理座標系を用いるより、投影座標系を用いるべきだということです。自分の利用している地理空間データが、何の座標系を持っているのかについては注意しましょう。

注19　EPSGやESRIのIDは、ユニークな参照系を取得するためのIDと考えてください。

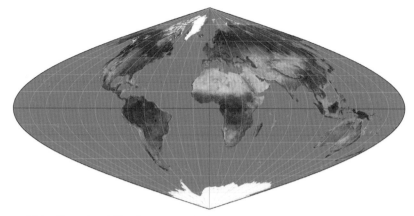

図3-30 サンソン図法で描かれた日本地図（ESRI:54008）引用：https://en.wikipedia.org/wiki/Sinusoidal_projection

3-3 GDALを使った衛星データ処理

3-3-1 Landsat 8の観測データ加工方法

本節では、代表的な地球観測衛星「Landsat 8」が取得した観測データを用いて、代表的な地理データ処理ライブラリであるGDALによる衛星データの加工方法を学習します。

- gdal.Openとmatplotlibを用いた画像の表示方法
- gdal.Translateを用いた衛星画像データの切り出し方法、カラー合成方法
- gdal.Warpを用いた衛星画像データの座標系変換方法
- gdal_pansharpenを用いたパンシャープン画像の作成方法
- gdal.Translateを用いたフォーマット変換方法

色合いを補正して好みの場所を切り出し、PNGフォーマットへの変換を行うことで企画書の資料に衛星データを貼り付けることもできます。

3-3-2 データ加工方法の背景

画像解析に利用するライブラリの多くは、写真や絵などの画像を対象としていますが、衛星画像データのような**地理空間情報を持つ画像の解析には、専用のライブラリを用いる必要があります。GDALとは、Geospatial Data Abstraction Library**の略で、衛星データのような**地理空間情報を含む画像を扱う際に、地理空間情報を考慮した加工が可能なライブラリ**のことです。

○ 使用するデータ

第2章のデータ取得を参考にしてEarth ExploreからLandsat 8のデータをダウンロードしてみましょう。

■○ GDALのインストール方法

Google Colab利用時は、以下のコマンドをセルで実行します。

```
!apt install gdal-bin python-gdal python3-gdal
!apt install python3-rtree
```

Column

ローカル環境へのインストール方法

今回利用するGDALをインストールしましょう。ここでは、Window環境に対応するGDALのインストール方法について紹介します。Anacondaのインストールが完了したら、以下の手順でGDALを設定します。

① [Windowsボタン] → [Anaconda Prompt] を右クリックで起動し、管理者権限で実行する（Anacondaか Minicondaがインストールされている場合は自動でインストール済み）
② ターミナルが出るので、次のコマンドを実行する

```
conda update --all
```

実行すると、関連パッケージが最新版に更新される

③ 続いて、次のコマンドを実行する

```
conda install -c conda-forge gdal==3.2.0 注20
```

これでGDALの設定は終了です。それでは、GDALを使った画像加工処理を始めましょう。

■○ 衛星データの表示

まずは、画像を読み込みましょう。画像を読み込むには「gdal.Open()」を利用します。まずは、第3章の利用ファイルをダウンロードしましょう。

```
[] #LANDSAT-8 ファイル指定
   # 初めにファイルを該当のダウンロードフォルダからダウンロードしてください
   fpath5 = "/content/drive/MyDrive/landsat8/LC08_L1TP_107035_20200429_20200820_02_T1_B5.TIF" # 任意パス
```

次に、gdal.Openを利用して、画像の読み込み作業を行います。Pythonでは次のように書きます。

```
{変数名}=gdal.Open({ファイル名})
```

先ほどの、Landsat 8のデータを読み込んでみましょう。

注20　3.2.0はバージョン番号であり、2020年12月時点での最新バージョンです。アップデート状況により、適宜変更してください。上記コマンドでMacにもインストールできます。Macの場合はAnaconda PromptではなくTerminalで上記のコマンドを入力します。

```
[]   from osgeo import gdal

     #Landsat 8 gdal.Openを利用して画像の読み込み作業
     band5_image=gdal.Open(fpath5)
```

gdal.Openを使うことで、{band5_image}という変数に画像データを読み込みました。読み込んだ画像を表示してみましょう。ここでは、画像を配列情報[Array]に変換し、表示する方法を紹介します。画像情報を配列に変換する方法は、以下になります。

```
{変数名}={画像情報}.ReadAsArray()
```

また、配列情報を、画像表示するためには、plt.imshowを利用します。

```
[]   import numpy as np
     import matplotlib.pyplot as plt

     #IR_Band_arrayという変数に、近赤外バンドの配列を入れます
     NIR_Band_array  = band5_image.ReadAsArray()

     #plt.imshowで、配列を画像に表示します。
     plt.imshow(NIR_Band_array)
```

図3-31のような画像が出てきます。

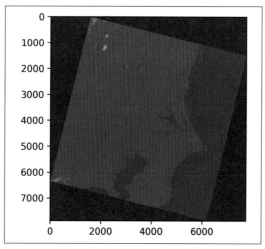

図3-31 近赤外線画像の取得（Landsat 8 image courtesy of the U.S. Geological Survey）

plt.imshowで、そのまま表示すると、コントラストが乏しい画像が表示されてしまいます。今回の画像は、ひとつひとつのピクセルの持つ値を「0」から「65,545」の間で持つように定められているのですが、実際

は「30,000」以下の値を持つピクセルが多いです。何も指定しないと、plt.imshowでは、「0」から「65,545」の尺度で表示しようとするので弱いコントラストで見えますが、表示する値の最小値と最大値を指定することで、指定したデータ区間内のコントラストを調整できます。

そのためには、それぞれのピクセル値がどのように分布しているか、「ヒストグラム」を作成して確認します(図3-32)。ヒストグラムを作成するためには、「plt.hist」を使用します。

```
[]  import matplotlib.pyplot as plt
    plt.figure(figsize=(20,3))
    #先ほど配列に変換したデータの輝度値について、300本の柱で表示することにします
    plt.hist(NIR_Band_array.flatten(),bins=300,range=(1, 65545))
    # 図表の表示
    plt.show()
```

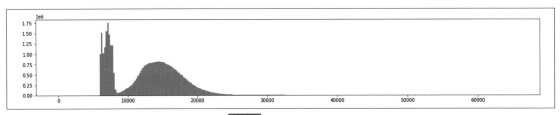

図3-32 ヒストグラム表示

ヒストグラムを確認すると、今回使用する画像は、画素値が6,000から25,000のあたりに集まっているようです。 反対に、30,000以上の値を持つデータはほとんどありません。上記より、今回の画像では、最小値と最大値を、6,000と25,000に定めます。最小値と最大値の指定は次の形式で指定します。

```
vmin={最小値}, vmax={最大値}
```

また、値が低いところは黒、値が高いところは白とすることにしましょう。色の指定は"cmap"で行います。

```
cmap={カラーバー指定}
```

白から黒のカラーは、'gray'とすることで設定できます。合わせて、以下のように、タイトルと、カラーバーも入れてみましょう。

```
[]  #図のサイズを設定します。
    plt.figure(figsize=(10,10))

    #"NIR_band_array"を、6,000から25,000の範囲で表示します。
    plt.imshow(NIR_Band_array,vmin=6000,vmax=25000,cmap='gray')
```

```
#タイトルを設定します
plt.title("NIR_Band",fontsize=18)

#カラーバーを設定します
plt.colorbar()

plt.show
```

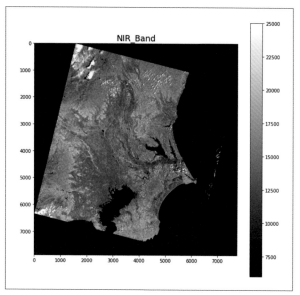

図3-33 グレースケール表示(Landsat 8 image courtesy of the U.S. Geological Survey)

Landsat 8画像の近赤外バンドを表示できました。同様に、青、緑、赤の3つのバンドもヒストグラムを
をそれぞれ表示してみます。

```
fpath2 = "/content/drive/MyDrive/landsat8/LC08_L1TP_107035_20200429_20200820_02_T1_B2.TIF"
fpath3 = "/content/drive/MyDrive/landsat8/LC08_L1TP_107035_20200429_20200820_02_T1_B3.TIF"
fpath4 = "/content/drive/MyDrive/landsat8/LC08_L1TP_107035_20200429_20200820_02_T1_B4.TIF"

band2_image=gdal.Open(fpath2)
band3_image=gdal.Open(fpath3)
band4_image=gdal.Open(fpath4)

BlueBand_array  = band2_image.ReadAsArray()
GreenBand_array = band3_image.ReadAsArray()
RedBand_array   = band4_image.ReadAsArray()

plt.figure(figsize=(20,9))
```

```
plt.subplot(3,1,1)
plt.hist(BlueBand_array.flatten(),bins=300,range=(1, 65545)) #青バンドの配列のヒストグラムを表示
plt.title("BlueBand",fontsize=10)

plt.subplot(3,1,2)
plt.hist(GreenBand_array.flatten(),bins=300,range=(1, 65545)) #緑バンドの配列のヒストグラムを表示
plt.title("GreenBand",fontsize=10)

plt.subplot(3,1,3)
plt.hist(RedBand_array.flatten(),bins=300,range=(1, 65545)) #赤バンドの配列のヒストグラムを表示
plt.title("RedBand",fontsize=10)

# 図表の表示

plt.show()
```

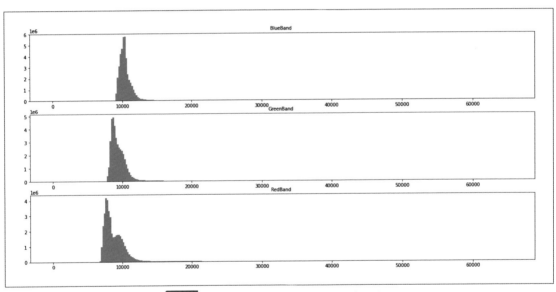

図3-34 青、緑、赤の3つのバンドのヒストグラム表示

　図3-34のヒストグラムを確認すると、青バンドは【8,000から15,000】のあたりに値が集まっています。緑バンドも、少し低くなり、およそ【7,000から13,000】のあたりに値が集まっています。赤バンドは、【6,000から12,000】あたりで表示します。どのバンドの画像かわかりやすくするため、今回は疑似的に「バンドの色」を使って濃淡を表示することにします。

```
[] plt.figure(figsize=(9,4), tight_layout=True)
```

```
#Blueバンドの表示
plt.subplot(1,3,1)
plt.imshow(BlueBand_array,vmin=8000,vmax=15000,cmap='Blues')
plt.title("BlueBand")

#Greenバンドの表示
plt.subplot(1,3,2)
plt.imshow(GreenBand_array,vmin=7000,vmax=13000,cmap='Greens')
plt.title("GreenBand")

#Redバンドの表示
plt.subplot(1,3,3)
plt.imshow(RedBand_array,vmin=6000,vmax=12000,cmap='Reds')
plt.title("RedBand")
plt.show();
```

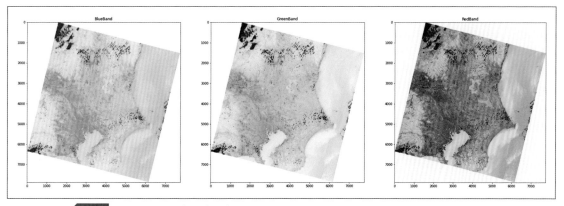

図3-35 三原色でヒストグラム表示(Landsat 8 image courtesy of the U.S. Geological Survey)

これでLandsat 8の画像表示の方法を学びました。続いて、画像の切り出しについて学びましょう。

3-3-3 画像の切り出し

衛星データを用いた解析処理において、衛星データによっては観測範囲が広いことで、後段の処理が重くなることを避けるために、関心領域だけを切り出して作業を行うことがあります。「gdal.Translate」を用いることで、画像を切り出すことができます。

今回、切り出しを行う方法について次の2通りの方法を示します。

- 方法①「切り出し開始位置と幅を設定して切り出す」
- 方法②「緯度/経度を指定して切り出す」

■■◯ 方法①「開始位置と幅を指定した切り出し」

全体の画像から、「X方向開始位置」、「Y方向開始位置」、「X方向の切り出し幅」、そして「Y方向の切り出し幅」を設定することで、切り出すことができます。

gdal.Translateの"srcWin"オプションを利用します。

```
gdal.Translate( {出力画像名} ,{入力画像名},srcWin=[minX,minY,deltaX,deltaY])
```

画像全体から、東京の都市部を切り出します。全体の画像を見ながら、例として次のように切り出し位置を設定しました。

- X方向開始位置：2700
- Y方向開始位置：5100
- X方向の切り出し幅：300
- Y方向の切り出し幅：300

```
#全体画像から、東京都の切り出し位置を設定
minX=2700
minY=5100
deltaX=300
deltaY=300

#出力画像の名前を指定
cut_NIR_path="TOKYO_NIR_.tif"

#gdal.Translate( {出力画像名} ,{入力画像名},srcWin=[minX,minY,deltaX,deltaY])
ds=gdal.Translate(cut_NIR_path, fpath5, srcWin=[minX,minY,deltaX,deltaY])
ds=None
```

切り出し結果を、画像表示で確認しましょう。

```
#gdal.Openで画像を読み込みます
cut_NIR_img=gdal.Open(cut_NIR_path)

#画像情報を配列に変換します
cut_NIR_array    = cut_NIR_img.ReadAsArray()

#表示パラメータを決めて、画像を表示します
plt.figure(figsize=(10,10))
plt.imshow(cut_NIR_array,vmin=6000,vmax=25000,cmap='Oranges')

plt.title("NIRBand(TOKYO)")
plt.colorbar()
plt.show
```

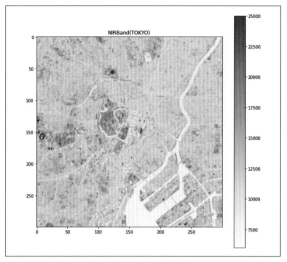

図3-36 皇居付近の画像を切り出し（Landsat 8 image courtesy of the U.S. Geological Survey）

　図3-36で皇居付近の"近赤外域のバンド"を切り出して表示できました。

　近赤外域帯域の反射率は、植物が持つクロロフィルの活性度と正の相関があるため、植生が多いところで、画像のピクセル値は高くなります。皇居の周りのビル群では、近赤外帯域の反射率は低く、皇居の内側は近赤外帯域の反射率が高いことが確認できます。

■○ 方法②「4隅の緯度経度を指定した切り出し」

　続いて、4隅の緯度経度を指定して、切り出す方法を示します。

　方法①で学習した、『開始位置と幅を指定した切り出し』は、単画像の切り出しの際には有用ですが、撮像範囲が異なる複数枚の画像で同じ場所を切り出したい場合は、画像内の相対座標値のため、画像ごとに開始位置が異なってくるため、それぞれ開始位置と幅を計算する必要があります。撮像範囲が異なる**複数枚の画像から、同じ場所を切り出す**ためには、絶対座標系である**緯度経度を指定した切り出し**が有効です。そこで、解像度の異なる、近赤外バンド（30m解像度）とパンクロマティックバンド（15m解像度）を用いて、同じ場所を切り出してみましょう。まず、使用するデータの座標系を確認する必要があります。

```
band5_image=gdal.Open(fpath5)
print("EPSG: "+gdal.Info(band5_image, format='json')['coordinateSystem']['wkt'].rsplit('"EPSG","', 1)
[-1].split('"')[0])
```

　出力された項目を確認することで、今回使用するデータの持つ情報は、測地系が"WGS84"、座標系は、UTM zone 54N（EPSG：32654[注21]）であることが確認できました。UTM図法では、位置情報を扱う際の単

注21　EPSGコードの詳細については、空間情報クラブ（https://club.informatix.co.jp/?p=1225）等のサイトを参照してください。

位はメートルです。

　緯度／経度を用いて切り出しを行うためには、緯度経度の座標系に変換する必要があります。座標系を有する衛星データを別の座標系に変換するためには、「gdal.Warp」を使います。今回、EPSG：32654から、EPSG：4326に変換することで、緯度経度情報を持つデータとして扱うことができます。

```
latlon_band5_path="latlon_band5_img.tif"

ds=gdal.Warp(latlon_band5_path,fpath5,srcSRS="EPSG:32654",dstSRS="EPSG:4326")
ds=None
```

座標系が変換されているか確認します。

```
latlon_band5_img=gdal.Open(latlon_band5_path)
print("EPSG: "+gdal.Info(latlon_band5_img, format='json')['coordinateSystem']['wkt'].rsplit('"EPSG"', 1)
[-1].split('"')[0])
```

　座標系がEPSG:4326に変更されていることを確認できました。緯度経度が参照できる座標系に変換できたので、緯度経度の情報を使って、画像の切り出しを行います。事前に、Google Earthや地理院地図などから、関心領域の範囲の4隅の緯度経度を確認しておきます。

　今回は、国立競技場近辺を切り出してみましょう。次の範囲で切り出します。

- 西の端（minX）：139.7101 (deg)
- 南の端（minY）：35.6721 (deg)
- 東の端（maxX）：139.7201 (deg)
- 北の端（maxY）：35.6841 (deg)

　緯度経度を用いた切り出しは次のように書きます。方法①では、「srcWin」を用いましたが、今回は、「projWin」を使います。

```
gdal.Translate({出力画像名},{入力画像名},prjWin=[minX,maxY,maxX,minY])
```

　赤色バンド（バンド4：30m解像度）とパンクロマティックバンド（バンド8：15m解像度）について、同じ緯度経度で切り出してみましょう。まずは、2つのバンドに対して、それぞれ座標の変換を行います。

```
fpath4 = "/content/drive/MyDrive/landsat8/LC08_L1TP_107035_20200429_20200820_02_T1_B4.TIF"
fpath8 = "/content/drive/MyDrive/landsat8/LC08_L1TP_107035_20200429_20200820_02_T1_B8.TIF"

#緯度経度の情報を持ったバンド8のファイル名を定義
latlon_band4_path="latlon_band4_img.tif"
latlon_band8_path="latlon_band8_img.tif"
```

```
#gdal.Warpで座標系を変換
ds=gdal.Warp(latlon_band4_path,fpath4,srcSRS="EPSG:32654",dstSRS="EPSG:4326")
ds=gdal.Warp(latlon_band8_path,fpath8,srcSRS="EPSG:32654",dstSRS="EPSG:4326")
ds=None
```

変換を行った画像に対して、gdal.Warpで切り出しを行います。

```
minX=139.7101
minY=35.6721
maxX=139.7201
maxY=35.6841

#切り出し後のファイルのファイル名を定義
cut_latlon_band4_path="cut_latlon_band4_img.tif"
cut_latlon_band8_path="cut_latlon_band8_img.tif"

#gdal.Translate で切り出しを実行
ds=gdal.Translate(cut_latlon_band4_path,latlon_band4_path, projWin=[minX,maxY,maxX,minY])
ds=gdal.Translate(cut_latlon_band8_path,latlon_band8_path, projWin=[minX,maxY,maxX,minY])
ds=None
```

画像の切り出しが完了しました。切り出された範囲を確認するために表示してみましょう。

```
#それぞれgdal.Openで画像を読み込み
cut_latlon_band4_img=gdal.Open(cut_latlon_band4_path)
cut_latlon_band8_img=gdal.Open(cut_latlon_band8_path)

#それぞれ配列情報を読み込み
cutRedBand_array    = cut_latlon_band4_img.ReadAsArray()
cutPanBand_array    = cut_latlon_band8_img.ReadAsArray()

#画像を表示
plt.figure(figsize=(20,20))
plt.subplot(1,2,1)
plt.imshow(cutRedBand_array,vmin=6000,vmax=12000,cmap='gray')
plt.title("RedBand")

plt.subplot(1,2,2)
plt.imshow(cutPanBand_array,vmin=5000,vmax=15000,cmap='gray')
plt.title("PanchroBand")

plt.show
```

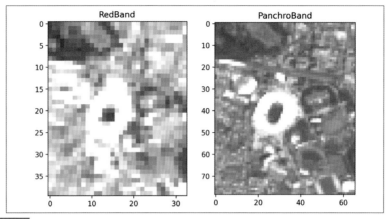

図3-37 画像の切り出しの確認（Landsat 8 image courtesy of the U.S. Geological Survey）

緯度経度の情報を用いて、国立新競技場の周辺を切り出すことができました。赤バンドより、パンクロマティックバンドの方が、より細かく見えていることが確認できます。続いて、衛星データを用いたカラー合成について学んでいきましょう。

Column

gdal.Translate のオプション紹介

この演習で利用している "gdal.Translate" には、今回の事例以外にもさまざまなオプションがあります。その中から一部、よく使うオプションを紹介します。

```
gdal.Translate（{出力ファイルパス},{入力ファイルパス},{オプション1},{オプション2},…）
```

表3-2 gdal.Translate のオプション

オプション名	説明	使用例
format	出力ファイルの形式を指定する（"GTiff", "JPEG",etc….）	format="Gtiff"
outputType	出力ファイルのデータ型を指定する（gdal.GDT_Byte, gdal.GDT_Int16,etc….）	outputType="gdal.GDT_Byte"
width	出力ファイルのX軸方向のピクセル数を指定する	width=10000
height	出力ファイルのY軸方向のピクセル数を指定する	height=10000
widthPct	出力ファイルのX軸方向の縮尺率を指定する（例：200%）	widthPct=200
heightPct	出力ファイルのY軸方向の縮尺率を指定する（例：200%）	heighPct=200
xRes	出力ファイルのピクセルサイズ（X方向）を指定する	xRes=1.5
yRes	出力ファイルのピクセルサイズ（Y方向）を指定する	yRes=1.5
srcWin	開始位置と幅を指定することで領域を切り出す（left_x,top_y,width,height）	srcWin=(300,450,100,100)
projWin	左上の位置情報と、右下の位置情報を指定することで領域を切り出す	projWin=(36.035,140.058,36.025,140.068)
resampleAlg	出力ファイル生成時の、リサンプリング方法を指定する（例：NN、CC、etc…）	resampleAlg="NN"
noData	出力ファイルのNoDataの値を指定する	noData=-9999
scaleParams	出力ファイルの表示範囲を指定する。[DN最小値、DN最大値]	scaleParams=[[3000,16000]]

3-3-4 カラー合成

Landsatデータは、バンドごとにファイルが分かれているので、いろいろなバンドを組み合わせてカラー合成画像を作成してみましょう。ここでは、「トゥルーカラー(True Color)」「フォルスカラー(False Color)」「ナチュラルカラー(Natural Color)」の画像を作成します。

トゥルーカラー画像とは、人間の目で見える色と同じ配合で作成される画像のことです。衛星データの赤の波長を赤バンドに、緑波長を緑バンドに、青波長を青バンドに割り当てた画像になります。

フォルスカラー画像とは、植生部分を赤く表示させた画像のことです。人間の目は「赤色が強調されて見える」といった特性を利用して、植生の様子を詳細に把握できます。近赤外の波長を赤バンドに、赤の波長は緑バンドに、緑の波長を青バンドに割り当てた画像をフォルスカラーと呼んでいます。

ナチュラルカラー画像とは、植生を自然な色合いで強調した画像のことです。赤の波長を赤バンドに、近赤外の波長を緑バンドに、緑の波長を青バンドに割り当てます。

それでは、カラー画像の作成方法を次に示します。

まずLandsat 8のデータは、16bitのデータ形式ですが、カラー表示を行うため、8bitの形式に変換します。変換にはgdal.Translateを用います。

```
gdal.Translate({出力画像名},{入力画像名},outputType={データ型},scaleParams=[[min,max]])
```

さらに、方法②で行った、切り出し作業も同じgdal.Translateを用いているので、つなげて書けます。

```
gdal.Translate({出力画像名},{入力画像名},outputType={データ型},scaleParams=[[min,max]],src
Win=[minX,minY,deltaX,deltaY])
```

Landsat 8のバンド2、3、4、5を読み込んで、それぞれを8bit画像に変換し、かつ都心部に切り出すことを次のスクリプトで実行します。

```
[]    fpath2 = "/content/drive/MyDrive/landsat8/LC08_L1TP_107035_20200429_20200820_02_T1_B2.TIF"
      fpath3 = "/content/drive/MyDrive/landsat8/LC08_L1TP_107035_20200429_20200820_02_T1_B3.TIF"
      fpath4 = "/content/drive/MyDrive/landsat8/LC08_L1TP_107035_20200429_20200820_02_T1_B4.TIF"
      fpath5= "/content/drive/MyDrive/landsat8/LC08_L1TP_107035_20200429_20200820_02_T1_B5.TIF"

      #8bit出力データ名を指定しておく
      band5_8bit_path="Band5_8bit.tif"
      band4_8bit_path="Band4_8bit.tif"
      band3_8bit_path="Band3_8bit.tif"
      band2_8bit_path="Band2_8bit.tif"

      #切り出しの詳細
      minX=2400
      minY=4500
```

```
deltaX=1500
deltaY=1500

#各バンドのファイルを、それぞれ、関心領域のみ切り出す。出力は8bitのgeotifとする
#gdal.Translate({出力画像名},{入力画像名}, outputType={データ形式設定} , scaleParams=[[min,max]])
#
gdal.Translate(band2_8bit_path,fpath2,outputType=gdal.GDT_Byte,scaleParams=[[9700,13400]],srcWin=[minX
,minY,deltaX,deltaY]  )
gdal.Translate(band3_8bit_path,fpath3,outputType=gdal.GDT_Byte,scaleParams=[[8100,12800]], srcWin=[min
X,minY,deltaX,deltaY] )
gdal.Translate(band4_8bit_path,fpath4,outputType=gdal.GDT_Byte,scaleParams=[[7000,13000]],srcWin=[minX
,minY,deltaX,deltaY] )
gdal.Translate(band5_8bit_path,fpath5,outputType=gdal.GDT_Byte,scaleParams=[[6000,18300]],srcWin=[minX
,minY,deltaX,deltaY] )

#作成した8bitの切り出し画像を読み込む
b2_image=gdal.Open(band2_8bit_path)
b3_image=gdal.Open(band3_8bit_path)
b4_image=gdal.Open(band4_8bit_path)
b5_image=gdal.Open(band5_8bit_path)

#読み込んだ画像を配列に変換する
BlueBand_array  = b2_image.ReadAsArray()
GreenBand_array = b3_image.ReadAsArray()
RedBand_array   = b4_image.ReadAsArray()
NIRBand_array   = b5_image.ReadAsArray()
```

続けて、出力画像の設定、および書き込みを行います。

```
[] #出力ファイルの設定のために、入力ファイルのX方向のピクセル数、Y方向のピクセル数を読み出す
   Xsize=b2_image.RasterXSize #band2の画像のX方向ピクセル数
   Ysize=b2_image.RasterYSize #band2の画像のY方向ピクセル数
   dtype=gdal.GDT_Byte
   band=3

   #出力ファイルの設定を行う(True Color)
   out_True_path ="TrueColor_TOKYO.tif"    #出力ファイル名

   #空の出力ファイルを作成する
   out1= gdal.GetDriverByName('GTiff').Create(out_True_path, Xsize, Ysize, band, dtype)#({出力ファイル名
   },{X方向のピクセル数},{Y方向のピクセル数},{バンド数},{データ形式})

   #出力ファイルの座標系を設定する
   out1.SetProjection(b2_image.GetProjection())        #{出力変数}.SetProjection(座標系情報)
   out1.SetGeoTransform(b2_image.GetGeoTransform())    #{出力変数}.SetGeoTransform(座標に関する6つの数字)

   #Red、Green、Blueバンドの配列を、WriteArrayを用いて出力ファイルの3バンドに書き込む
   out1.GetRasterBand(1).WriteArray(RedBand_array)    #赤の配列を赤バンドに書き込む
   out1.GetRasterBand(2).WriteArray(GreenBand_array)  #緑の配列を緑バンドに書き込む
```

```
out1.GetRasterBand(3).WriteArray(BlueBand_array)  #青の配列を青バンドに書き込む
out1.FlushCache()
```

上記で作成した"TrueColor_TOKYO.tif"を表示してみましょう（図3-38）。

```
import matplotlib.pyplot as plt
import matplotlib.image as mpimg
plt.figure(figsize=(10,10))

image1 = mpimg.imread(out_True_path)
plt.imshow(image1)
plt.title("True Color TOKYO")

plt.show
```

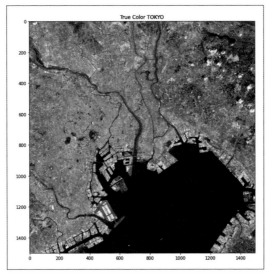

図3-38 TrueColor_TOKYO.tif"の表示（Landsat 8 image courtesy of the U.S. Geological Survey）

きれいな都心部の画像を得ることができました。続けてフォルスカラー、ナチュラルカラーの画像も作成してみましょう。作成方法はトゥルーカラー画像と同じです。最後の配列の書き込み部分が異なってきます。

```
####出力ファイルの設定を行う(False Color)
#出力ファイルの設定
out_False_path="FalseColor_TOKYO.tif"

out2= gdal.GetDriverByName('GTiff').Create(out_False_path, Xsize, Ysize, band, dtype)
out2.SetProjection(b2_image.GetProjection())
out2.SetGeoTransform(b2_image.GetGeoTransform())
```

```
#Red、Green、Blueバンドの配列を、出力ファイルの3バンドに書き出す
out2.GetRasterBand(1).WriteArray(NIRBand_array)   #近赤外の配列を赤バンドに書き込む
out2.GetRasterBand(2).WriteArray(RedBand_array)   # 赤　の配列を緑バンドに書き込む
out2.GetRasterBand(3).WriteArray(GreenBand_array)# 緑　の配列を青バンドに書き込む
out2.FlushCache()

####出力ファイルの設定を行う(Natural Color)
#出力ファイルの設定
out_Natural_path="NaturalColor_TOKYO.tif"

out3= gdal.GetDriverByName('GTiff').Create(out_Natural_path, Xsize, Ysize, band, dtype)
out3.SetProjection(b2_image.GetProjection())
out3.SetGeoTransform(b2_image.GetGeoTransform())

#Red、Green、Blueバンドの配列を、出力ファイルの3バンドに書き出す
out3.GetRasterBand(1).WriteArray(RedBand_array)   # 赤　の配列を赤バンドに書き込む
out3.GetRasterBand(2).WriteArray(NIRBand_array)   #近赤外の配列を緑バンドに書き込む
out3.GetRasterBand(3).WriteArray(GreenBand_array)# 緑　の配列を青バンドに書き込む
out3.FlushCache()
####出力ファイルの設定を行う(Natural Color)
#出力ファイルの設定
out_Natural_path="NaturalColor_TOKYO.tif"

out3= gdal.GetDriverByName('GTiff').Create(out_Natural_path, Xsize, Ysize, band, dtype)
out3.SetProjection(b2_image.GetProjection())
out3.SetGeoTransform(b2_image.GetGeoTransform())

#Red、Green、Blueバンドの配列を、出力ファイルの3バンドに書き出す
out3.GetRasterBand(1).WriteArray(RedBand_array)   # 赤　の配列を赤バンドに書き込む
out3.GetRasterBand(2).WriteArray(NIRBand_array)   #近赤外の配列を緑バンドに書き込む
out3.GetRasterBand(3).WriteArray(GreenBand_array)# 緑　の配列を青バンドに書き込む
out3.FlushCache()
```

3つの画像を並べて表示してみましょう（図3-39）。

```
import matplotlib.pyplot as plt
import matplotlib.image as mpimg

plt.figure(figsize=(20,20))

plt.subplot(1,3,1)
image1 = mpimg.imread(out_True_path)
plt.imshow(image1)
plt.title("True Color TOKYO")

plt.subplot(1,3,2)
image2 = mpimg.imread(out_False_path)
plt.imshow(image2)
```

```
plt.title("False Color TOKYO")

plt.subplot(1,3,3)
image3 = mpimg.imread(out_Natural_path)
plt.imshow(image3)
plt.title("Natural Color TOKYO")

plt.show
```

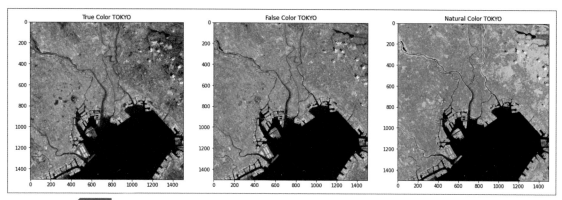

図3-39 3つの画像を並べて表示（Landsat 8 image courtesy of the U.S. Geological Survey）

　東京湾近辺のカラー画像を確認できました。フォルスカラーやナチュラルカラーの画像を確認すると、都心部の中でも皇居や新宿御苑などまとまった緑があることがよくわかります。

3-3-5　パンシャープン画像の作成

　Landsat 8のOLIが持つバンド8（パンクロマティック）は高精度（解像度15m）のデータを取得できますが、モノクロの画像です。一方、その他のバンドは、可視光から近赤外線まで複数の波長帯の電磁波を記録しているため多くのスペクトル情報を持っています（＝マルチスペクトル）が、低解像度（解像度30m）です。

　パンクロマティック画像（解像度15m）と、マルチスペクトル画像（解像度30m）を用いて、パンシャープン処理を行うことで、解像度15mのカラー画像を作成可能できます。GDALではgdal_pansharpenという機能で、パンシャープン画像を作成できます。gdal_pansharpen.pyに関する詳細は、以下のサイトを確認ください。

https://gdal.org/programs/gdal_pansharpen.html

　gdal_pansharpen.pyは、Python内のGDALライブラリの標準ではないため、Python内で使用するためには、機能を呼び出す必要があります。自身の環境から、gdal_pansharpenがどこにあるか次のように確認します。

```
!which gdal_pansharpen.py (Windowsの場合は次のコマンドを使用 "where gdal_pansharpen.py")
/usr/bin/gdal_pansharpen.py
```

"/usr/bin"の下にあることがわかったので、次のようにimportします。確認ができたら、次のように gdal_pansharpenをインポートします。

```
[] import sys
   sys.path.append('/usr/bin/')
   from gdal_pansharpen import gdal_pansharpen
```

これで、gdal_pansharpenが使えるようになったので、画像をパンシャープン画像にしてみましょう。先ほど作成した、カラー合成と同じ範囲のパンクロマティックデータを切り出してパンシャープンを行います。

```
fpath8 = "/content/drive/MyDrive/landsat8/LC08_L1TP_107035_20200429_20200820_02_T1_B8.TIF"

#8bit出力データ名を指定しておく
band8_8bit_path="Band8_8bit.tif"
```

切り出しの詳細（ここでは、マルチカラーの2倍を指定することで同じ場所を切り出すことが可能）。

```
minX=4800
minY=9000
deltaX=3000
deltaY=3000

ds=gdal.Translate(band8_8bit_path,fpath8,outputType=gdal.GDT_Byte,scaleParams=[[5000,15000]],srcWin=[minX,
minY,deltaX,deltaY] )
ds=None
```

パンシャープン処理を行うコマンドは次のようになります。

```
gdal_pansharpen(["空白",1番目のバンドのファイル名,2番目のバンドのファイル名,3番目のバンド
のファイル名,パンクロマティックバンドのファイル名])
```

もしくは、すでにカラーバンドを作成している場合は次でもできます。

```
gdal_pansharpen(["空白",RGB画像のファイル名,パンクロマティックバンドのファイル名])
```

今回は、順番にバンドを入れる方法を紹介します。1番目に赤のバンド、2番目に緑のバンド、3番目に青のバンドを入れることで、トゥルー画像のパンシャープンを作成できます。

```
#パンシャープン画像のファイル名を指定します。
pansharpen_path="PANSHARPEN.tif"

#ds=gdal_pansharpen(["",band8_8bit_path,out_Natural_path,pansharpen_path])
ds=gdal_pansharpen(["",band8_8bit_path,band4_8bit_path,band3_8bit_path,band2_8bit_path ,pansharpen_path])
ds=None
```

　このような操作だけで、パンシャープン画像を作成できます。ではここで、パンシャープンする前のトゥ
ルーカラー画像と比較してみましょう。今回作成した画像では、マルチ画像との違いがわかりづらいため、
両方の画像について任意の場所を切り出して表示します。

```
#パンシャープン用切り出しの詳細
minX=1500
minY=1800
deltaX=300
deltaY=200

cut_pans="cut_pans.tif"

ds=gdal.Translate(cut_pans,pansharpen_path,srcWin=[minX,minY,deltaX,deltaY]  )
ds=None

#マルチ画像用切り出しの詳細
minX2=750
minY2=900
deltaX2=150
deltaY2=100

cut_RGB="cut_RGB.tif"

#ds=gdal.Translate(cut_RGB,out_True_path,srcWin=[minX2,minY2,deltaX2,deltaY2]  )
ds=gdal.Translate(cut_RGB,"TrueColor_TOKYO.tif",srcWin=[minX2,minY2,deltaX2,deltaY2])
ds=None

#画像の表示
plt.figure(figsize=(20,20))

plt.subplot(1,2,1)
image1 = mpimg.imread(cut_RGB)
plt.imshow(image1)
plt.title("multi image TDL")

plt.subplot(1,2,2)
image2 = mpimg.imread(cut_pans)
plt.imshow(image2)
plt.title("pansharpen image TDL")

plt.show
```

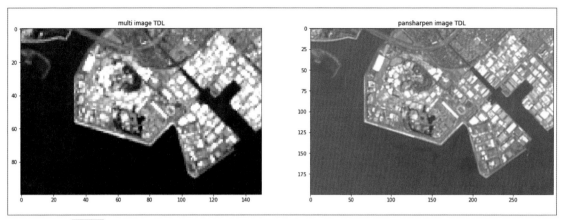

図3-40 パンシャープン画像との比較（Landsat 8 image courtesy of the U.S. Geological Survey）

図3-40でわかるように、マルチ画像と比較してパンシャープン画像は解像度が高くシャープに映っていることが確認できます。

3-3-6 フォーマットの変換

最後に、出力したカラー画像（GeoTIFFフォーマット）をPNGフォーマットに変換する方法を覚えましょう。資料に使うために、ファイルサイズを小さくする方法も覚えましょう。gdal.Translateを用いて、以下のように書きます。

```
gdal.Translate({出力画像名},{入力画像名},format={フォーマット名},widthPct={X方向の拡大／縮小
パーセンテージ},heightPct={Y方向の拡大／縮小パーセンテージ})
```

3-3-5節で作成したパンシャープンの画像をPNGフォーマットに変換してみましょう。

```
[] PNG_img_path="Pansharpen.png"  #出力のファイル名を定義

    gdal.Translate(
        PNG_img_path,    #出力画像名
        cut_pans,  #入力画像名
        format='PNG'#出力ファイルのフォーマット指定
        )

import matplotlib.pyplot as plt
import matplotlib.image as mpimg
plt.figure(figsize=(10,10))

PNGimg= mpimg.imread(PNG_img_path)
```

```
plt.imshow(PNGimg)

plt.title("TDL pansharpen PNG")
plt.show
```

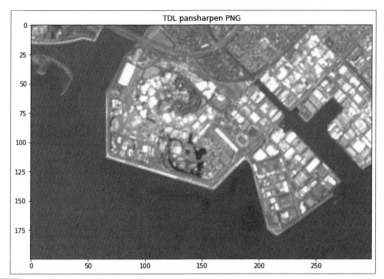

図3-41 PNGフォーマットへの変換（Landsat 8 image courtesy of the U.S. Geological Survey）

　GeoTIFF画像を"Pansharpen.png"というファイル名で、PNGフォーマットに変換できました（図3-41）。その、JPEGやENVIフォーマットなどさまざまなフォーマットに変換できます。

gdal_merge によるカラー合成

　複数の画像ファイルを結合するコマンド "gdal_merge" を紹介します。たとえば、演習で紹介したカラー画像作成のように、異なるバンドの画像データを結合してカラー画像を作成できます。gdal_merge.py の詳しい説明は次のサイトを確認ください。

---

https://gdal.org/programs/gdal_merge.html

　ここでは、gdal_merge を使ったカラー画像の作成方法を紹介します。gdal_merge.py は GDAL ライブラリの標準ではないため、Python 内で使用するためには、機能を呼び出す必要があります。自身の環境から、gdal_merge がどこにあるか次のように確認します。"which" コマンドで確認しましょう（Windows の場合は、"where" コマンドを使用）。

```
!which gdal_merge.py
/usr/bin/gdal_merge.py
```

　"/usr/bin" の下にあることがわかったので、次のように import を行います。確認ができたら、次のように gdal_merge をインポートします。

```
[] import sys
   sys.path.append('/usr/bin/')
   import gdal
   import gdal_merge
```

　まず、本編と同様に青、緑、赤バンドを用意し、8bit の画像に変換します。ここでは、画像全体を RGB 合成してみましょう。

```
fpath2 = "/content/drive/MyDrive/landsat8/LC08_L1TP_107035_20200429_20200820_02_T1_B2.TIF"
fpath3 = "/content/drive/MyDrive/landsat8/LC08_L1TP_107035_20200429_20200820_02_T1_B3.TIF"
fpath4 = "/content/drive/MyDrive/landsat8/LC08_L1TP_107035_20200429_20200820_02_T1_B4.TIF"

#出力画像の名前を指定
Blue_path_8bit ="8bitTOKYO_Blue.tif"
Green_path_8bit="8bitTOKYO_Green.tif"
Red_path_8bit  ="8bitTOKYO_Red.tif"

#gdal.Translate( {出力画像名} ,{入力画像名},srcWin=[minX,minY,deltaX,deltaY])
ds=gdal.Translate(Blue_path_8bit , fpath2,outputType=gdal.GDT_Byte,scaleParams=[[9700,13400]])
ds=gdal.Translate(Green_path_8bit, fpath3,outputType=gdal.GDT_Byte,scaleParams=[[8100,12800]])
ds=gdal.Translate(Red_path_8bit , fpath4,outputType=gdal.GDT_Byte,scaleParams=[[7000,13000]])
ds=None
```

　gdal_merge の separate オプションを用いて、次のように書きます。

---

gdal_merge.main(["","-o",{出力画像},"-separate",{入力画像1},{入力画像2},{入力画像3}])

さっそく実行してみましょう。

```
[] gdal_merge.main([""","-o","RGB_KANTO2.tif","-separate",Red_path_8bit,Green_path_8bit,Blue_path_8bit])
```

これで、カラー画像の作成ができました。画像を見てみましょう。

```
plt.figure(figsize=(10,10))

img= mpimg.imread("RGB_KANTO2.tif")
plt.imshow(img)

plt.title("KANTO")
plt.show
```

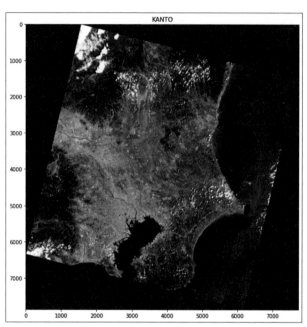

図3-42 gdal_merge によるカラー合成 (Landsat 8 image courtesy of the U.S. Geological Survey)

　この節では、主にPythonのGDALライブラリを用いた、Landsat画像の加工方法について学習しました。今回紹介した各種処理は衛星データの前処理の一部として行われることがよくあります。前処理が必要なデータを利用する場合には、こちらの節に立ち返って読み直してみてください。みなさんも自身の興味のある場所について、自由に衛星データを加工してみてください。特にLandsatシリーズの衛星データは1980年代からと過去からのデータが豊富にあるため、新しい発見に出会えます。

データサイエンティストの役割⑤
「衛星データで経済発展を測る」

図3-43 Sentinel-2からとらえたガーナの首都アクラの一部：左半分が貧困地域（スラム）・右半分が裕福な地域（produced from ESA remote sensing data）

　発展途上国の都市部を空から眺めてみると、貧困層が住むエリアと裕福な人々が住むエリアをある程度見分けることができます。たとえばスラムのような貧困地域では、ほとんどの家の屋根が灰色や茶色ですので、上空から見た景色も灰色みを帯びています。また、小さい家が密集しており道幅も狭いので、線や面の情報が複雑で地域全体がゴチャゴチャして見えます。一方で、裕福な地域では庭付きのカラフルな屋根の家が多いので、全体的に色彩豊かで緑が多くなります。また、家の屋根は大きく道幅も広いので、線や面が整理されて見えます。衛星データはこのような地域ごとの色味や線の特徴をとらえて、貧困地域を特定する可能性を秘めています。

　貧困地域の特定は、貧困削減・途上国発展の第一歩です。従来、貧困地域の特定にはもっぱら家計調査（各家計の経済状況に関する詳細な聞き取り）だけが用いられてきました。しかしながら、家計調査の実施は膨大な時間と費用がかかるという問題があります。一般的な家計調査は5年に一度のペースで実施されますが、その間は経済の変化を追うことができません。そこで、衛星データの出番です。人工衛星は地球の表面を高頻度で撮影しているので、日々刻々と変化する都市部の経済発展をとらえることができます。また、衛星データを入力、家計調査の経済状況を出力とする教師付き機械学習モデルを作成すれば、家計調査を実施しない期間の経済状況も予測することができます。このように、衛星データは今後の途上国発展に大きな役割を果たすと考えています。

■ 眞明 圭太（しんめい けいた）
慶應義塾大学大学院 計量経済学・公衆衛生学専攻。修士（商学・医学）

● 高知県生まれ。アメリカのワシントンD.C.にある世界銀行本部でデータサイエンティストとして働き始めて3年目。発展途上国における貧困地域を特定するために家計調査データや衛星データの分析を行っている。好きな言語はRとPython。趣味は犬や猫と遊ぶこと。

第4章

衛星データ解析
手法別演習
［解析編］

Chapter 4

第 **4** 章 衛星データ解析手法別演習 [解析編]

衛星のセンサはさまざまな波長で観測を行い、観測対象である地物はいろいろな反射特性を有しています。そのため衛星の観測波長帯（バンド）をうまく組み合わせることで、特定の物質が見つかりやすくなります。本章では、バンドを組み合わせた演算の基本から始まり、森林の変化の分析、森林の中の道路の抽出や浜辺の侵食の分析を行います。

4-1 バンド演算について

4-1-1 リモートセンシングにおける波長の基礎知識

本節では衛星データの波長帯（バンド）を操作することで、実際に解析を体験していきましょう。下記項目を軸に衛星が観測するデータについて基礎知識を確認します。

- バンドデータの操作
- 植生指数の算出
- 水指数の算出

青、緑、赤の光を目で感知して人は世界を見ていますが、光は青、緑、赤の光だけで構成されているわけではありません。

光とは、広い意味で電磁波の一種です。通信に使う電波やリモコンなどに使われる赤外線、日焼けなどの原因になる紫外線などすべて電磁波であり、それぞれ「波長」と言われる波の間隔の違いによって性質が異なります（図4-1）。

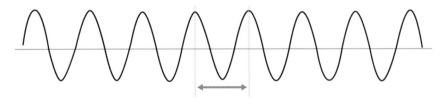

波長＝波の1つ分の長さ

図4-1 波長

　波長とは、電磁波の1つ分の波の長さのことです。この長さの違いを、私たちは色の違いや音の高さの違いとして認識しています。

　人の目はこの電磁波の中で可視線と言われる限られた範囲の波長帯しか見ることができません。この可視線の波長帯を青、緑、赤の色の組み合わせでとらえています。人工衛星では、紫外線や赤外線、電波をとらえることができるセンサを搭載しているので、人の目ではわからない地球の姿を見ることができます。このセンサがとらえている波長帯をバンドと呼び、バンドの組み合わせとは、すなわち異なる波長帯のデータを組み合わせることになります（第2章図2-1参照）。

　衛星のバンドの組み合わせによって見えるものが変化するのは、物質によって光（電磁波）の反射や放射が異なるためです。そのため特定の波長の光（電磁波）を反射する物質の特徴さえ理解できていれば、その波長で観測した衛星画像から特定の物質の分布を知ることができます。可視線に近いほうの赤外線の波長では、植物に対する反射が強い（反射係数が大きい）ことが知られています。これは赤外線センサで観測できる衛星は、より植物の分布を把握することに適していると言えます。この反射特性を利用したものがNormarized Difference Vegetation Index（NDVI：正規化植生指数）と呼ばれる植生の生育状態を示すための指標となります（詳細は後述）。

　可視光の波長域でとらえた世界を衛星データを用いて表現したい場合には、RGBの画像レイヤーにそれぞれ赤、緑、青の波長を割り当てることによって作成できます（図4-2）。これをトゥルーカラーと呼びます。私たちの目で見ている世界と同様という意味でトゥルーとなります。そのため、RGB空間に私たちの目ではとらえられない波長帯（たとえば、赤外線など）を割り当てて合成された画像はフォールス画像と呼ばれます。

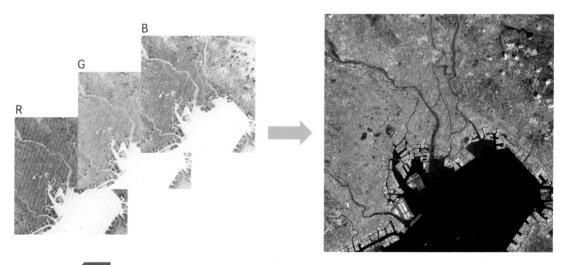

図4-2　Landsat 8で作成したRGB画像の例（Image courtesy of the U.S. Geological Surve）

■□○ **バンド演算を行う**

波長について概要をつかんだところで、続いては衛星が持つバンドの組み合わせについて理解をしましょう。

どのようなバンドを観測するセンサを持っているかは衛星ごとに異なります。この波長の組み合わせを変えてブレンドした画像を作ることで、どの対象を強調させるのかを変えることができます。正規化水指標[注1]（NDWI）を使えば画像の中で水がある場所の値が高くなり、正規化積雪指標（NDSI）を使えば画像の中で雪のある場所で値が高くなります。

図4-3 波長の組み合わせで見えるものが違う

次では正規化について具体的に考えてみましょう。

注1 目的とする対象の度合いを見えるような組み合わせを用いて比較できるよう正規化した指標のことを「正規化指標」と呼びます。

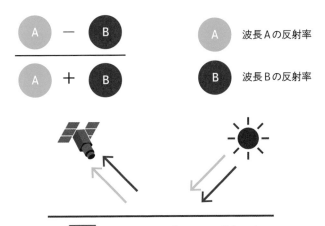

図4-4 2種類の波長をブレンドする基本の式

　正規化を行うための式の基本は図4-4のとおりです。正規化されたものが、最小で-1、最大で1をとることが上式からわかると思います。波長の組み合わせで最も用いられるNDVIは、植物に含まれるクロロフィル（葉緑素）が赤色帯域を吸収し、近赤外帯域を反射するという特性を活かし、Aに近赤外（NIR）、Bに赤を代入して計算します。

　NDVIでは値が大きいほど、植物の状態が優れていることを示します。この数値を利用して、農作物の生育状況を監視、最適な収穫時期の決定、収量予測を行うことができます（図4-5）。

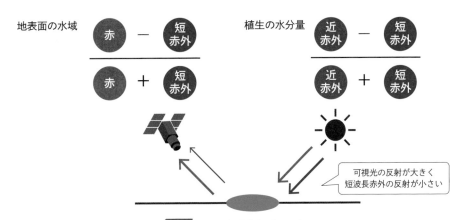

図4-5 正規化植生指標（NDVI）

　正規化された値はすべて画像中のピクセルと呼ばれる格子の中に納められています。衛星データ解析では、このピクセル値を用いて行うことになります。たとえば、ある圃場（ほじょう）のNDVIのデータであれば、その場所の作物収量を予測するための説明変数として使われることがあります。具体的な解析例については、この章の後半で紹介をします。

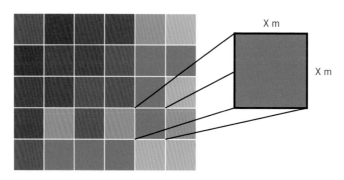

図4-6 正規化されたデータのイメージ

　色の濃淡がそのまま値の大小となり、たとえば色が濃い場合には1に近く、薄い場合には-1に近くなる、という値の取り方をします。求められるデータの分解能は観測する衛星の分解能に依ります。

　これからはSentinel-2の画像データを用いて、実際にバンド演算を行ってみましょう。

■○ 衛星データのダウンロード

　Spatio Temporal Asset Catalog（STAC）経由でSentinel-2のデータを取得します。また今回の分析に必要なライブラリのインストールを行います。

```
!pip install geopandas
!pip install earthpy
!pip install rasterio
!pip install sentinelsat
!pip install cartopy
!pip install fiona
!pip install shapely
!pip install pyproj
!pip install pygeos
!pip install rtree
!pip install rioxarray
!pip install sat-search
!pip install intake-stac
```

　Colab利用時には、ランタイムを再起動してください。続けてライブラリのインポートを行います。

```
#必要ライブラリのインポート
import os
import numpy as np
import geopandas as gpd
import pandas as pd
import matplotlib
import matplotlib.pyplot as plt
```

```
import matplotlib.image as mpimg
matplotlib.rcParams['figure.dpi'] = 300 # 解像度
import folium
import zipfile
import glob
import shutil
import cartopy, fiona, shapely, pyproj, rtree, pygeos
import cv2
import rasterio as rio
from rasterio import plot
from rasterio.plot import show
from rasterio.plot import plotting_extent
from rasterio.mask import mask
# from sentinelsat import SentinelAPI, read_geojson, geojson_to_wkt
from mpl_toolkits.axes_grid1 import make_axes_locatable
from shapely.geometry import MultiPolygon, Polygon
from osgeo import gdal

import urllib
from satsearch import Search
from pystac_client import Client
from PIL import Image
import requests
import io

import warnings
warnings.filterwarnings('ignore')
print("done")
```

　鹿児島市周辺の画像を取得します。取得期間は2019年から2020年までとします。取得するSentinel-2は
オルソ幾何補正大気圏下（BOA）反射率プロダクト（L2A）となります。Sentinel-2は可視光領域から近赤外、
短波長赤外までを観測し、13のバンドで構成されたデータとなっています）。バンドごとに異なる物質の検
出に有効で、その一部を例として示します（表4-1）。

表4-1 利用可能な波長データについて（https://custom-scripts.sentinel-hub.com/custom-scripts/sentinel-2/bands/）

バンド	波長	中心波長	分解能	観測項目
B1	Coastal	443nm	60m	エアロゾル
B2	Blue	493nm	10m	土壌や植生の判別、樹種の分類、人工物の識別
B3	Green	560nm	10m	水の濁度、水面の油分や植生
B4	Red	665nm	10m	植生の種類や土壌、都市部（市街地）の識別
B5	VNIR	704nm	20m	植生の分類
B6	VNIR	740nm	20m	植生の分類
B7	VNIR	783nm	20m	植生の分類
B8	NIR	833nm	10m	海岸線とバイオマス量のマッピング、植生の検出と分析
B8a	NIR	865nm	20m	植生の分類
B9	NIR	945nm	60m	水蒸気補正
B10	SWIR	1374nm	60m	巻雲の検知
B11	SWIR	1610nm	20m	土壌や植生の水分量の測定、雲と雪の判別
B12	SWIR	2190nm	20m	土壌や植生の水分量の測定、雲と雪の判別

データの取得範囲を制限するための関数を定義します。

```python
# 取得範囲を指定するための関数を定義
def selSquare(lon, lat, delta_lon, delta_lat):
    c1 = [lon + delta_lon, lat + delta_lat]
    c2 = [lon + delta_lon, lat - delta_lat]
    c3 = [lon - delta_lon, lat - delta_lat]
    c4 = [lon - delta_lon, lat + delta_lat]
    geometry = {"type": "Polygon", "coordinates": [[ c1, c2, c3, c4, c1 ]]}
    return geometry

# 鹿児島市市周辺の緯度経度をbbox内へ
geometry = selSquare(130.53, 31.60, 0.06, 0.02)
timeRange = '2019-01-01/2020-12-31' # 取得時間範囲を指定
```

STACサーバに接続し、取得範囲・時期やクエリを与えて取得するデータを絞ります。sentinel:valid_cloud_coverを用いて、雲量の予測値から確からしいものだけに限定してデータを取得します。

```python
from pystac_client import Client
api_url = 'https://earth-search.aws.element84.com/v0'
collection = "sentinel-s2-l2a-cogs"  # Sentinel-2, Level 2A (BOA)
s2STAC = Client.open(api_url, headers=[])


s2Search = s2STAC.search (
    intersects = geometry,
    datetime = timeRange,
    query = {"eo:cloud_cover": {"lt": 10}, "sentinel:valid_cloud_cover": {"eq": True}},
    collections = collection)
```

```
s2_items = [i.to_dict() for i in s2Search.get_items()]
print(f"{len(s2_items)} のシーンを取得")


items = s2Search.get_all_items()
df = gpd.GeoDataFrame.from_features(items.to_dict(), crs="epsg:4326")
dfSorted = df.sort_values('eo:cloud_cover').reset_index(drop=True)
dfSorted.head()
```

最も雲の量が少ないシーンを選択し、サムネイル画像も取得する関数を定義します。

```
def sel_items(scene_items, product_id):
  item = [x.assets for x in scene_items\
          if x.properties['sentinel:product_id'] == product_id]
  thumbUrl = [x.assets['thumbnail'].href for x in scene_items\
              if x.properties['sentinel:product_id'] == product_id]
  return item, thumbUrl

selected_item, thumbUrl = sel_items(items, dfSorted['sentinel:product_id'][0])
print(thumbUrl)
print(selected_item)
```

雲の少ない衛星画像データのサムネイルを表示します。

```
thumbImg = Image.open(io.BytesIO(requests.get(thumbUrl[0]).content))
plt.figure(figsize=(5,5))
plt.imshow(thumbImg)
```

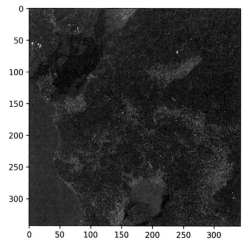

図4-7 2020年5月11日のSentile-2トゥルーカラー画像（Produced from ESA remote sensing data）

125

桜島を含んだ鹿児島の画像が取得できているのがわかります。続いて、画像データのダウンロードへ移りますが、その前に取得したデータにどのような情報が含まれているのかを確認しましょう。これにより、どのバンドを取得すれば良いのかが明確になります（表4-2）。

```
import rich.table

table = rich.table.Table("Asset Key", "Description")
for asset_key, asset in selected_item[0].items():
  table.add_row(asset_key, asset.title)

table
```

表4-2 取得したデータに含まれるAssetの一覧

Asset Key	Description	Asset Key	Description
thumbnail	Thumbnail	B06	Band 6
overview	True color image	B07	Band 7
info	Original JSON metadata	B08	Band 8 (nir)
metadata	Original XML metadata	B8A	Band 8A
visual	True color image	B9A	Band 9
B01	Band 1 (coastal)	B11	Band 11 (swir16)
B02	Band 2 (blue)	B12	Band 12 (swir22)
B03	Band 3 (green)	AOT	Aerosol Optical Thickness (AOT)
B04	Band 4 (red)	WVP	Water Vapour (WVP)
B05	Band 5	SCL	Scene Classification Map (SCL)

ファイルが格納されているURLからそれぞれのTIFFファイルをダウンロードする関数を定義します。

```
# 引用：https://note.nkmk.me/python-download-web-images/
def download_file(url, dst_path):
    try:
        with urllib.request.urlopen(url) as web_file, open(dst_path, 'wb') as local_file:
            local_file.write(web_file.read())
    except urllib.error.URLError as e:
        print(e)

def download_file_to_dir(url, dst_dir):
    download_file(url, os.path.join(dst_dir, os.path.basename(url)))
```

今回はSWIR16（短波長赤外）、NIR（近赤外）、赤、緑、青のバンドデータをダウンロードします。

```
# 画像を保存するディレクトリの作成
os.makedirs('s2Bands',exist_ok=True)
```

```
# 取得するバンドの選択
bandLists = ['B11','B08','B04','B03','B02'] # SWIR, NIR, RED, GREEN, BLUE

# 画像のURL取得
file_url = []
[file_url.append(selected_item[0][band].href) for band in bandLists if file_url.append(selected_item[0][band].
href) is not None]

# 画像のダウンロード
dst_dir = '/content/s2Bands'
[download_file_to_dir(link, dst_dir) for link in file_url if download_file_to_dir(link, dst_dir) is not None]
```

　ダウンロードしたデータはrasterio、EarthPyとxarrayを用いて処理を行います。rasterioはラスターデータを処理するのに長けたパッケージです。EathPyはベクターやラスターを含めた地理空間データを簡単に処理できるPythonパッケージであり、xarrayは多次元データを効率的に扱うためのパッケージです。

```
# ライブラリのインポート
import earthpy as et
import earthpy.spatial as es
import earthpy.plot as ep
import xarray as xr
import rioxarray as rxr
```

　保存したバンドデータを読み込む準備をします。

```
# TIFデータのパス指定
land_paths = glob.glob(os.path.join("/content/s2Bands","*.tif"))
# バンド順に並び替え
land_paths.sort()
land_paths
```

　例として近赤外のバンド情報を示してみます。

```
b08_href = selected_item[0]["B08"].href
b08 = rxr.open_rasterio(b08_href, masked=True)
print(b08)
```

　(1, 10980, 10980)という結果が返ってきます。バンドの数(z軸方向)、x軸方向のピクセル数、y軸方向のピクセル数と考えれば良いです。この場合、バンドの数は1つしかありませんので、1となっています。

　TIFF画像のデータは重いため、複数の画像を連続して描画するには適していません。関心領域を絞って描画しましょう。国土地理院が公開している国土数値情報のうち行政区域データを用いて関心領域を設定します(平成31年のデータを利用しています)。ダウンロードは県単位になるため、鹿児島県から鹿児島市のポリゴンのみを以下のように抜き出します。抜き出したら、ポリゴンの座標系をSentinel-2のデータと同じ

UTM zone 52N（EPSG:32652）に変換します。

```python
# 行政区域データをダウンロードするフォルダの作成
os.makedirs('kagoshimaPolygon',exist_ok=True)

# wgetを行う
!wget --restrict-file-names=nocontrol \
    --content-disposition \
    --user-agent="Mozilla/5.0 (Windows NT 10.0; Win64; x64; rv:52.0) Gecko/20100101 Firefox/52.0" \
    "https://nlftp.mlit.go.jp/ksj/gml/data/N03/N03-2019/N03-190101_46_GML.zip" \
    -P /content/kagoshimaPolygon

import zipfile

# ダウンロードしたファイルを展開する
with zipfile.ZipFile('/content/kagoshimaPolygon/N03-190101_46_GML.zip') as zipf:
  for zinfo in zipf.infolist():        # ZipInfoオブジェクトを取得
      if not zinfo.flag_bits & 0x800:  # flag_bitsプロパティで文字コードを取得
          # 文字コードが(cp437)だった場合はcp932へ変換する
          # strオブジェクトのプロパティencode/decodeでcp932に変換
          # 変換後のファイル名をfilenameプロパティで再度し直す
          zinfo.filename = zinfo.filename.encode('cp437').decode('cp932')
          if os.sep != "/" and os.sep in zinfo.filename:
            zinfo.filename = zinfo.filename.replace(os.sep, "/")

      zipf.extract(zinfo, '/content/kagoshimaPolygon')


#ダウンロードしたデータを解凍して、ディレクトリを指定
shape_path = "/content/kagoshimaPolygon/"

# 鹿児島県のshpの読み込み
kagoshimaPref = gpd.read_file(os.path.join(shape_path + "N03-19_46_190101.geojson"),encoding="shift-jis")
kagoshimaCity = kagoshimaPref[kagoshimaPref["N03_004"].isin(["鹿児島市"])] # 鹿児島市でソート
kagoshimaCity = kagoshimaCity.drop(columns=["N03_002","N03_003"]) # 鹿児島市のみを抽出

# 抽出した鹿児島市のポリゴンをSentinel-2のCRSに合わせる
with rio.open(land_paths[0]) as raster_crs:
 raster_profile = raster_crs.profile
 bound_utm52N = kagoshimaCity.to_crs(raster_profile["crs"])
```

　このポリゴンデータを用いて、画像の切り抜きを行います。ダウンロードしたTIF画像の場所を指定し、切り抜き後の出力場所、さらに切り抜きを行うためのファイルを指定します。ファイルの上書きを行っても良い場合には、overwriteをTrueにしてください（デフォルトはFalse）。

```python
os.makedirs('s2output',exist_ok=True) # outputデータ保存ディレクトリ
output_dir = "/content/s2output"
band_paths_list = es.crop_all(land_paths, output_dir,
```

```
                          bound_utm52N, overwrite=True)
```

青、赤、緑、そして近赤外のバンドを描画します。

```
# ループ処理で全てのバンド情報を開く
allBands = []
for i, aband in enumerate(band_paths_list[0:4]):
    allBands.append(rxr.open_rasterio(aband, masked=True).squeeze())
    # バンド数を新しいxarrayオブジェクトとして割り当てる
    allBands[i]["band"]=i+2

# データリストを一つのxarrayオブジェクトへ変換
s2Kagoshima = xr.concat(allBands, dim="band")

# xarray.plot.imshowで描画
s2Kagoshima.plot.imshow(col="band",
                        col_wrap=2, # 2列で折り返し
                        figsize=(8,8))
plt.show()
```

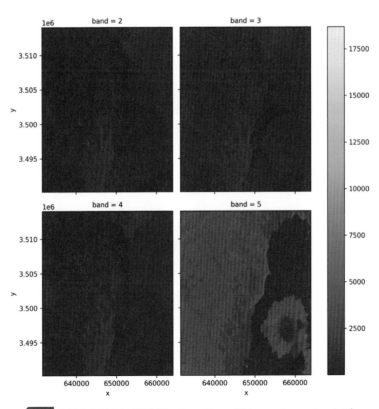

図4-8 B02からB05まで描画（Produced from ESA remote sensing data）

■● バンドデータの操作

xarray中でバンドは2, 3, 4, 5の順番に並んでいますので、RGBの場合には2, 1, 0を割り当てれば良いことがわかります。

```
ep.plot_rgb(s2Kagoshima.values,
        rgb=[2, 1, 0],
        title="True Color Image")
plt.show()
```

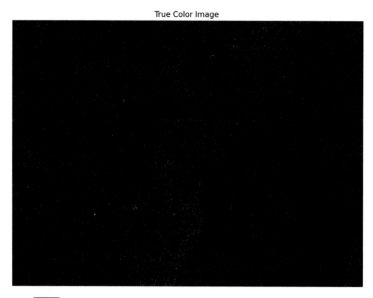

図4-9 トゥルーカラー画像（Produced from ESA remote sensing data）

　出力すると、衛星画像が全体的に暗くなっていることがわかります。これはピクセルの情報に大きな偏りがあるためです。このデータの偏りを解消する方法はいくつかありますが、今回はEarthPyのplot_rgbにあるオプションを用いて、偏ったデータを引き伸ばしてみましょう。

　引き延ばしでは、stretchを宣言し、画像のコントラストを高めます。引き伸ばし具合はstr_clipで行います。より大きな値を指定すると、画像の明るさが増すと覚えてください。

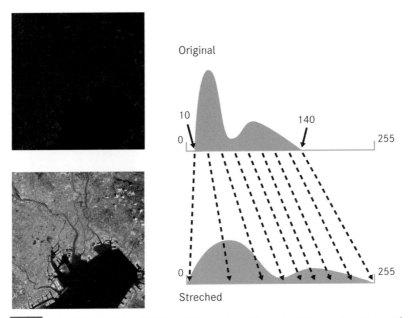

図4-10 画像を明るく変換する（引用：NEON (National Ecological Observatory Network)）

```
fig, ax = plt.subplots(figsize=(8, 8))

ep.plot_rgb(s2Kagoshima.values,
          rgb=[2, 1, 0],
          ax = ax,
          title="True Color Image\n Linear Stretch Applied",
          stretch=True,
          str_clip = 0.08)
plt.show()
```

True Color Image
Linear Stretch Applied

図4-11 引き伸ばし処理後のトゥルーカラー画像（Produced from ESA remote sensing data）

引き延ばしを行わない場合に比べて、格段に見やすくなっているのがわかります。続いて、Color
Infrared（CIR）合成画像を出力してみましょう。

CIRは植生を強調するための組み合わせです。こちらでは、Rに近赤外、Gに赤の波長、Bに緑の波長を
割り当てます。植物は近赤外をよく反射するため、赤い場所ほど、植物が繁茂している状態を表します。裸
地は黒から明るい褐色、都市部は、青、もしくは灰色っぽく呈色されます。雲や雪、氷は明るい青色や白色
になることが多いです。

```python
fig, ax = plt.subplots(figsize=(8, 8))

# NIR、赤、緑を組み合わせる
ep.plot_rgb(
    s2Kagoshima.values,
    rgb=(3, 2, 1),
    ax=ax,
    stretch=True,
    str_clip=0.02,
    title="CIR Image with Stretch Applied",
)
plt.show()
```

CIR Image with Stretch Applied

図4-12 CIR画像（Produced from ESA remote sensing data）

　植生で覆われている部分が赤く呈色されていることがわかります（図4-12）。たとえば、桜島は火口の周辺にはまったく植生が存在せず、島を囲うように植物が生い茂っている様子を確認できます。
　続いてNDVIを計算し、結果の描画を行います。

```
ndvi = (s2Kagoshima[3] - s2Kagoshima[2]) / (s2Kagoshima[3] + s2Kagoshima[2])
ndviImage = rio.open('ndvi.tiff','w',
                driver='Gtiff',
                width=s2Kagoshima[2].rio.width,
                height = s2Kagoshima[2].rio.height,
                count=1, crs=s2Kagoshima[2].rio.crs,
                transform=s2Kagoshima[2].rio.transform(),
                dtype='float64')
ndviImage.write(ndvi,1)
ndviImage.close()
```

　CIRと同様に、火口周辺ではNDVIの値が低くなっていることがわかります。緑の濃淡により植物の状態を把握できるようになっています。この濃淡の変化を用いて、農作物の育成状態を監視することもできます。

```
# 緑の濃い部分ほど、植物が繁茂し、赤色が強いほど、植生がない状態を示します
ndviTif = rio.open('ndvi.tiff')
fig = plt.figure(figsize=(8,8))
plot.show(ndviTif, cmap="RdYlGn")
```

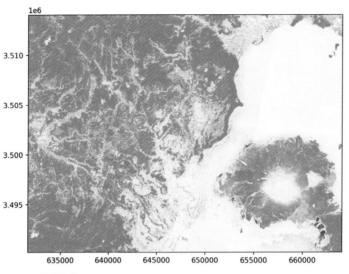

図4-13 NDVI（Produced from ESA remote sensing data）

　Normalized Difference Water Index（NDWI）は地表の水系を解析するために用いられています。水は青の波長を赤や緑の波長より反射する特性があり、特に透き通った水に対して、青の波長はよく反射されることが知られています。近年では、こちらの指標を修正したModified Normal Difference Water Index（MNDWI）が利用され、地表からのさまざまなノイズ（植生や砂地など）を低減し、水域を強調しやすくなっています。

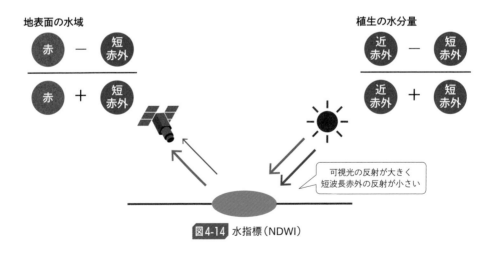

図4-14 水指標（NDWI）

　MNDWI ＝（Green − SWIR）／（Green ＋ SWIR）の関係式となります。Sentinel-2であれば、band3とband11を利用することになります。

$$\mathrm{MNDWI} = \frac{\mathrm{Band\ 3} - \mathrm{Band\ 11}}{\mathrm{Band\ 3} + \mathrm{Band\ 11}}$$

通常、海や河川は0.5あたりの値となり、植物に含まれる水分はそれより低くなる傾向があるため、分離はしやすいことが知られています。市街地もプラス寄りの値をとることが多いです。

用いるSWIRの分解能は20mであるため、緑の波長の分解能を調整（リサンプリング）する必要があります。今回はaverage法を用います。

```
# ファイルの場所は適宜変更
b3 = gdal.Open("/content/s2output/B03_crop.tif")

# resample 10m->20m
# 現在の作業ディレクトリにファイルを保存
dsRes = gdal.Warp("content/s2output/B03_crop_avg.tif", b3, xRes = 20, yRes = 20, resampleAlg = "average")
```

それでは可視化を行います。

```
b3 = rio.open("/content/s2output/B03_crop_avg.tif")
b11 = rio.open("/content/s2output/B11_crop.tif")
green = b3.read(1).astype('float64')
swir = b11.read(1).astype('float64')

mndwi = es.normalized_diff(b1=green, b2=swir) # GreenとSWIRの波長を抽出し、正規化します
ep.plot_bands(mndwi, cmap="RdYlBu", cols=1, title="Modified Normalized Difference Water Index (MNDWI)")
# ep.plot_bands(mndwi, cmap="RdYlBu", cols=1, title="Modified Normalized Difference Water Index (MND-
WI)",vmin=-1,vmax=1)
```

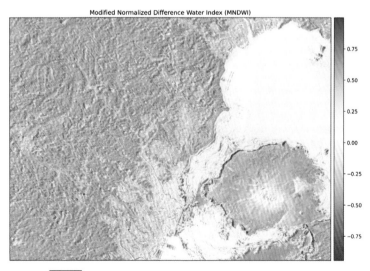

図4-15 MNDWI（Produced from ESA remote sensing data）

　湾内の一部が大きな値を持っていることがわかります（図4-15）。一方で陸域のほとんどは強く負の値を示しています。注目すべきは、桜島の火口付近にも青色があることです。可能性としては、雨によって水溜りができたことが考えられます（実際に前日に雨が降っていたようです。単に雲への反射かもしれませんが）。

　簡便な方法とはなりますが、NDVIやNDWIの値を利用することにより、土地被覆分類を行うこともできます。たとえば、NDVIの値をある値で条件分けし、それに従い都市部や、裸地、植物被覆の高い土地や低い土地を分類するといったものです。シンプルな方法のため厳密に分けられない場合がありますが、一方で対象となる土地の状態を俯瞰するには役立つ方法となります。さまざまなバンドの組み合わせを試してみてください。

4-2 森林分野における衛星データ利用事例

4-2-1 森林の状態変化の視覚化

　本節では、茨城県日立市を対象に衛星データからNDVIを算出し、森林の状態変化を可視化する方法を学びます。必要な処理は次のようになります。

- NumPyを用いた画像解析処理演算
- rasterioを用いたカラー合成画像の作成とマスク処理
- rasterioを用いたNDVIの計算
- matplotlibを用いたグラフ作成

■□○ 森林の状態変化の視覚化

　適切な森林経営のためには現状の把握と監視が必要で、大規模な森林を把握・監視するためには衛星が有効な手段です。

　光学衛星で森林を監視する手段として、今回は植生指標に着目します。森林を含むすべての植物は近赤外線を反射し、可視光線のうち赤色の波長を吸収する特性があります。この近赤外と赤色の分光反射率を組み合わせることで植生指標を算出し、森林など植生の状態把握できます。

　この節では、一般的に用いられている植生指標としてNDVI（Normalized Difference Vegetation Index）を衛星データから計算し、それを時系列で可視化します。植生指数は、森林から他の土地被覆に変化した場合だけでなく季節によっても変化します。時系列で森林を解析するためには、まず、対象となる地域における季節と植生指標との関係を確認することがとても重要です。ここでは、森林の植生指標の季節変化を可視化する方法を学んでいきます。

　Google Colabを利用している場合は、以下のコマンドをセル内で実行してください。

```
!pip install pyproj
!pip install fiona
!pip install shapely
!pip install pygeos
!pip install geopandas
!pip install rasterio
!pip install sentinelsat
!pip install cartopy
!pip install rtree
!pip install sat-search
!pip install intake-stac
```

続けてライブラリをインポートしましょう。

```
import os
import numpy as np
import geopandas as gpd
import pandas as pd
import matplotlib
import cartopy, fiona, shapely, pyproj, rtree, pygeos
import cv2

matplotlib.rcParams['figure.dpi'] = 300 # 解像度（印刷用）
import matplotlib.pyplot as plt
import matplotlib.image as mpimg
import rasterio as rio
import rasterio.mask
import folium
import zipfile
import glob
import shutil
# from sentinelsat import SentinelAPI, read_geojson, geojson_to_wkt
# from PIL import Image
from IPython.display import Image
from mpl_toolkits.axes_grid1 import make_axes_locatable
from shapely.geometry import MultiPolygon, Polygon
from rasterio import plot
from rasterio.plot import show
from rasterio.plot import plotting_extent
from rasterio.mask import mask
from osgeo import gdal

import warnings
warnings.filterwarnings('ignore')

print("done")
```

　この節では、地理空間情報を有した画像形式であるGeoTIFFをはじめとしたラスタ形式の画像ファイル
を利用するためのライブラリであるrasterioを中心に解説をしていきます。

　osgeo.gdalを利用する場合とコードに差はありますが、処理に必要な知識については変わりません。
rasterioは、GDALでできるラスタ画像の処理をほとんど代替できると考えて良いでしょう。恐れずに言っ
てしまえば、rasterioはPython版のラスタ解析用GDALということになります。加えて、そのコードは
GDALに比べて短くなり、可読性が高くなります。

■■◯ データの検索とダウンロード（サイトから）

　Copernicus Open Access Hubの検索画面で、地図上で対象領域を指定したうえで、以下の条件を入力
して検索しましょう（図4-16）。今回は茨城県の日立市を対象としてデータを検索します。第4章で使うデー
タも個別にダウンロード可能です。そちらのファイルをダウンロードして利用されてもかまいません。

- 「Sensing period」（観測期間）に下記の期間を入力
  2017年 → 2017年1月1日から12月31日
  2018年 → 2018年1月1日から12月31日
- 「Mission: Sentinel-2」のチェックボックスにチェック
- 「Product type」はプルダウンで「S2MSI1C」を選択

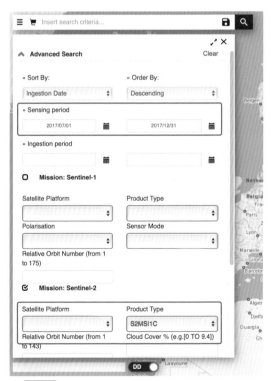

図4-16 Copernicus Open Access Hubの検索画面

　検索したデータはサムネイル画像で雲の様子などが確認できるので、雲がない良好なデータを見つけましょう。

　上記の詳細検索にCloud Coverがあります。そこの検索窓に[0 TO 5]と入力することにより、画像中の雲量が0%以上5%未満に絞ることができます。今回は、2017年5月から2018年12月の7シーンのデータを使って年間の森林状態の変化を確認し、2017年および2018年の5月のデータを使って経年変化を確認します。使用するデータ（全7シーン）の日付は次のとおりです。

- 2017-05-08
- 2017-10-27
- 2017-12-26
- 2018-04-20
- 2018-05-20
- 2018-10-02
- 2018-12-19

　Coperniqus Open Access Hubからデータをダウンロードすると、zip形式で圧縮されているので展開します（上記は執筆時点で取得できる期間の例なので、データがオフラインになっている場合には、データを取得できる期間で検索してください）。

```python
# Tellusの開発環境やローカル環境を使用する想定であれば、適切なパスに書き換えてください。
a = glob.glob('/content/drive/MyDrive/s2/*.zip')

ziplist = []

for f in a:
  print(f[26:86])
  ziplist.append(f[26:86])

for file_title in ziplist:
  print("start unzip:"+ file_title)
  file_name = file_title +".zip"
  file_dir = "/content/drive/MyDrive/s2/"
  file_pass = os.path.join(file_dir + file_name)
  print(file_pass)
  with zipfile.ZipFile(file_pass) as zf:
    zf.extractall()
  print("done")
```

作業用ディレクトリ（フォルダ）の作成を行います。

```python
os.mkdir("work")
```

```
path = '/content/'
work_path = '/content/work'

RGB_dir = '/content/work/RGB_TIF'
os.mkdir(RGB_dir)

NDVI_dir = '/content/work/NDVI'
os.mkdir(NDVI_dir)

NDVI_mask_dir = '/content/work/NDVI_mask'
os.mkdir(NDVI_mask_dir)


# 行政区域データをダウンロードするフォルダの作成
os.makedirs('ibrakiPolygon',exist_ok=True)

# wgetを行う
!wget --restrict-file-names=nocontrol \
    --content-disposition \
    --user-agent="Mozilla/5.0 (Windows NT 10.0; Win64; x64; rv:52.0) Gecko/20100101 Firefox/52.0" \
    "https://nlftp.mlit.go.jp/ksj/gml/data/N03/N03-2019/N03-190101_08_GML.zip" \
    -P /content/ibrakiPolygon


import zipfile

# ダウンロードしたファイルを展開する
with zipfile.ZipFile('/content/ibrakiPolygon/N03-190101_08_GML.zip') as zipf:
  for zinfo in zipf.infolist():         # ZipInfoオブジェクトを取得
    if not zinfo.flag_bits & 0x800:  # flag_bitsプロパティで文字コードを取得
        # 文字コードが(cp437)だった場合はcp932へ変換する
        # strオブジェクトのプロパティencode/decodeでcp932に変換
        # 変換後のファイル名をfilenameプロパティで再度し直す
        zinfo.filename = zinfo.filename.encode('cp437').decode('cp932')
        if os.sep != "/" and os.sep in zinfo.filename:
          zinfo.filename = zinfo.filename.replace(os.sep, "/")

    zipf.extract(zinfo, '/content/ibrakiPolygon')

#ダウンロードしたデータを解凍して、ディレクトリを指定
shape_path = "/content/ibrakiPolygon/"

# 茨城県のshpの読み込み
in_shape = gpd.read_file(os.path.join(shape_path + "N03-19_08_190101.shp"),encoding="shift-jis")

# 日立市でソート
shape_srt = in_shape[in_shape["N03_004"].isin(["日立市"])]
shape_srt = shape_srt.drop(columns=["N03_002","N03_003"])

#画像に合わせて投影変換
out_file = os.path.join(shape_path + "re_N03-19_08_190101.shp")
```

```
re_shape = shape_srt.to_crs({"init": "epsg:32654"})

#出力
re_shape.to_file(driver="ESRI Shapefile",filename=out_file,encoding='utf-8')
print("done")

#GeoDataFrameを描画
f,ax = plt.subplots(1, figsize=(6,6))
ax = re_shape.plot(axes=ax)
plt.show();
```

■■○ 日立市の行政区域ポリゴン取得

　続けて日立市の行政区域ポリゴンデータ（shpファイル）を取得します。このファイルは、大きな衛星画像を日立市のみで切り取るために利用します。

　このデータは国土地理院が公開している国土数値情報のうち行政区域データ[注2]からダウンロードしましょう。ダウンロードは県単位になるため、茨城県から日立市のポリゴンを以下のように抜き出します（平成31年のデータを利用しています）。

　抜き出したら、ポリゴンの座標系をSentinel-2のデータと同じUTM zone 54N（EPSG:32654）に変換します。座標系やEPSGについては第3章や空間情報クラブのサイト[注3]を参照してください。

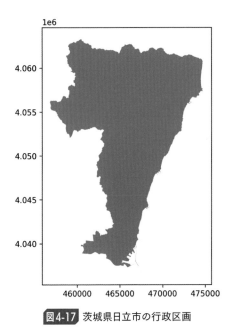

図4-17 茨城県日立市の行政区画

注2　国土数値情報ダウンロードサービス（https://nlftp.mlit.go.jp/ksj/gml/datalist/KsjTmplt-N03-v2_3.html）
注3　空間情報クラブ（https://club.informatix.co.jp/?p=1225）

茨城県日立市の行政区画は図4-17に示すとおりです。

```
filePath = glob.glob("/content/drive/MyDrive/s2/*.SAFE") # 指定したディレクトリ内にある.SAFEのパスを取得
print(os.listdir(filePath[0])) # フォルダの中身をチェック
# バンドの数を調べます
print('The number of bands',+len(os.listdir('/content/drive/MyDrive/s2/S2A_MSIL1C_20170508T012701_N0205_
R074_T54SVF_20170508T013110.SAFE/GRANULE/L1C_T54SVF_A009795_20170508T013110/IMG_DATA')))
```

上のようにダウンロードしたSAFEファイルにいくつかのフォルダがありますが、GRANULE以下が重要です。このファイル構造はオンラインかオフラインデータかによっても若干異なりますので、ダウンロードしたファイルがどのような階層構造にあるのかは確認すると良いでしょう。オンラインのデータであれば、画像データ（jp2）は解像度ごとに振り分けられているため、さらに複雑な構造になっています。しかし、データ自体は必ずGRANULE以下にあるので、必ずそこを調べるようにしてください。バンドのデータは上の結果から14個あることがわかります。トゥルーカラー画像を作成するために、赤、緑、青のバンド情報を持った画像データだけを取得します。

```
# ファイル内のデータを探索するために、.SAFE以前の文字列を取得
ziplis = []

for f in filePath:
  print(f[26:86])
  ziplis.append(f[26:86])
#作業用ディレクトリ（フォルダ）の作成
os.makedirs('work', exist_ok=True)

path = '/content/'
work_path = '/content/work'

RGB_dir = '/content/work/RGB_TIF'
os.makedirs(RGB_dir, exist_ok=True)

NDVI_dir = '/content/work/NDVI'
os.makedirs(NDVI_dir, exist_ok=True)

NDVI_mask_dir = '/content/work/NDVI_mask'
os.makedirs(NDVI_mask_dir, exist_ok=True)
```

■■● カラー合成とマスク処理

Sentinel-2は12種類のバンドで観測していると説明しましたが、ダウンロードしたデータはバンドごとにjpeg2の形式で格納されています。第3章で学習した「トゥルーカラー（True Color）」の組み合わせでカラー合成し、日立市以外の領域をマスク（日立市だけを切り取り）してみましょう。ここではrasterioで、バンド2（青）・バンド3（緑）・バンド4（赤）を組み合わせて合成し、ポリゴンデータを使って日立市以外をマスクします。

```python
# RGB画像を作成します。やや時間がかかります
parentPath = "/content/drive/MyDrive/s2/"
for file_title in ziplis:
    print("Start make RGB TIF image " +'<'+ file_title +'>')

    # jp2データの探索
    path_A = parentPath + str(file_title) + '.SAFE/GRANULE/'
    f1 = os.listdir(path_A)
    path_B = parentPath + str(file_title) + '.SAFE/GRANULE/' + str(f1[0])
    f2 = os.listdir(path_B)
    path_C = parentPath + str(file_title) + '.SAFE/GRANULE/' + str(f1[0]) + '/IMG_DATA/'
    f3 = os.listdir(path_C)

    b2 = rio.open(parentPath + str(file_title) + '.SAFE/GRANULE/' + str(f1[0]) +'/IMG_DATA/' +str(f3[0]
[0:23] +'B02.jp2'))
    b3 = rio.open(parentPath + str(file_title) + '.SAFE/GRANULE/' + str(f1[0]) +'/IMG_DATA/' +str(f3[0]
[0:23] +'B03.jp2'))
    b4 = rio.open(parentPath + str(file_title) + '.SAFE/GRANULE/' + str(f1[0]) +'/IMG_DATA/' +str(f3[0]
[0:23] +'B04.jp2'))
    # 出力ファイル名
    RGB_path = os.path.join(RGB_dir,'sentinel-2_'+str(f3[0][7:15])+'_RGB.tif')

    # GeoTIFFの作成
    RGB_colar = rio.open(RGB_path,'w',driver='Gtiff', #driverにGtiff(GeoTIFF)
                        width=b4.width, height=b4.height, #画像の高さや幅を指定。B04のバンドと同じ大きさに
しています
                        count=3, #3つのバンドを利用（B02, B03, B04）
                        crs=b4.crs, #crsもB04と同様。epsg:32654
                        transform=b4.transform, #データに対する変換も同様のもの
                        dtype=rio.uint16 #データ型を指定
                        )
    # 各々のバンド情報をRGB_colorに書き込み
    RGB_colar.write(b2.read(1),3) #青
    RGB_colar.write(b3.read(1),2) #緑
    RGB_colar.write(b4.read(1),1) #赤
    RGB_colar.close()

    print("---masking---")

    # 画像の切り取り処理
    with fiona.open(out_file, "r") as mask:
        masks = [feature["geometry"] for feature in mask] #ベクターデータが持つ図形情報の取得

    with rio.open(RGB_path) as src:
        out_image, out_transform = rio.mask.mask(src, masks, crop=True) #mask処理の実行
        out_meta = src.meta #作成する画像の情報はもともとの画像と同様のものにします

    # メタ情報の更新
    out_meta.update({"driver": "GTiff",
                    "height": out_image.shape[1],
```

```
                "width": out_image.shape[2],
                "transform": out_transform})

# 画像の書き出し
with rio.open(RGB_path, "w", **out_meta) as dest:
  dest.write(out_image)

# 画像表示のため8bit形式で書き出しを行います
# scaleを調整することにより画像の見栄えが変化します
scale = '-scale 0 255 0 15' # 元ファイルのピクセル値のmin, maxから変換後のピクセル値 min, maxとなります
options_list = ['-ot Byte','-of Gtiff',scale]
options_string = " ".join(options_list)

gdal.Translate(os.path.join(RGB_dir + "/" + 'sentinel-2_'+str(f3[0][7:15])+'.tif'),os.path.join(RGB_dir
+ "/" + 'sentinel-2_'+str(f3[0][7:15])+'_RGB.tif'),options = options_string)

print("Done")
```

作成した画像を表示しましょう（図4-18）。

```
plt.figure(figsize=(18,9))

RGB_2017_spring = rio.open(RGB_dir+'/sentinel-2_20170508.tif')
RGB_2017_autumn = rio.open(RGB_dir+'/sentinel-2_20171027.tif')
RGB_2017_winter = rio.open(RGB_dir+'/sentinel-2_20171226.tif')

ax1 = plt.subplot(1,3,1)
ax1.set_title("RGB_2017_spring")
ax2 = plt.subplot(1,3,2)
ax2.set_title("RGB_2017_sumer")
ax3 = plt.subplot(1,3,3)
ax3.set_title("RGB_2017_winter")

show(RGB_2017_spring.read([1,2,3]),ax=ax1)
show(RGB_2017_autumn.read([1,2,3]),ax=ax2)
show(RGB_2017_winter.read([1,2,3]),ax=ax3)
```

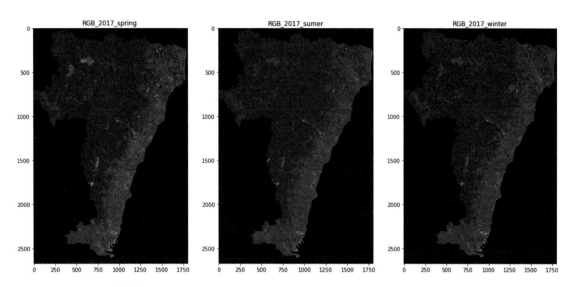

図4-18 2017年春、夏、冬の画像（Produced from ESA rermote sensing data）

　図4-18は2017年の3シーン（5月8日、10月27日、12月26日）のカラー合成画像です。見た目にはほとんど違いはわかりません。

■○ データの検索とダウンロード（STAC）

　続いて同じデータをSTACを利用してダウンロードしてみます。

```
# ライブラリのインポート
import intake
from satsearch import Search
from io import BytesIO
import urllib
import PIL
from skimage import io
from IPython.display import display, Image
```

　日立市周辺の画像を取得するために、日立市の緯度経度を調べたうえで、bboxに定義される配列に最大最小緯度経度を代入します。異なった場所を選ぶ場合には、「○○市、緯度 経度」のようにすると座標を知ることができます。

　衛星画像はかなり広い範囲を撮影していますので、得られた座標に0.01度（およそ1km）でも加えれば対象地が含まれる画像を取得できます。反対に大きなbboxを作ると、異なった撮影地点の画像データも取得結果に含める可能性が生じます。複数地点の画像を取得する意図がない限り、bboxの範囲は狭くても問題はありません。

```
# 日立市周辺の緯度経度をbbox内へ
bbox = [140.47, 36.34, 140.60, 36.43] # (min lon, min lat, max lon, max lat)
dates = '2017-01-01/2017-12-31'

URL='https://earth-search.aws.element84.com/v0' #Element84をエンドポイントへ
results = Search.search(url=URL,
                        collections=['sentinel-s2-l2a-cogs'], # sentinel-s2-l1c, sentinel-s2-l2a-cogs,
sentinel-s2-l2aが指定できます
                        datetime=dates,
                        bbox=bbox,
                        sort=['<datetime'])
print('%s items' % results.found()) #検索で取得したデータ数を表示
items = results.items()
# Save this locally for use later
items.save('sentinel-s2-l2a-cogs.json') #結果はJSONへ保存
```

検索の結果、46個の画像データが取得できたことがわかります。ここから、さらに結果を絞ります。そのためにも、先ほど保存したjsonファイルをGeoPandasで読み込んでみましょう。

```
catalog = intake.open_stac_item_collection(items) #取得結果のカタログ化。画像のダウンロード用に用います
# list(catalog)
# print(items.summary(['date', 'id', 'eo:cloud_cover'])) 取得した結果について雲の量を簡単に確認する場合の
コード
gf = gpd.read_file('/content/sentinel-s2-l2a-cogs.json')
# display(gf)
```

eo:cloud_coverとあるところが、雲の量についてのデータとなります。

```
# 雲量で並び替え
gfSroted = gf.sort_values('eo:cloud_cover').reset_index(drop=True)
gfSroted.head()
```

上の結果と合わせるために5月と10月、そして12月のデータを取得します。用途によっては2017年の中でeo:cloud_coverがゼロのみの値を利用することも考えられます。しかし、この雲量を表す値は必ずしも正しいわけではありませんので、最終的には自分の目で画像の精査をする必要もあります。

```
# 雲の量が最も少ない画像を取得
item = catalog[gfSroted.id[0]]

# 画像に含まれるデータを確認します
# 手動でダウンロードしたものと同じバンド情報が入っていることがわかります
list(item)
# サムネイル画像の表示（RGB画像）
Image(item['thumbnail'].urlpath)
```

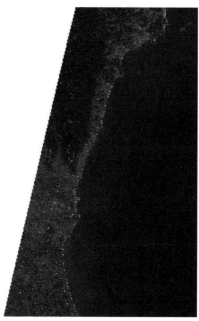

図4-19 Produced from ESA remote sensing data

サムネイル画像が表示できました（図4-19）。バンドを取得し、RGB画像の作成からポリゴンデータによる画像の切り取りまで行なってみましょう。

```python
bandLists = ['B04','B03','B02']

file_url = []
[file_url.append(item[band].metadata['href']) for band in bandLists]

file_url
out_file
# 画像の読み込み
b2 = rio.open(file_url[2])
b3 = rio.open(file_url[1])
b4 = rio.open(file_url[0])

# 出力ファイル名
RGB_path = os.path.join(RGB_dir,'sentinel-2_l2a-cogs'+'_Masked.tif')

# GeoTIFFの作成
RGB_colar = rio.open(RGB_path,'w',driver='Gtiff', #driverにGtiff(GeoTIFF)
    width=b4.width, height=b4.height, #画像の高さや幅を指定。B04のバンドと同じ大きさにしています
    count=3, #3つのバンドを利用（B02, B03, B04）
    crs=b4.crs, #crsもB04と同様。epsg:32654
    transform=b4.transform, #データに対する変換も同様のもの
```

```
          dtype=rio.uint16 #データ型を指定
          )
# 各々のバンド情報をRGB_colorに書き込み
RGB_colar.write(b2.read(1),3) #青
RGB_colar.write(b3.read(1),2) #緑
RGB_colar.write(b4.read(1),1) #赤
RGB_colar.close()

# 画像の切り取り処理
with fiona.open(out_file, "r") as mask:
  masks = [feature["geometry"] for feature in mask] #ベクターデータが持つ図形情報の取得

with rio.open(RGB_path) as src:
  out_image, out_transform = rio.mask.mask(src, masks, crop=True) #mask処理の実行
  out_meta = src.meta #作成する画像の情報はもともとの画像と同様のものにします

# メタ情報の更新
out_meta.update({"driver": "GTiff",
                 "height": out_image.shape[1],
                 "width": out_image.shape[2],
                 "transform": out_transform})

# 画像の書き出し
with rio.open(RGB_path, "w", **out_meta) as dest:
  dest.write(out_image)

#画像表示のため8bit形式で書き出し。
scale = '-scale 0 255 0 25'
options_list = ['-ot Byte','-of Gtiff',scale]
options_string = " ".join(options_list)

gdal.Translate(os.path.join(RGB_dir,'sentinel-2_l2a-cogs'+'.tif'),os.path.join(RGB_dir,'sentinel-2_l2a-
cogs_Masked'+'.tif'),options = options_string)

print("done")
plt.figure(figsize=(6,10))
RGB_2017octCOG = rio.open('/content/work/RGB_TIF/sentinel-2_l2a-cogs.tif')
show(RGB_2017octCOG.read([1,2,3]))
```

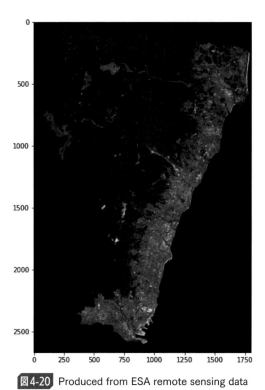

図4-20 Produced from ESA remote sensing data

　同じ画像が描画できました（図4-20）。2017年から2018年の春から冬にかけてのデータをあらためて取得します。

```
def get_STAC_items(url, collection, dates, bbox):
    results = Search.search(url=url,
                            collections=[collection],
                            datetime=dates,
                            bbox=bbox,
                            sortby=['-properties.datetime'])

    items = results.items()
    items.save('sentinel_s2Lists.json') # JSON保存
    print(f'Found {len(items)} Items')

    return intake.open_stac_item_collection(items)
# 日立市周辺の緯度経度をbbox内へ
bbox = [140.47119140625, 36.34, 140.60, 36.43] # (min lon, min lat, max lon, max lat)
dates = '2017-01-01/2018-12-31'
URL='https://earth-search.aws.element84.com/v0' #Element84をエンドポイントへ
collection='sentinel-s2-l2a-cogs'
items_s2 = get_STAC_items(url=URL,collection=collection,dates=dates,bbox=bbox)
```

```python
# データフレーム
s2Gdf = gpd.read_file('/content/sentinel_s2Lists.json')
# s2Gdf = items_s2.to_geopandas()
s2Gdf.head()
s2Gdf.datetime = pd.to_datetime(s2Gdf.datetime, format='%Y-%m-%d')
s2Gdf['month'] = s2Gdf.datetime.dt.month
s2Gdf['year'] = s2Gdf.datetime.dt.yeary
# 指定した年と月で最も雲の量が少ない値を返す
def getMinCloudItem(df,year,month):
  df = df.loc[(df.year == year) & (df.month == month),:].reset_index(drop=True).copy()
  df = df.sort_values('eo:cloud_cover').reset_index(drop=True)
  df = df['id']
  minId = list(df)
  return minId[0]
# 2017年から2018年の1月から12月までで、雲量が最小のものを選択
listIds = []
for y in range(2017,2019):
  for m in range(1,13):
    listIds.append(getMinCloudItem(s2Gdf,y,m)) #ID取得

print(listIds)
allthumbUrl = [items_s2[id]['thumbnail'].urlpath for id in listIds] # 全てのサムネイルURLを保存
def getPreview(thumbList, r_num, c_num, figsize_x=12, figsize_y=12):
  """
  サムネイル画像を指定した引数に応じて行列状に表示
  r_num: 行数
  c_num: 列数
  """
  thumbs = thumbList
  f, ax_list = plt.subplots(r_num, c_num, figsize=(figsize_x,figsize_y))
  for row_num, ax_row in enumerate(ax_list):
    for col_num, ax in enumerate(ax_row):
      if len(thumbs) < r_num*c_num:
        len_shortage = r_num*c_num - len(thumbs) # 行列の不足分を算出
        count = row_num * c_num + col_num
        if count < len(thumbs):
          ax.label_outer() # サブプロットのタイトルと、軸のラベルが被らないようにします
          ax.imshow(io.imread(thumbs[row_num * c_num + col_num]))
          ax.set_title(thumbs[row_num * c_num + col_num][60:79])
        else:
          for i in range(len_shortage):
            blank = np.zeros([100,100,3],dtype=np.uint8)
            blank.fill(255)
            ax.label_outer()
            ax.imshow(blank)
      else:
        ax.label_outer()
        ax.imshow(io.imread(thumbs[row_num * c_num + col_num]))
        ax.set_title(thumbs[row_num * c_num + col_num][60:79])
  return plt.show()
# 2017年のサムネイル画像を描画
```

```
getPreview(allthumbUrl[0:13],3,4,16,16)
# 2018年のサムネイル画像を描画
getPreview(allthumbUrl[13:24],3,4,16,16)
```

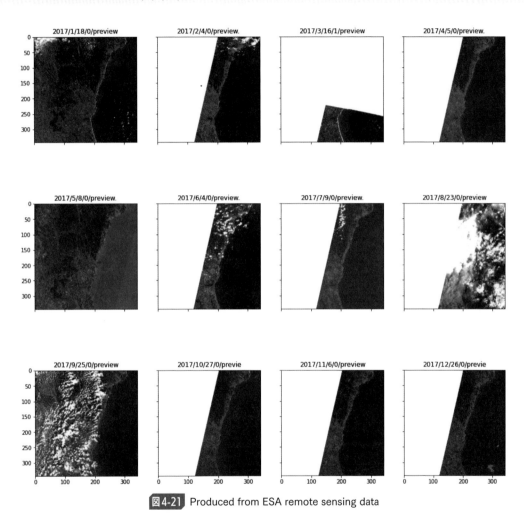

図4-21 Produced from ESA remote sensing data

　このようにサムネイル画像（図4-21）を目視することで雲量を確認し、最終的に用いる画像を決めることができます（必ずしも必要な過程ではありませんが、雲量の予測も完璧ではないため確認することがあります）。

```
selIds = [listIds[i] for i in [3,4,9,11,15,16,21,23]]
selectItems = [items_s2[id] for id in selIds] # 該当のサムネイルURLを保存
bandLists = ['B04','B03','B02']

fileUrls = [item[band].metadata['href'] for band in bandLists for item in selectItems]
# sortUrls = sorted(fileUrls)
```

```python
# RGB画像を作成します。やや時間がかかります
for index, Id in enumerate(selIds):
  print("Start make RGB TIF image " +'<'+ Id +'>')

  b4 = rio.open(fileUrls[index])
  b3 = rio.open(fileUrls[index+8])
  b2 = rio.open(fileUrls[index+16])
  # 出力ファイル名
  RGB_path = os.path.join(RGB_dir,'COGsentinel-2_'+Id+'_Masked.tif')
  print(fileUrls[index])
  print(fileUrls[index+8])
  print(fileUrls[index+16])
  # GeoTIFFの作成
  RGB_colar = rio.open(RGB_path,'w',driver='Gtiff', #driverにGtiff(GeoTIFF)
                       width=b4.width, height=b4.height, #画像の高さや幅を指定。B04のバンドと同じ大きさに
しています
                       count=3, #3つのバンドを利用（B02，B03，B04）
                       crs=b4.crs, #crsもB04と同様。epsg:32654
                       transform=b4.transform, #データに対する変換も同様のもの
                       dtype=rio.uint16 #データ型を指定
                       )
  # 各々のバンド情報をRGB_colorに書き込み
  RGB_colar.write(b2.read(1),3) #青
  RGB_colar.write(b3.read(1),2) #緑
  RGB_colar.write(b4.read(1),1) #赤
  RGB_colar.close()

  print("---masking---")

  # 画像の切り取り処理
  with fiona.open(out_file, "r") as mask:
    masks = [feature["geometry"] for feature in mask] #ベクターデータが持つ図形情報の取得

  with rio.open(RGB_path) as src:
    out_image, out_transform = rio.mask.mask(src, masks, crop=True) #mask処理の実行
    out_meta = src.meta #作成する画像の情報はもともとの画像と同様のものにします

  # メタ情報の更新
  out_meta.update({"driver": "GTiff",
                   "height": out_image.shape[1],
                   "width": out_image.shape[2],
                   "transform": out_transform})

  # 画像の書き出し
  with rio.open(RGB_path, "w", **out_meta) as dest:
    dest.write(out_image)

  # 画像表示のため8bit形式で書き出しを行います
  # scaleを調整することにより画像の見栄えが変化します
  scale = '-scale 0 255 0 25' # 元ファイルのピクセル値のmin，maxから変換後のピクセル値 min，maxとなります
  options_list = ['-ot Byte','-of Gtiff',scale]
```

```
  options_string = " ".join(options_list)

  gdal.Translate(os.path.join(RGB_dir + "/" + 'COGsentinel-2_'+ Id +'.tif'),os.path.join(RGB_dir + "/" +
'COGsentinel-2_'+Id+'_Masked.tif'),options = options_string)

  print("Done")

# 2017年
plt.figure(figsize=(18,9))

RGB_2017_spring = rio.open(RGB_dir+'/COGsentinel-2_S2A_54SVF_20170405_0_L2A.tif')
RGB_2017_summer = rio.open(RGB_dir+'/COGsentinel-2_S2A_54SVF_20170508_0_L2A.tif')
RGB_2017_autumn = rio.open(RGB_dir+'/COGsentinel-2_S2B_54SVF_20171027_0_L2A.tif')
RGB_2017_winter = rio.open(RGB_dir+'/COGsentinel-2_S2B_54SVF_20171226_0_L2A.tif')

ax1 = plt.subplot(1,4,1)
ax1.set_title("RGB_2017_spring")
ax2 = plt.subplot(1,4,2)
ax2.set_title("RGB_2017_summer")
ax3 = plt.subplot(1,4,3)
ax3.set_title("RGB_2017_autumn")
ax4 = plt.subplot(1,4,4)
ax4.set_title("RGB_2017_winter")

show(RGB_2017_spring.read([1,2,3]),ax=ax1)
show(RGB_2017_summer.read([1,2,3]),ax=ax2)
show(RGB_2017_autumn.read([1,2,3]),ax=ax3)
show(RGB_2017_winter.read([1,2,3]),ax=ax4)
```

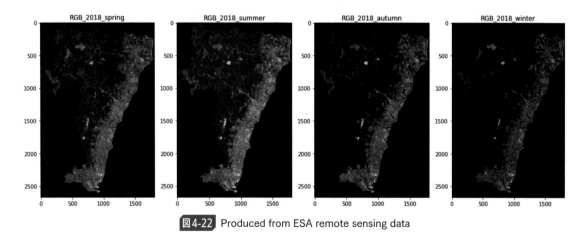

図4-22 Produced from ESA remote sensing data

```
# 2018年
plt.figure(figsize=(18,9))
```

```
RGB_2018_spring = rio.open(RGB_dir+'/COGsentinel-2_S2B_54SVF_20180428_0_L2A.tif')
RGB_2018_summer = rio.open(RGB_dir+'/COGsentinel-2_S2A_54SVF_20180520_0_L2A.tif')
RGB_2018_autumn = rio.open(RGB_dir+'/COGsentinel-2_S2B_54SVF_20181002_0_L2A.tif')
RGB_2018_winter = rio.open(RGB_dir+'/COGsentinel-2_S2A_54SVF_20181219_0_L2A.tif')

ax1 = plt.subplot(1,4,1)
ax1.set_title("RGB_2018_spring")
ax2 = plt.subplot(1,4,2)
ax2.set_title("RGB_2018_summer")
ax3 = plt.subplot(1,4,3)
ax3.set_title("RGB_2018_autumn")
ax4 = plt.subplot(1,4,4)
ax4.set_title("RGB_2018_winter")

show(RGB_2018_spring.read([1,2,3]),ax=ax1)
show(RGB_2018_summer.read([1,2,3]),ax=ax2)
show(RGB_2018_autumn.read([1,2,3]),ax=ax3)
show(RGB_2018_winter.read([1,2,3]),ax=ax4)
```

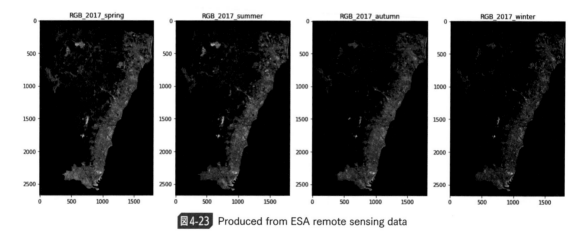

図4-23 Produced from ESA remote sensing data

手動で得られた結果と同様の結果が得られました（図4-23）。

4-2-2 森林の状態変化の可視化

●○ 森林地域のポリゴン取得

　国土地理院の国土数値情報には、土地利用基本計画に基づき指定された森林地域のポリゴン[注4]も含まれています。このサイトから茨城県の森林地域のポリゴン[注5]をダウンロードし（平成27年のデータ）、日立市のポリゴンと同様に座標系をUTM zone 54N（EPSG:32654）に変換しましょう。

注4　https://nlftp.mlit.go.jp/ksj/gml/datalist/KsjTmplt-A13.html

注5　https://nlftp.mlit.go.jp/ksj/gml/data/A13/A13-15/A13-15_08_GML.zip

```python
# 森林マップポリゴンをダウンロードするフォルダの作成
os.makedirs('forestPolygon',exist_ok=True)

# wgetを行う
!wget --restrict-file-names=nocontrol \
    --content-disposition \
    --user-agent="Mozilla/5.0 (Windows NT 10.0; Win64; x64; rv:52.0) Gecko/20100101 Firefox/52.0" \
    "https://nlftp.mlit.go.jp/ksj/gml/data/A13/A13-15/A13-15_08_GML.zip" \
    -P /content/forestPolygon

import zipfile

# ダウンロードしたファイルを展開する
with zipfile.ZipFile('/content/forestPolygon/A13-15_08_GML.zip') as zipf:
  for zinfo in zipf.infolist():          # ZipInfoオブジェクトを取得
    if not zinfo.flag_bits & 0x800:  # flag_bitsプロパティで文字コードを取得
        # 文字コードが(cp437)だった場合はcp932へ変換する
        # strオブジェクトのプロパティencode/decodeでcp932に変換
        # 変換後のファイル名をfilenameプロパティで再度し直す
        zinfo.filename = zinfo.filename.encode('cp437').decode('cp932')
        if os.sep != "/" and os.sep in zinfo.filename:
            zinfo.filename = zinfo.filename.replace(os.sep, "/")

        zipf.extract(zinfo, '/content/forestPolygon')

#森林マップポリゴン

#ダウンロードしたデータを解凍して、ディレクトリを指定
mori_shape_path = "/content/forestPolygon/"

# 森林マップポリゴンの読込(森林域のポリゴンは下2桁が07)
mori_shape = gpd.read_file(os.path.join(mori_shape_path + "a001080020160207.shp"),encoding="shift-jis")

#画像に合わせて投影変換
out_file_mori = os.path.join(mori_shape_path + "re_a001080020160207.shp")
re_mori_shape = mori_shape.to_crs({"init": "epsg:32654"})

#出力
re_mori_shape.to_file(driver="ESRI Shapefile",filename=out_file_mori)
print("done")

#GeoDataFrameを描画
f,ax = plt.subplots(1, figsize=(6,6))
ax = re_mori_shape.plot(axes=ax)
plt.show();
```

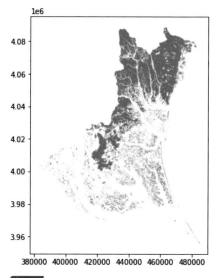

図4-24 茨城県の森林地域（青い部分が森林）

　茨城県の森林地域のポリゴンです（図4-24）。青い部分が森林になります。
　次に日立市内の森林だけを取得します。

```
mergedGdf = gpd.overlay(re_shape,re_mori_shape,how='intersection')
out_Clippedfile = os.path.join(shape_path + "hitachiForest.shp")
mergedGdf.to_file(driver="ESRI Shapefile",filename=out_Clippedfile) #shpの出力
mergedGdf.plot(figsize = (6,6)) #描画
# 面積を求めるために参照系をJGD2011系に変換します
re_mergedGdf = mergedGdf.to_crs('epsg:6691')
re_mergedGdf['area_ha'] = re_mergedGdf.geometry.area/10**4
print(str(np.sum(re_mergedGdf['area_ha']))+' ha')
```

　ポリゴンデータから、日立市内には約14,000ヘクタールの森林があることがわかります。2020年の農林業センサス[注6]とほぼ同じ結果であることがわかります。

■○ NDVIの変化を確かめる

　植生の活性度を見るためには、正規化植生指数（Normalized Difference Vegetation Index：NDVI）という指標をよく利用します。
　日立市におけるNDVIを計算します。Sentinel-2で雲のないデータを取得できた4時期（4月、5月、10月、12月）すべてでNDVIを計算します。

注6　http://www.machimura.maff.go.jp/machi/contents/08/202/details.html

```
bandLists = ['B04','B08']
fileUrls = [item[band].metadata['href'] for band in bandLists for item in selectItems]
# sortUrls = sorted(fileUrls)
# NDVI画像を作成します。やや時間がかかります
for index, Id in enumerate(selIds):
  print("Start make a NDVI image " +'<'+ Id +'>')

  b4 = rio.open(fileUrls[index])
  red = b4.read()
  b8 = rio.open(fileUrls[index+8])
  nir = b8.read()
  print(fileUrls[index])
  print(fileUrls[index+8])
  ndvi = np.where(((red != 0) & (nir != 0)),(nir.astype(float)-red.astype(float))/(nir.astype(float)+red.
astype(float)), 0)

  out_meta = b4.meta
  out_meta.update(driver='GTiff')
  out_meta.update(dtype=rasterio.float32)

  NDVI_path = os.path.join(NDVI_dir,'COGsentinel-2_'+Id+ '_ndvi.tif')

  with rio.open(NDVI_path, 'w', **out_meta) as dst:
    dst.write(ndvi.astype(rasterio.float32))

  print("---masking---")

  # 画像の切り取り処理
  with fiona.open(out_file, "r") as mask:
    masks = [feature["geometry"] for feature in mask] #ベクターデータが持つ図形情報の取得

  with rio.open(NDVI_path) as src:
    out_image, out_transform = rio.mask.mask(src, masks, crop=True) #mask処理の実行
    out_meta = src.meta #作成する画像の情報はもともとの画像と同様のものにします

  # メタ情報の更新
  out_meta.update({"driver": "GTiff",
                   "height": out_image.shape[1],
                   "width": out_image.shape[2],
                   "transform": out_transform})

  # 画像の書き出し
  with rio.open(NDVI_path, "w", **out_meta) as dest:
    dest.write(out_image)

print("Done")
# Copernicus Open Access Hubからデータをダウンロードした場合

# NDVI_dir = '/content/work/NDVI'
```

```
# for file_title in ziplis:
#    print("Start make NDVI " +'<'+ file_title +'>')

#    path_A = str(file_title) + '.SAFE/GRANULE/'
#    f1 = os.listdir(path_A)

#    path_B = str(file_title) + '.SAFE/GRANULE/' + str(f1[0])
#    f2 = os.listdir(path_B)

#    path_C = str(file_title) + '.SAFE/GRANULE/' + str(f1[0]) + '/IMG_DATA/'
#    f3 = os.listdir(path_C)

#    b4 = rio.open(str(file_title) + '.SAFE/GRANULE/' + str(f1[0]) +'/IMG_DATA/' +str(f3[0][0:23] +'B04.jp2'))
#    b8 = rio.open(str(file_title) + '.SAFE/GRANULE/' + str(f1[0]) +'/IMG_DATA/' +str(f3[0][0:23] +'B08.jp2'))

#    red = b4.read()
#    nir = b8.read()

#    ndvi = np.where(((red != 0) & (nir != 0)),(nir.astype(float)-red.astype(float))/(nir.astype(float)+red.astype(float)), 0)

#    out_meta = b4.meta
#    out_meta.update(driver='GTiff')
#    out_meta.update(dtype=rasterio.float32)

#    NDVI_path = os.path.join(NDVI_dir,'sentinel-2_'+str(f3[0][7:15])+ '_ndvi.tif')

#    with rio.open(NDVI_path, 'w', **out_meta) as dst:
#      dst.write(ndvi.astype(rasterio.float32))

#    print("---masking---")

#    with fiona.open(out_file, "r") as mask:
#      masks = [feature["geometry"] for feature in mask]

#    with rio.open(NDVI_path) as src2:
#      out_image_ndvi, out_transform = rasterio.mask.mask(src2, masks, crop=True)
#      out_meta = src2.meta

#    out_meta.update({"driver": "GTiff",
#                     "height": out_image.shape[1],
#                     "width": out_image.shape[2],
#                     "transform": out_transform})

#    with rasterio.open(NDVI_path, "w", **out_meta) as dst2:
#      dst2.write(out_image_ndvi)

#    print("Done")
```

次に画像を表示します。

```
fig,(ax1,ax2,ax3,ax4)=plt.subplots(1,4, figsize=(18,9))
plt.subplots_adjust(wspace=0.4)

NDVI_2018_spring = rio.open(NDVI_dir+'/COGsentinel-2_S2B_54SVF_20180428_0_L2A_ndvi.tif')
NDVI_2018_summer = rio.open(NDVI_dir+'/COGsentinel-2_S2A_54SVF_20180520_0_L2A_ndvi.tif')
NDVI_2018_autumn = rio.open(NDVI_dir+'/COGsentinel-2_S2B_54SVF_20181002_0_L2A_ndvi.tif')
NDVI_2018_winter = rio.open(NDVI_dir+'/COGsentinel-2_S2A_54SVF_20181219_0_L2A_ndvi.tif')

NDVI_2018_spring = NDVI_2018_spring.read(1)
NDVI_2018_summer = NDVI_2018_summer.read(1)
NDVI_2018_autumn = NDVI_2018_autumn.read(1)
NDVI_2018_winter = NDVI_2018_winter.read(1)

ndvi1=ax1.imshow(NDVI_2018_spring, cmap='RdYlGn')
ax1.set_title("NDVI_2018_spring")
ndvi1.set_clim(vmin=-1, vmax=1)
divider = make_axes_locatable(ax1)
ax_cb = divider.new_horizontal(size="5%", pad=0.1)
fig.add_axes(ax_cb)
plt.colorbar(ndvi1, cax=ax_cb)

ndvi2=ax2.imshow(NDVI_2018_summer, cmap='RdYlGn')
ax2.set_title("NDVI_2018_summer")
ndvi2.set_clim(vmin=-1, vmax=1)
divider = make_axes_locatable(ax2)
ax_cb = divider.new_horizontal(size="5%", pad=0.1)
fig.add_axes(ax_cb)
plt.colorbar(ndvi2, cax=ax_cb)

ndvi3=ax3.imshow(NDVI_2018_autumn, cmap='RdYlGn')
ax3.set_title("NDVI_2018_autumn")
ndvi3.set_clim(vmin=-1, vmax=1)
divider = make_axes_locatable(ax3)
ax_cb = divider.new_horizontal(size="5%", pad=0.1)
fig.add_axes(ax_cb)
plt.colorbar(ndvi3, cax=ax_cb)

ndvi4=ax4.imshow(NDVI_2018_winter, cmap='RdYlGn')
ax4.set_title("NDVI_2018_winter")
ndvi4.set_clim(vmin=-1, vmax=1)
divider = make_axes_locatable(ax4)
ax_cb = divider.new_horizontal(size="5%", pad=0.05)
fig.add_axes(ax_cb)
plt.colorbar(ndvi4, cax=ax_cb)
```

　実際に作成したNDVIの画像を表示しました（図4-25）。画像左から順に、4月⇒5月⇒10月⇒12月の
NDVI画像となっています。

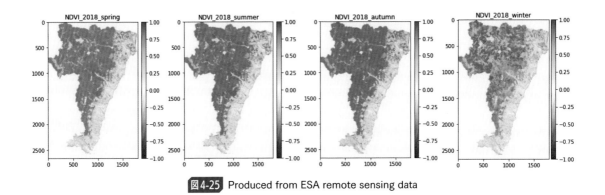

　また、NDVIの値が1に近い（近赤外バンドの反射が強い）ほど植物が繁茂していることを示しており、-1
に近い（赤バンドの反射が強い）ほど植物が繁っていないと推定されます。先ほどのカラー合成画像と見比
べると、植物で覆われている地域のNDVIは高く表れています。

■○ 森林地域のNDVIの計算

　今回は森林を対象としているので、ポリゴンデータを使って不要な領域をマスク処理し、日立市の森林地
域だけのNDVIを計算してみましょう。

```python
# NDVI画像を作成します。やや時間がかかります
for index, Id in enumerate(selIds):
 print("Start make a NDVI image " +'<'+ Id +'>')

 b4 = rio.open(fileUrls[index])
 red = b4.read()
 b8 = rio.open(fileUrls[index+8])
 nir = b8.read()
 print(fileUrls[index])
 print(fileUrls[index+8])
 np.seterr(divide='ignore', invalid='ignore') #0での割り算処理
 ndvi = (nir.astype(float) - red.astype(float)) / (nir + red)
 # ndvi = np.where(((red !=  ) & (nir != 0)),(nir.astype(float)-red.astype(float))/(nir.astype(float)+red.
astype(float)), 0)

 out_meta = b4.meta
 out_meta.update(driver='GTiff')
 out_meta.update(dtype=rasterio.float32)

 NDVI_path = os.path.join(NDVI_dir,'COGsentinel-2_'+Id+'_ndvi_mask.tif')

 with rio.open(NDVI_path, 'w', **out_meta) as dst:
   dst.write(ndvi.astype(rasterio.float32))

 print("---masking---")
```

```python
# 画像の切り取り処理

with fiona.open(out_Clippedfile, "r") as mask_mori:
  masks_mori = [feature["geometry"] for feature in mask_mori]

with rio.open(NDVI_path) as src:
  out_image_ndvi, out_transform = rasterio.mask.mask(src3, masks_mori, crop=True)
  out_meta = src.meta
out_meta.update({"driver": "GTiff","height": out_image_ndvi.shape[1],"width": out_image_ndvi.
shape[2],"transform": out_transform})

NDVI_mask_path = os.path.join(NDVI_mask_dir,'COGsentinel-2_'+Id+'forest_ndvi_mask.tif')

with rasterio.open(NDVI_mask_path, "w", **out_meta) as dest:
  dest.write(out_image_ndvi)
print("done")
## 手動でデータをダウンロードした場合
# NDVI_dir = '/content/work/NDVI'

# for file_title in ziplis:
#   print("Start masking NDVI " +'<'+ file_title +'>')
#   path_A = str(file_title) + '.SAFE/GRANULE/'
#   f1 = os.listdir(path_A)

#   path_B = str(file_title) + '.SAFE/GRANULE/' + str(f1[0])
#   f2 = os.listdir(path_B)

#   path_C = str(file_title) + '.SAFE/GRANULE/' + str(f1[0]) + '/IMG_DATA/'
#   f3 = os.listdir(path_C)

#   NDVI_path = os.path.join(NDVI_dir,'sentinel-2_'+str(f3[0][7:15])+ '_ndvi.tif')

#   with fiona.open(out_file_mori, "r") as mask_mori:
#     masks_mori = [feature["geometry"] for feature in mask_mori]
#   with rio.open(NDVI_path) as src3:
#     out_image_ndvi, out_transform = rasterio.mask.mask(src3, masks_mori, crop=True)
#     out_meta = src3.meta
#   out_meta.update({"driver": "GTiff","height": out_image_ndvi.shape[1],"width": out_image_ndvi.
shape[2],"transform": out_transform})

#   NDVI_mask_path = os.path.join(NDVI_mask_dir,'sentinel-2_'+str(f3[0][7:15])+ '_ndvi_mask.tif')

#   with rasterio.open(NDVI_mask_path, "w", **out_meta) as dest3:
#     dest3.write(out_image_ndvi)
#   print("done")
```

次に画像を表示するコードです。

```
fig,(ax1,ax2,ax3,ax4)=plt.subplots(1,4, figsize=(18,9))
plt.subplots_adjust(wspace=0.4)

NDVI_2018_spring = rio.open(NDVI_mask_dir+'/COGsentinel-2_S2B_54SVF_20180428_0_L2Aforest_ndvi_mask.tif')
NDVI_2018_summer = rio.open(NDVI_mask_dir+'/COGsentinel-2_S2A_54SVF_20180520_0_L2Aforest_ndvi_mask.tif')
NDVI_2018_autumn = rio.open(NDVI_mask_dir+'/COGsentinel-2_S2B_54SVF_20181002_0_L2Aforest_ndvi_mask.tif')
NDVI_2018_winter = rio.open(NDVI_mask_dir+'/COGsentinel-2_S2A_54SVF_20181219_0_L2Aforest_ndvi_mask.tif')

NDVI_2018_spring = NDVI_2018_spring.read(1)
NDVI_2018_summer = NDVI_2018_summer.read(1)
NDVI_2018_autumn = NDVI_2018_autumn.read(1)
NDVI_2018_winter = NDVI_2018_winter.read(1)

ndvi1=ax1.imshow(NDVI_2018_spring, cmap='RdYlGn')
ax1.set_title("NDVI_2018_spring")
ndvi1.set_clim(vmin=-1, vmax=1)
divider = make_axes_locatable(ax1)
ax_cb = divider.new_horizontal(size="5%", pad=0.1)
fig.add_axes(ax_cb)
plt.colorbar(ndvi1, cax=ax_cb)

ndvi2=ax2.imshow(NDVI_2018_summer, cmap='RdYlGn')
ax2.set_title("NDVI_2018_summer")
ndvi2.set_clim(vmin=-1, vmax=1)
divider = make_axes_locatable(ax2)
ax_cb = divider.new_horizontal(size="5%", pad=0.1)
fig.add_axes(ax_cb)
plt.colorbar(ndvi2, cax=ax_cb)

ndvi3=ax3.imshow(NDVI_2018_autumn, cmap='RdYlGn')
ax3.set_title("NDVI_2018_autumn")
ndvi3.set_clim(vmin=-1, vmax=1)
divider = make_axes_locatable(ax3)
ax_cb = divider.new_horizontal(size="5%", pad=0.1)
fig.add_axes(ax_cb)
plt.colorbar(ndvi3, cax=ax_cb)

ndvi4=ax4.imshow(NDVI_2018_winter, cmap='RdYlGn')
ax4.set_title("NDVI_2018_winter")
ndvi4.set_clim(vmin=-1, vmax=1)
divider = make_axes_locatable(ax4)
ax_cb = divider.new_horizontal(size="5%", pad=0.05)
fig.add_axes(ax_cb)
plt.colorbar(ndvi4, cax=ax_cb)
```

　森林地域以外をマスクしたNDVIの画像を表示しました。画像左から順に、4月⇒5月⇒10月⇒12月の
NDVI画像となっています（図4-26）。

マスク処理をすることにより、都市部など森林以外の地域を除外し、関心領域内のコントラストが強調され分析しやすくなりました。

■○ NDVIを使った森林面積の推定

本節ではポリゴンによって抜き出した範囲を森林地域として、範囲内のNDVI変化をみることで、森林面積の変化を分析します。ここでは、森林面積とNDVIに正の相関があると仮定して、2017年5月の統計データ値をもとにNDVIから推定します。

森林地域のNDVI値を集計して平均値、最大値、最小値を算出しましょう。

```python
#NDVI値の集計
NDVI_list = os.listdir(NDVI_mask_dir)

NDVI_files = []
ind = []
col = []
NDVI_max=[]
NDVI_min=[]
value_ave=[]

#for scene in sorted(NDVI_list):
#  if "2018" in scene:
#    NDVI_files.append(scene)

for scene in sorted(NDVI_list):
    NDVI_files.append(scene)

for scene in sorted(NDVI_files):
    print("Start " +'<'+ scene +'>')
    NDVI_image = rio.open(NDVI_mask_dir +"/"+ scene)
    NDVI_image_2 = NDVI_image.read()
    ind.append(str(scene[24:32]))
    col.append('NDVI_' + str(scene[24:32]))
    NDVI_max.append(np.max(NDVI_image_2))
    NDVI_min.append(np.min(NDVI_image_2))
```

```
NDVI_value = NDVI_image_2[np.nonzero(NDVI_image_2)].mean()
print(NDVI_value)
value_ave.append(NDVI_value)
print("done")
```

　計算した結果を用いて、各時期のNDVI平均値を正規化します。NDVIを正規化することにより、NDVIの月変動をより明示できます。この手法は農業分野でよく用いられるものですが、ここでは森林の密度や樹種によるNDVIの違いを平均化することを目的としています。

　時期の中でNDVIの値が最も高い5月のNDVI平均値を全体の最大値、最も数値の低い12月のNDVI値を全体の最小値とします。

```
NDVI_normalized = []

for va in value_ave:
  nor = ((va - NDVI_min[3])/(NDVI_max[1] - NDVI_min[3])) # 正規化
  NDVI_normalized.append(nor)
print("done")
```

　正規化した値の中で、植生が最も活性化する夏季（本節では5月）の正規化NDVI平均値を基準に日立市における森林面積に対し、各季節と夏季の比率を計算することで、季節変化による森林面積の変移を推定します[注7]。また、参照した国土数値情報および農林水産省のデータはいずれも2020年12月時点で最新版のものを使用しています。

```
forest_area = np.sum(re_mergedGdf['area_ha'])

forest = []

for seasonal_data in NDVI_normalized:
  est_fore = forest_area * (seasonal_data/NDVI_normalized[1])
  forest.append(est_fore)

print("done")
forestDf = pd.DataFrame({'date': ind,
              'value': forest})
forestDf.sort_values('date',inplace=True)
fig,ax1 = plt.subplots(1,1,figsize=(20,8))
ax1.plot(forestDf.date,forestDf.value,color="green")
ax1.set_xlabel("date",fontsize=20)
ax1.set_ylabel("Forest area estimated from NDVI [ha]",fontsize=20)
ax1.grid(True)
plt.title("Forest area detection at hitachi city",fontsize=20)
fig.show()
```

注7　https://www.jstage.jst.go.jp/article/prohe1990/49/0/49_0_379/_pdf

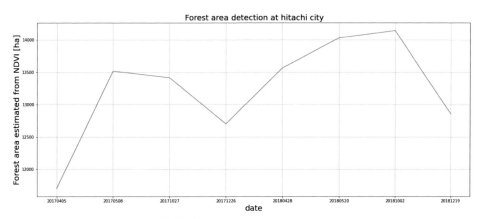

図4-27 時系列による森林面積の増減

　日立市の森林は2017年の5月から12月にかけて減少し、4月から5月に向けて森林面積が増加していると考えられます。その後、2018年の5月から10月にかけて微増し、それ以降は急激に落ち込んでいます。樹木は主に常緑樹と落葉樹の2つに分類できますが、NDVIは葉の活性度と相関性があるため、12月の減少は落葉による影響と推測できます。このことから、日立市の森林は落葉樹が多いと考えて良いでしょう。

　5月の森林面積推定値は2018年の方が数値が高いですが、2017年は5月8日、2018年は5月20日の森林推定値です。仮に、2017年の5月下旬にSentinel-2で観測できていれば、2018年と類似した数値になったのではないかと考えられます。また、天候の違いによって生長の時期に差が生じている可能性もあります。確認のため、2017年と2018年の5月のNDVI画像を比較してみます。

```python
fig,(ax1,ax2)=plt.subplots(1,2, figsize=(18,9))
plt.subplots_adjust(wspace=0.4)


NDVI_2017 = rio.open(NDVI_dir+'/COGsentinel-2_S2A_54SVF_20170508_0_L2A_ndvi.tif')
NDVI_2018 = rio.open(NDVI_dir+'/COGsentinel-2_S2A_54SVF_20180520_0_L2A_ndvi.tif')


NDVI_2017 = NDVI_2017.read(1)
NDVI_2018 = NDVI_2018.read(1)

ndvi1=ax1.imshow(NDVI_2017, cmap='RdYlGn')
ax1.set_title("NDVI_20170508")
ndvi1.set_clim(vmin=-1, vmax=1)
divider = make_axes_locatable(ax1)
ax_cb = divider.new_horizontal(size="5%", pad=0.1)
fig.add_axes(ax_cb)
plt.colorbar(ndvi1, cax=ax_cb)

ndvi2=ax2.imshow(NDVI_2018, cmap='RdYlGn')
ax2.set_title("NDVI_20180520")
```

```
ndvi2.set_clim(vmin=-1, vmax=1)
divider = make_axes_locatable(ax2)
ax_cb = divider.new_horizontal(size="5%", pad=0.1)
fig.add_axes(ax_cb)
plt.colorbar(ndvi2, cax=ax_cb)
```

また、画像の上側中央付近においてNDVIの数値が落ち込んでいる地点が見受けられます（図4-28）。

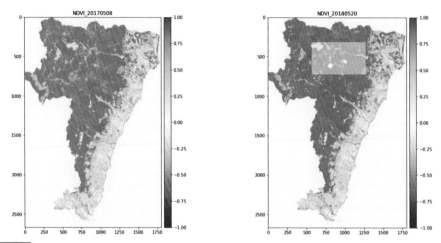

図4-28 右図の白い枠で囲んだ部分に変化が生じています（Produced from ESA rermote sensing data）

二時期のNDVIの差分を取り、切り出してみましょう。また合成画像から同様の範囲を切り出して、NDVIの差分画像と比較してみます。

```
#範囲の指定
minX = 750
minY = 400
deltaX = 300
deltaY = 300

#NDVI差分の作成
NDVI_2017 = rio.open(NDVI_dir+'/COGsentinel-2_S2A_54SVF_20170508_0_L2A_ndvi.tif')
NDVI_2018 = rio.open(NDVI_dir+'/COGsentinel-2_S2A_54SVF_20180520_0_L2A_ndvi.tif')

ndvi_2017 = NDVI_2017.read()
ndvi_2018 = NDVI_2018.read()

ndvi_diff = np.where(((ndvi_2017 != 0) & (ndvi_2018 != 0)),(ndvi_2018.astype(float)-ndvi_2017.
astype(float)), 0)

out_meta = NDVI_2017.meta
```

```
out_meta.update(driver='GTiff')
out_meta.update(dtype=rasterio.float32)

NDVI_diff_path = os.path.join(NDVI_dir,'sentinel-2_ndvi_diff.tif')

with rio.open(NDVI_diff_path, 'w', **out_meta) as dst:
  dst.write(ndvi_diff.astype(rasterio.float32))

path_ndvi_diff = "/content/work/NDVI/sentinel-2_ndvi_diff.tif"

#NDVI差分画像の切り出し
print("Start cliping images " +'<'+ str(path_ndvi_diff) +'>')
maskdata_path = os.path.join(NDVI_dir + "/" + "ndvi_diff_clip.tif")
ds=gdal.Translate(maskdata_path, path_ndvi_diff, srcWin=[minX,minY,deltaX,deltaY])

#RGB画像の指定
path_2017 = "/content/work/RGB_TIF/COGsentinel-2_S2A_54SVF_20170508_0_L2A.tif"
path_2018 = "/content/work/RGB_TIF/COGsentinel-2_S2A_54SVF_20180520_0_L2A.tif"

ln = [path_2017,path_2018]

#切り出し
for n in ln:
  print("Start cliping images " +'<'+ n +'>')
  maskdata_path = os.path.join(RGB_dir + "/" + "clip_" + str(n[46:50]) + ".tif")
  ds=gdal.Translate(maskdata_path, n, srcWin=[minX,minY,deltaX,deltaY])
  ds=None
fig,(ax1,ax2,ax3) = plt.subplots(1,3,figsize=(18,18))

#画像の読み込み
cut_img2017=rio.open("/content/work/RGB_TIF/clip_2017.tif")
cut_img2018=rio.open("/content/work/RGB_TIF/clip_2018.tif")
cut_imgNDVI=rio.open("/content/work/NDVI/ndvi_diff_clip.tif")

ax1 = plt.subplot(1,3,1)
ax1.set_title("2017")
ax2 = plt.subplot(1,3,2)
ax2.set_title("2018")
ax3 = plt.subplot(1,3,3)
ax3.set_title("NDVI difference 2017 and 2018")

show(cut_img2017.read([1,2,3]),ax=ax1)
show(cut_img2018.read([1,2,3]),ax=ax2)

img_n = ax3.imshow(cut_imgNDVI.read(1), cmap=plt.cm.bwr)
img_n.set_clim(vmin=-1, vmax=1)
divider = make_axes_locatable(ax3)
cax = divider.append_axes("right",size="5%", pad=0.3)
cbar = plt.colorbar(img_n, cax=cax,ticks=[-1, 0, 1])
```

1
2
3
4
5
6
A

167

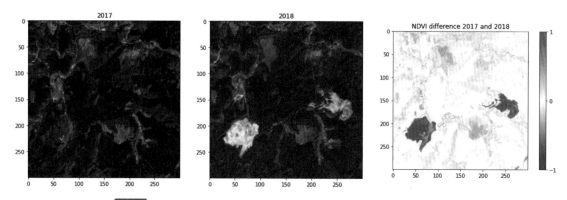

図4-29 変化部分を拡大したもの（Produced from ESA rermote sensing data）

　図4-29は左から、2017年のカラー合成画像、2018年のカラー合成画像、2017年と2018年のNDVIの差分画像となっています。NDVI差分画像の範囲は-1から1をとっており、差分の値が1に近い（赤色が強い）ほど植物が増えていることを示しており、-1に近い（青色が強い）ほど植生が減少していることを示しています。

　差分画像とカラー合成画像を見比べてみると、青色が強調されている地域では、森林と思われる地域が裸地に変化しているようです。赤色が強調されている地域は、もともと裸地であった地域に植物が繁茂しているようです。これは落葉樹の展葉等に伴い、一時的に変化として表れていることが考えられます。そのため、経年変化で比較する際にも、取得する衛星の観測時期を考慮する必要があるといえます。青色が強調されている地域の様子をGoogle Earthで見てみると、2020年3月時点でソーラーパネルによる発電施設が建設されていることがわかりました。

　以上のことから、同じ年の複数時期の衛星データを比較することによって森林の状態変化を、異なる年のデータを比較することで森林の増減を確認できました。NDVIの差分画像を使えば、広い範囲であっても森林の伐採箇所を見つけやすくなります。森林のNDVIは樹種によって季節で変化するため、衛星で森林の変化を監視するためには、適切な時期の衛星データを使うことが重要です。

■● まとめ

　この節では、「Sentinel-2」と「国土数値情報」を使い、森林の時系列変化解析を通して、Pythonを用いた解析でさまざまなライブラリの使い方について学習しました。Sentinel-2の衛星データは無料で入手できるので、ご自身の興味のある場所について、変化の解析をしてみてはいかがでしょうか。

4-3 プランテーション林に開発された道路を抽出

4-3-1 道路を検出するさまざまな方法

本節ではカリマンタン島を対象に、衛星データからNDVIを算出することで道路を検出することに挑戦することで以下を学びます。

- バイラテラルフィルタ適用による画像の平滑化
- Canny法を使ったエッジの検出
- ラプラシアンフィルタによるエッジ強調
- 道路の抽出

近年、人間活動の拡大と自然資源の保護が重大な課題とされています。たとえば、東南アジアではプランテーション農園による大規模栽培の拡大に伴い道路網も整備され、生態系への影響も危惧されています。そこで、この演習では、道路と植物による光の反射の特徴の差から道路を抽出してみます。

衛星はバンドごとのデータを持っており、植物は状態に応じて異なる反射特性を有します。つまり、地表のどの箇所の植生が良いか、悪いかを確認できます。たとえば人工物が作られている部分は、植生の状態が悪いと言えます。そこで、ここでは植生が良い・悪い状態を推定して、人工物である道路を抽出します。

植物の育成の状態を計測する代表的な植生指標として、NDVI（Normalized Difference Vegetation Index：正規化植生指標）という指標があります。これは衛星データの「可視域赤（R）」の値と、「近赤外線域（NIR）」の値から、次の計算式で求められます[注8]。

$$NDVI = \frac{NIR - R}{NIR + R}$$

NDVIの値は−1〜+1の範囲です。今回は、これを0〜255の整数に変換した値を用いて抽出を試みます（8ビットデータに適合するので、図示する場合に便利です）。

$$植生指標データ = (NDVI + 1.0) \times \frac{255}{2}$$

のように変換します。

次の演習では、カリマンタン島の衛星データを取得してNDVIを算出し、その値でグレースケール画像を作成します。そうすることで、色の濃淡で植生の有無を可視化し、植生が特に薄い領域を道路とみなすことで抽出を行います（今回のデータでは、簡単な方法で道路を抽出することを目指しているため、そもそも道路と植生の差が明確になっています。場所に応じて道路抽出の難しさは変わりますので、今回の方法はあく

注8　https://www.gsi.go.jp/kankyochiri/ndvi.html

まで1つの例ととらえてください)。

```
# Colab利用時はランタイムの再起動が必須
!pip install geopandas
!pip install rasterio
!pip install sentinelsat
!pip install cartopy
!pip install fiona
!pip install shapely
!pip install pyproj
!pip install pygeos
!pip install rtree
!pip install sat-search
!pip install intake-stac
#ライブラリのインポート
import os
import numpy as np
import geopandas as gpd
import pandas as pd
import matplotlib
import cartopy, pyproj, rtree, pygeos
import cv2
matplotlib.rcParams['figure.dpi'] = 300 # 解像度
import matplotlib.pyplot as plt
import matplotlib.image as mpimg
import rasterio as rio
import rasterio.mask
import folium
import zipfile
import glob
import shutil
from mpl_toolkits.axes_grid1 import make_axes_locatable
import fiona, shapely
from shapely.geometry import MultiPolygon, Polygon, box
from fiona.crs import from_epsg
from rasterio import plot
from rasterio.plot import show
from rasterio.plot import plotting_extent
from rasterio.mask import mask
from osgeo import gdal

import json
import intake
from satsearch import Search
from io import BytesIO
import urllib
from skimage import io
from IPython.display import display, Image

import warnings
```

```
warnings.filterwarnings('ignore')

print("done")
```

　Sentinel-2のデータを取得します。ここでは2020年9月1日〜2020年9月20日のデータを取得してみます。4件のデータがあるようです。

```
# 対象値周辺の緯度経度をbbox内へ
bbox = [109.945, 1.524, 109.973,1.548] # (min lon, min lat, max lon, max lat)
dates = '2020-09-01/2020-09-20'

URL='https://earth-search.aws.element84.com/v0' #Element84をエンドポイントへ
results = Search.search(url=URL,
                        collections=['sentinel-s2-l2a-cogs'], # sentinel-s2-l1c, sentinel-s2-l2a-cogs,
sentinel-s2-l2aが指定できます
                        datetime=dates,
                        bbox=bbox,
                        sort=['<datetime'])
print('%s items' % results.found()) #検索で取得したデータ数を表示
items = results.items()
# Save this locally for use later
items.save('sentinel-s2-l2a-cogs.json') #結果はJSONへ保存
catalog = intake.open_stac_item_collection(items) #取得結果のカタログ化。画像のダウンロード用に用います
gf = gpd.read_file('/content/sentinel-s2-l2a-cogs.json')
```

　被雲率の昇順での並び替え処理を記述・実行します。

```
# 雲量で並び替え
gfSroted = gf.sort_values('eo:cloud_cover').reset_index(drop=True)
gfSroted.head()
```

　今回は、最も雲量の少ない画像を選び出します。

```
# サムネイル画像のURLを抽出します
thumbUrls = [catalog[id]['thumbnail'].urlpath for id in gfSroted.id]
def getPreview(thumbList, r_num, c_num, figsize_x=12, figsize_y=12):
  """
  サムネイル画像を指定した引数に応じて行列状に表示
  r_num: 行数
  c_num: 列数
  """
  thumbs = thumbList
  f, ax_list = plt.subplots(r_num, c_num, figsize=(figsize_x,figsize_y))
  for row_num, ax_row in enumerate(ax_list):
    for col_num, ax in enumerate(ax_row):
      if len(thumbs) < r_num*c_num:
```

```
      len_shortage = r_num*c_num - len(thumbs) # 行列の不足分を算出
      count = row_num * c_num + col_num
      if count < len(thumbs):
        ax.label_outer() # サブプロットのタイトルと、軸のラベルが被らないようにします
        ax.imshow(io.imread(thumbs[row_num * c_num + col_num]))
        ax.set_title(thumbs[row_num * c_num + col_num][60:79])
      else:
        for i in range(len_shortage):
          blank = np.zeros([100,100,3],dtype=np.uint8)
          blank.fill(255)
          ax.label_outer()
          ax.imshow(blank)
    else:
      ax.label_outer()
      ax.imshow(io.imread(thumbs[row_num * c_num + col_num]))
      ax.set_title(thumbs[row_num * c_num + col_num][60:79])
  return plt.show()
getPreview(thumbUrls,2,2)
```

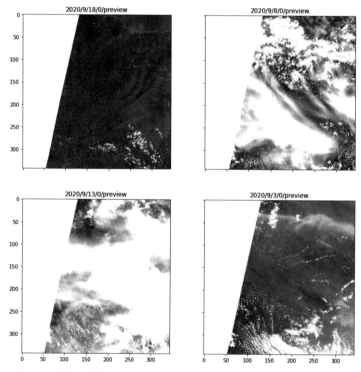

図4-30 4件のデータから画像を作成し、雲のかかり具合を見る（Produced from ESA remote sensing data）

　cloud coverの値どおり、9月18日の画像がもっとも雲量が少ないことがわかります（図4-30）。画像の確認を行うため、トゥルーカラー画像を作成しましょう。

```
# 雲の量が最も少ない画像を取得
item = catalog[gfSroted. id[0]]
list(item)# バンド情報の表示
bandLists = ['B04','B03','B02']

file_url = []
[file_url.append(item[band].metadata['href']) for band in bandLists]

file_url # True画像作成のための青、緑、赤のバンドを選択
```

続いて、画像を切り出すための四角形を用意します。取得した画像のCRSはEPSG:32649となっていますので、そちらに併せます。四角形を作る段階では、理解しやすいため、一般的な参照系を用いて、緯度と経度で切り出すための四角を作ります。

```
# WGS84座標系を指定注9
bbox = box(109.945, 1.524, 109.973,1.548) # min lon, min lat, max lon, max lat
geo = gpd.GeoDataFrame({'geometry': bbox}, index=[0], crs=from_epsg(4326))
geo = geo.to_crs(crs='epsg:32649') # Sentinel-2の画像に合わせます

def getFeatures(gdf):
    """rasterioで読み取れる形のデータに変換するための関数です"""
    return [json.loads(gdf.to_json())['features'][0]['geometry']
```

EPSG 4326からEPSG 32649に変換した座標を確認します。

```
coords = getFeatures(geo)
print(coords)
# 画像の読み込み
b2 = rio.open(file_url[2])
b3 = rio.open(file_url[1])
b4 = rio.open(file_url[0])

# 出力ファイル名
RGB_path = os.path.join(os.getcwd(),'sentinel-2_l2a-cogs.tif') # オリジナル画像

# GeoTIFFの作成
RGB_colar = rio.open(RGB_path,'w',driver='Gtiff', #driverにGtiff(GeoTIFF)
    width=b4.width, height=b4.height, #画像の高さや幅を指定。B04のバンドと同じ大きさにしています
    count=3, #3つのバンドを利用（B02, B03, B04）
    crs=b4.crs, #crsもB04と同様。epsg:32649
    transform=b4.transform, #データに対する変換も同様のもの
    dtype=rio.uint16 #データ型を指定
    )
# 各々のバンド情報をRGB_colorに書き込み
RGB_colar.write(b2.read(1),3) #青
```

注9　参照：https://automating-gis-processes.github.io/CSC18/lessons/L6/clipping-raster.html

```
RGB_colar.write(b3.read(1),2) #緑
RGB_colar.write(b4.read(1),1) #赤
RGB_colar.close()

# 画像の切り取り処理

with rio.open(RGB_path) as src:
  out_image, out_transform = rio.mask.mask(src, coords, crop=True) #  mask処理の実行
  out_meta = src.meta #  作成する画像の情報はもともとの画像と同様のものにします

# メタ情報の更新
out_meta.update({"driver": "GTiff",
                "height": out_image.shape[1],
                "width": out_image.shape[2],
                "transform": out_transform})

# 画像の書き出し
with rio.open(RGB_path, "w", **out_meta) as dest:
  dest.write(out_image)

# 画像表示のため8bit形式で書き出し。
scale = '-scale 0 255 0 25'
options_list = ['-ot Byte','-of Gtiff',scale]
options_string = " ".join(options_list)
# 切り出し画像の作成
gdal.Translate(os.path.join(os.getcwd(),'sentinel-2_l2a-cogs_Masked'+'.tif'),os.path.join(os.
getcwd(),'sentinel-2_l2a-cogs.tif'),options = options_string)

print("done")
plt.figure(figsize=(3,3))
trueClipped = rio.open('/content/sentinel-2_l2a-cogs_Masked.tif')
show(trueClipped.read([1,2,3]))
```

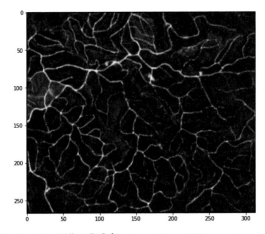

図4-31 トゥルーカラー画像の作成（Produced from ESA remote sensing data）

プランテーション内に網の目に広がる道路が確認できました。続けてNDVIを求めます。赤の波長帯データ（バンド4）と近赤外線のデータ（バンド8）を利用しましょう。

```python
bandLists = ['B04','B08']
file_url = []
[file_url.append(item[band].metadata['href']) for band in bandLists]
file_url # NDVI画像作成のためのB04とB08のtif画像を取得
# 画像の読み込み
b4 = rio.open(file_url[0])
red = b4.read()
b8 = rio.open(file_url[1])
nir = b8.read()
ndvi = np.where(((red != 0) & (nir != 0)),(nir.astype(float)-red.astype(float))/(nir.astype(float)+red.astype(float)), 0) # NDVI算出


out_meta = b4.meta
out_meta.update(driver='GTiff')
out_meta.update(dtype=rasterio.float32)

# 出力ファイル名
NDVI_path = os.path.join(os.getcwd(),'kalimantan_ndvi.tif')

with rio.open(NDVI_path, 'w', **out_meta) as dst:
  dst.write(ndvi.astype(rasterio.float32))

print("---masking---")


# 画像の切り取り処理
with rio.open(NDVI_path) as src:
  out_image, out_transform = rio.mask.mask(src, coords, crop=True) #mask処理の実行
  out_meta = src.meta #作成する画像の情報はもともとの画像と同様のものにします

# メタ情報の更新
out_meta.update({"driver": "GTiff",
                "height": out_image.shape[1],
                "width": out_image.shape[2],
                "transform": out_transform})
# 画像の書き出し
with rio.open(NDVI_path, "w", **out_meta) as dest:
  dest.write(out_image)

print("Done")
```

NDVIのデータを1から255の値に変換して描画します。

```
# 切り抜いた画像を読み込む
ca_image_nvdi = rio.open('/content/kalimantan_ndvi.tif')

# -1から1までの値を1から255へ変換
nvdi_image_data = (((ca_image_nvdi.read(1)) + 1.0) * 255/2).astype(np.uint8)

# グレースケール画像として表示する（明るいところほど植物の植生が良い）
plt.figure(figsize=(8,8))
plt.imshow(nvdi_image_data, cmap="gray")
```

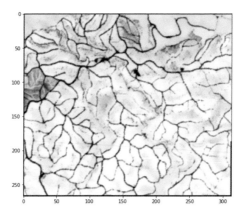

図4-32 グレースケール画像の作成（Produced from ESA remote sensing data）

図4-32の明るい領域が、植生指標の高いところ（植物が育成しているところ）、暗い領域が低いところ（植物の少ないところ）です。黒い直線が東西南北に伸びており、これが分析結果から推定される道路です。

次にフィルタを使って画像のノイズを除去します。今回はエッジを残しつつ平滑化を行うバイラテラルフィルタを使用しています。バイラテラルフィルタの使い方は以下のとおりです。

出力画像＝cv2.bilateralFilter（入力画像，ぼかす領域の大きさ，色空間の標準偏差，距離の標準偏差）

「ぼかす領域、色空間の標準偏差、距離の標準偏差」はそれぞれ値が大きいと平滑化しやすくなる反面ぼけやすくなります。画像に応じて適切な値を微調整すると良いでしょう。ここでは、canny法で道路を抽出する精度を高めるためにノイズを除去します。

```
# バイラテラルフィルタの適用
nvdi_image_data2 = cv2.bilateralFilter(nvdi_image_data, 10, 5, 10)

# フィルタを適用した画像を表示
plt.figure(figsize=(8,8))
plt.imshow(nvdi_image_data2, cmap="gray")
```

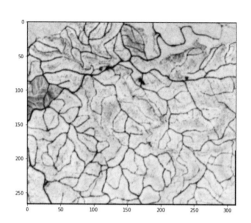

図4-33 バイラテラルフィルタの適用した画像（Produced from ESA remote sensing data）

　それではここから道路の抽出を試みてみます。はじめはCanny法を使ったエッジの検出です。Canny法[注10]とは、エッジ検出の代表的なアルゴリズムの1つです。

```
# Canny法を使ったエッジを検出
nvdi_edged_canny = cv2.Canny(nvdi_image_data2, 50, 100)

# フィルタを適用した結果を表示
plt.figure(figsize=(8,8))
plt.imshow(nvdi_edged_canny, cmap="gray"
```

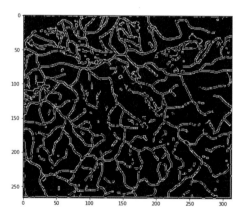

図4-34 Canny法を使ったエッジ検出（Produced from ESA remote sensing data）

　植生の違いからエッジを検出できました。かなり精度良く道路を抽出できています（図4-34）。

注10　Canny法：https://imagingsolution.net/imaging/canny-edge-detector/

　続いてラプラシアンフィルタを試してみます。ラプラシアンフィルタとは二次微分を使ったエッジ強調するフィルタです。線に強く反応するフィルタとして知られています。OpenCVではLaplacian()として実装されています。使い方は以下のとおりです。

```
出力画像＝cv2.Laplacian（入力画像，色深度［，オプション］）
```

　色深度は画素を表現するビット数を指定します。基本的に入力画像の色深度と同じで良いでしょう。今回はグレースケールを入力画像とするため、色深度は8bit（cv2.CV_8U）を指定しています。また、オプションとして出力を強調するscaleに9を指定しています。値を大きくし過ぎると余計な情報を取得し、検出にノイズが生じます。

```python
# ラプラシアンフィルタの適用
nvdi_image_lap = cv2.Laplacian(nvdi_image_data2, cv2.CV_8U, scale=9)

# フィルタを適用した結果を表示
plt.figure(figsize=(8,8))
plt.imshow(nvdi_image_lap, cmap="gray")
```

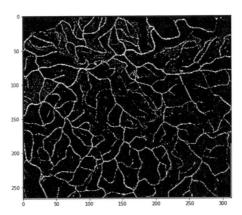

図4-35 色深度による検出（Produced from ESA remote sensing data）

　Canny法と比較すると、より繊細にエッジを検出できています（図4-36）。このままの結果でも道路を検出できていますが、今回はさらにマスクを適用することで結果がどうなるのかについても考慮します。

　道路は植生が乏しい部分と考えられます。よってこの部分をマスクとして抽出し、ラプラシアンフィルタで得られた結果と論理積演算することで、よりはっきり道路を抽出できないかを試しましょう。

　まずはマスクを作成します。植生が乏しい領域、すなわち値が小さい部分をinRange()関数で取得します。

```
# 色の強さが200以下の部分をマスクとして取得
nvdi_image_mask = cv2.inRange(nvdi_image_data2, 0, 200)

# マスクを表示
plt.figure(figsize=(8,8))
plt.imshow(nvdi_image_mask, cmap="gray")
```

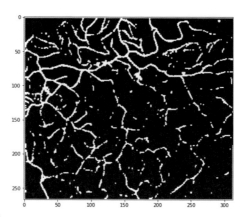

図4-36 マスクで画像作成（Produced from ESA remote sensing data）

ラプラシアンフィルタの結果と論理積演算を行います（図4-37）。

```
# ラプラシアンフィルタの結果とマスクの論理積演算
nvdi_image_lap_masked = cv2.bitwise_and(nvdi_image_lap, nvdi_image_mask)
# 得られた結果を強調
nvdi_image_lap_masked = cv2.inRange(nvdi_image_lap_masked, 30, 255)

# 結果の表示
plt.figure(figsize=(8,8))
plt.imshow(nvdi_image_lap_masked, cmap="gray")
```

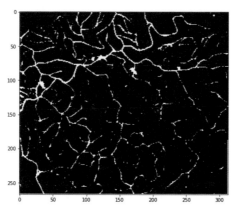

図4-37 ラプラシアンフィルタとマスク（Produced from ESA remote sensing data）

さらにエッジを膨張させます（図4-38）。

```
# エッジを膨張させる
kernel = np.ones((2, 2)) / 8.0
nvdi_image_lap_masked2 = cv2.dilate(nvdi_image_lap_masked, kernel)

# 膨張させたエッジの画像を表示
plt.figure(figsize=(3,3))
plt.imshow(nvdi_image_lap_masked2, cmap="gray")
```

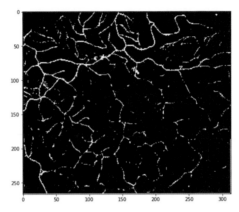

図4-38 エッジを膨張させる（Produced from ESA remote sensing data）

最後にCanny法で得られた結果と重ね合わせて表示してみましょう（図4-39）。

```
nvdi_image_final = np.zeros((ca_image_nvdi.height, ca_image_nvdi.width, 3), dtype=np.uint8)

# Canny法は赤、ラプラシアンフィルタは緑で描画（重なっているところは黄色で表示される）
nvdi_image_final[:, :, 1] = nvdi_edged_canny
nvdi_image_final[:, :, 2] = nvdi_image_lap_masked2

# 重ね合わせた画像を表示する
plt.figure(figsize=(8,8))
plt.imshow(cv2.cvtColor(nvdi_image_final, cv2.COLOR_BGR2RGB))
```

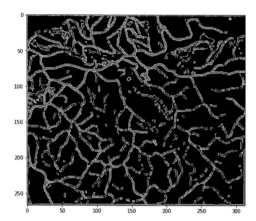

図4-39 Canny法とラプラシアンフィルタを重ね合わせる（Produced from ESA remote sensing data）

　プランテーション農園において縦横無尽に伸びる道路へ色を付けて強調できました。このように OpenCVの画像処理関数やフィルタを組み合わせることで、画像から多くの情報を得ることができます。

4-4　農業分野における衛星データ利用事例

4-4-1　米の収量推定に挑む

　本節では、茨城県を対象として、過去約10年間のMODISデータを解析することで米の収量推定にチャレンジします。学ぶことを次に挙げます。

- pyMODISを用いたMODIS衛星画像処理
- GDAL & NumPyを用いた画像処理
- Rasterstatを用いた画像における統計情報の取得

●　生産性の向上に必要なこと

　適切な農業経営や生産性向上のためには、作物の状況を正しく把握して判断することが重要です。すでに先進的な農家はリモートセンシングの技術を導入しており、圃場単位ならドローン、広範囲に広がる場合は衛星が利用されています。

　また、現在、農林水産省はICT技術などを活用した新たな農林水産統計調査の効率化を目指し、気象データと人工衛星から取得されるデータを用いて水稲収量の予測に取り組んでおり、現地調査にかかる人員の効率化に取り組んでいます。詳細は農林水産省水稲の作柄に関する委員会の配布資料[注11]を参照してくだ

注11　https://www.maff.go.jp/j/study/suito_sakugara/r1_3/attach/pdf/index-2.pdf

さい。

2007年から2017年までのMODISのデータを解析し、茨城県全体を対象として水稲の収量を予測する式を作成し、2018年のデータで検証する方法を学んでいきます。

■○ 準備

Google Colabを利用している場合は、以下のコマンドをセル内で実行してください。

```
# Colab利用時（インストール後はランタイムの再起動）
!pip install pyMODIS
!pip install geopandas
!pip install pandas
!pip install matplotlib
!pip install numpy
!pip install scikit-learn
!pip install xarray
!pip install rioxarray
```

続けてライブラリをインポートしましょう。

```
#ライブラリをインポート
import os
import glob
import numpy as np
import math
import matplotlib
import matplotlib.pyplot as plt
import shutil
import pandas as pd
import geopandas as gpd
import csv
import requests,urllib

matplotlib.rcParams["figure.dpi"] = 300 # 解像度
from pymodis import downmodis
from pymodis.convertmodis_gdal import convertModisGDAL
from osgeo import gdal, gdalconst, gdal_array, osr
from sklearn.linear_model import LinearRegression
from sklearn import linear_model

print("done")
```

■○ 衛星データの取得

本節では、アメリカ航空宇宙局（NASA）が1999年12月から運用するTerra衛星およびAqua衛星に搭載されている光学センサ「MODIS」が取得するデータを使用します。このデータは誰でも無償で利用することができます。

Terra衛星の緒言についてはリモート・センシング技術センターのサイト[注12]等を参照してください。今回は陸域プロダクトの1つであるMODIS Vegetation Index Product より EVIのデータを使用します。

Column

NDVI と EVI

光学衛星による植生の状況把握では、植生が強く反射する近赤外線および植生が吸収する可視域の赤色の波長がよく用いられます。この波長帯の組み合わせによって、植物の状態を表す正規化植生指数 (Normalized Difference Vegetation Index: NDVI) を計算できます。NDVIについては4.2節を参照してください。

NDVIの精度を向上させた植生の指標として、EVI (Enhanced Vegetation Index) も用いられています。EVIは次の式で求めることができます。

$$EVI = \frac{G \times (IR - Red)}{(IR + C1 \times Red) - (C2 \times Blue + L)}$$

ここで、Gはゲイン係数、C1とC2はエアロゾル補正係数、Lは背面効果補正係数を表しており、MODISのEVIプロダクトの場合、次の数値が用いられています。

G = 2.5, C1 = 6, C2 = 7.5, L = 1

EVIは、近赤外線および赤色に加え、青色の波長帯を使うことでNDVIでは指標値が飽和する植生が濃い地域での感度を改善した植生指数です。本節では、水稲の生育開始前と生育のピーク時(8月から9月)における差が明確に表れ、また、大気の影響に強く季節変化をとらえやすいと考えられるEVIを用います。

通常、NDVIやEVIは-1から1までの値を取りますが、本節にて用いるMODISのプロダクトでは、-2000から10000の値域をもつ符号付16bitのデータで提供され、EVIに変換するには画素値に0.0001を乗じます。また、データがないエリアにおいては無効値として-3000があてられています。プロダクトの詳細はこちら[注13]を、EVIについてはこちら[注14]を参照してください。

■○ API経由のデータ取得

APIを使ってMODISのデータをダウンロードするためには、NASAのEARTH DATA[注15]にアクセスして、ユーザー登録をしてください。本章では、2007年から2017年までのMODISのデータを解析して収量を予測するモデルを作成し、2018年のデータで検証してみます。

そこで、NASAのLP DAAC (Land Processes Distributed Active Archive Center) のAPI経由でデータをダウンロードし、対象期間のデータセットを作成します。

```
#解析対象期間の指定とデータ保存用ディレクトリ（フォルダ）の作成

listYears = ["2007","2008","2009","2010","2011","2012","2013","2014","2015","2016","2017","2018"]
```

注12　https://www.restec.or.jp/satellite/terra
注13　https://lpdaac.usgs.gov/products/mod13q1v006/
注14　http://www.naro.affrc.go.jp/archive/niaes/techdoc/inovlec2006/7_sakamoto.pdf
注15　https://urs.earthdata.nasa.gov/

```
if os.path.exists("average_EVI"):
  print("done")
else:
  os.mkdir("average_EVI")
  print("done")
```

本節では、Vegetation Indices 16-Day L3 Global 250m プロダクトを使用します。このプロダクトは、EVI データを 16 日ごとに合成することで雲の影響を減少させたものです。MODIS のデータはほぼ毎日取得されますが、このプロダクトは 16 日ごとに提供されています。また、プロダクト画像はシヌソイダル座標系で区切られ、各地域によってタイル番号が振られています。タイル番号についてはこちら[注16]を参照してください。

pyModis[注17]を利用し、データをダウンロードしてその中身について簡単に説明を行います。

```
# ダウンロードに必要な変数
dest = os.getcwd() # ダウンロードフォルダの指定。今回はテストなので現在のディレクトリにします
tiles = "h29v05" # 日本の一部を覆うタイルを指定
day = "2015-11-30" #todayの引数
enddate = "2015-10-10" # 必ずtoday以前の日付にしてください。downModisでは時間を遡る形で検索をしていきます
product = "MOD13Q1.006"
name = "ユーザ名" # ユーザー名を「""」の中に記入してください
path= "パスワード" # アカウントパスワードを「""」の中に記入してください

# ダウンロード開始
modis_down = downmodis.downModis(destinationFolder=dest, tiles=tiles, today=day, enddate=enddate,
user=name, password=path, product=product)
modis_down.connect()
modis_down.downloadsAllDay()
```

取得したデータは、HDF（Hierarchical Data Format）と呼ばれる階層型データフォーマットになります。ファイルに複数のデータが含まれるため、ファイル内の階層構造からデータ名を指定する必要があります。

```
g = gdal.Open("/content/MOD13Q1.A2015321.h29v05.006.2015343135821.hdf") # hdfの読み込み
subdatasets = g.GetSubDatasets() #データセットの取得
print(len(subdatasets))
# print(subdatasets)
l = []
# l.extend([s[0] for s in subdatasets if "250m 16 days EVI" in s[0].split(":")[-1]]) # SDS名の取得
l.extend([s[0].split(":")[-1] for s in subdatasets])
l
```

注16　https://modis-land.gsfc.nasa.gov/MODLAND_grid.html

注17　http://www.pymodis.org/

　結果を見てわかるように、MOD13Q1は12のサブデータ[注18]（レイヤー）に分かれています。植生の活性度を調べるのであれば、NDVIとEVIのどちらかを取得するということになります。レイヤーを指定して、tiff画像を作成しましょう。

```
hdfName = "/content/MOD13Q1.A2015321.h29v05.006.2015343135821.hdf" # 読み込みフィイル名
prefix = os.path.join(os.getcwd(),hdfName[18:25]) # 接頭辞の指定。ファイルは xxx_レイヤー名となります
subset = [0,1,0,0,0,0,0,0,0,0,0,0] # EVI
convertsingle = convertModisGDAL(hdfname=hdfName, prefix=prefix, subset=subset, res=250, outformat="G-Tiff", epsg=32654)
convertsingle.run()
```

　一般的に水稲収量を予測する際には植生指標の積算値[注19]が用いられますが、本節では簡便のため水稲の植生指数が最も高くなる8月と9月で2時期のEVIを平均化して代表値とします。また、8月と9月それぞれの代表プロダクトは画像を見て適切な組み合わせを選択しました。

　ダウンロードしたデータにはそれぞれ異なるプロダクトがHDF形式で格納されているので、上記プロダクトを抜き出し、UTM zone 54Nの座標系を与え、GeoTIFF形式で保存します。上記の流れを関数として定義し、2007年から2018年までのデータ取得からEVI画像の作成まで行いましょう。

```
class modisEviTiff:
    def __init__(self,dstFolder,outFolder,tileId,sDate,eDate,user,passwd,product,epsg,res=250,outformat='GTiff'):
        """
        dstFolder: EVIファイルのフォルダを指定
        outFolder: 出力ファイルの指定
        tileId: 取得するタイルIDを指定
        stDate: データ取得開始日
        eDate: データ取得終了日
        user: ユーザ名
        passwd: パスワード名
        product: 取得するプロダクト
        epsg: EPSGの指定
        res: 解像度の指定 （MCD13Q1は250m)
        outformat: 出力フォーマット （初期はGeoTIFF)
        """
        self.dstFolder = dstFolder
        self.outFolder = outFolder
        self.tileId = tileId
        self.sDate = sDate
        self.eDate = eDate
        self.user = user
        self.passwd = passwd
        self.product = product
        self.epsg = epsg
```

注18　https://lpdaac.usgs.gov/products/mod13q1v006/
注19　https://www.maff.go.jp/j/study/suito_sakugara/r1_3/attach/pdf/index-2.pdf

```python
    self.res = res
    self.outformat = outformat
    self.src, self.base_array, self.EVI_list = self._makeTiff()
    self.EVI_ave, self.xsize, self.ysize = self._makeMeta()

  def _makeTiff(self):
    modis_down = downmodis.downModis(destinationFolder=self.dstFolder,tiles=self.tileId,today=self.
eDate,enddate=self.sDate,user=self.user,password=self.passwd,product=self.product)
    modis_down.connect() # サーバへの接続
    modis_down.downloadsAllDay() #  該当の日付から全てのデータをダウンロード
    # 使用するデータの選択
    hdf_list = glob.glob(os.path.join(self.dstFolder,'*.hdf'))
    # HDFからTiff画像の作成
    for f in hdf_list:
      prefix = os.path.join(self.dstFolder,f) # prefixの指定
      subset = [0,1,0,0,0,0,0,0,0,0,0,0] # EVI
      convertsingle = convertModisGDAL(hdfname=f, prefix=prefix, subset=subset,res=self.res, outformat=self.
outformat, epsg=self.epsg)
      convertsingle.run() # 実行

    EVI_list = glob.glob(os.path.join(self.dstFolder, '*.tif')) # 作成したtif画像の読み込み

    # 取得画像からモザイク画像を作成するための情報を取得
    src = gdal.Open(EVI_list[1],gdalconst.GA_ReadOnly) # ラスター画像を開く
    img = np.array(src.ReadAsArray()).astype(np.float32) # 配列情報を取得。全データで共通
    pixel=img.shape[0] # 画像の幅
    line=img.shape[1] # 画像の高さ
    # 値を入れるための空の配列を準備します
    base_array = np.zeros((pixel,line))
    return src, base_array, EVI_list

  def _makeMeta(self):
    for EVI in self.EVI_list:
      print("OPEN" + EVI)
      # gdal.Openしたデータはosgeo.gdal.Datasetになります。今回はバンドを絞って取得していますが、しなければ複数
のバンド情報をもったクラスになります
      data = gdal.Open(EVI, gdalconst.GA_ReadOnly)
      imgs = np.array(data.ReadAsArray()).astype(np.float32) # バンドの情報をnumpy.ndarrayにする
      base_array = self.base_array + imgs # 画像情報の挿入

    EVI_ave = base_array/len(self.EVI_list) # 平均値の導出
    # scaledEvi = EVI_ave*0.0001 # スケーリング
    xsize = self.src.RasterXSize # 画像の幅
    ysize = self.src.RasterYSize # 画像の高さ
    return EVI_ave, xsize, ysize

  def createMosaic(self):
    # ダウンロードパスは適宜変更
    dst = os.path.join(self.outFolder, "EVI_average_" + self.sDate[0:4] + ".tif")
    driver = gdal.GetDriverByName('GTiff') # geotiffを作るためのドライバーを設定
```

```
dst_raster = driver.Create(dst, self.xsize, self.ysize, 1, gdal.GDT_Int16) # 画像を作成するための情報を入力

dst_raster.SetProjection(self.src.GetProjection()) # {出力変数}.SetProjection(座標系情報)
dst_raster.SetGeoTransform(self.src.GetGeoTransform()) # {出力変数}.SetGeoTransform(座標に関する6つの数字)

dst_band = dst_raster.GetRasterBand(1)
dst_band.WriteArray(self.EVI_ave)
dst_band.FlushCache() # キャッシュの削除
dst_raster = None
print("done")
```

続けてダウンロードフォルダとデータの取得期間を決定します。

```
[os.makedirs("/content/drive/MyDrive/"+ylist,exist_ok=True) for ylist in listYears] # 画像保存用フォルダ作成
# 2007年～2011年と2015年～2018年のデータから取得します
selYears = ["2007","2008","2009","2010","2011","2015","2016","2017","2018","2019"]
destFolders = []
for element in selYears:
  path = "/content/drive/MyDrive/" # 適宜変更
  destFolders.append(os.path.join(path,element))

startDates = "-09-01 ".join(selYears).split(" ")[0:9]
endDates = "-09-30 ".join(selYears).split(" ")[0:9]
```

　ダウンロードを実行します。modisEviTiffを用いて、クラスのインスタンス化します。この処理によりMODISデータのダウンロード（今回はMOD13Q1）、HDFをGeoTIFF化し、データを指定したフォルダに保存します。続いて、createMosaicメソッドを呼び出し、作成した各年ごとのGeoTIFF画像をまとめて1枚の画像として保存します（このように複数の衛星画像をまとめて、1枚の画像にすることをモザイク化と言います）。

```
os.makedirs("/content/drive/MyDrive/average_EVI", exist_ok=True) # 出力フォルダ
product = "MOD13Q1.006"
name = "smakion" # ユーザー名を「""」の中に記入してください
passwd = "6T;3Dho6+62" # アカウントパスワードを「""」の中に記入してください
outputPath = "/content/drive/MyDrive/average_EVI/" # 出力フォルダ指定
for index, destination in enumerate(destFolders[0:9]):
 sDay = startDates[index]
 eDay = endDates[index]
 modisEvi = modisEviTiff(dstFolder=destination, outFolder=outputPath,
                         tileId=tiles, sDate = sDay, eDate=eDay,
                         user = name, passwd = passwd,
                         product = product, epsg = 32654)
modisEvi.createMosaic()
```

2012年～2014年のデータも取得します。

187

```
# 2012年～2014年のデータも取得します
selYears = ['2012','2013','2014','2015']
destFolders = []
for element in selYears:
 path = "/content/drive/MyDrive/MCD13Q1/"# 適宜変更
 destFolders.append(os.path.join(path,element))

startDates = "-08-25 ".join(selYears).split(" ")[0:3]
endDates = "-09-20 ".join(selYears).split(" ")[0:3]

for index, destination in enumerate(destFolders[0:3]):
 sDay = startDates[index]
 eDay = endDates[index]
 modisEvi = modisEviTiff(dstFolder=destination, outFolder=outputPath,
                         tileId=tiles, sDate = sDay, eDate=eDay,
                         user = name, passwd = passwd,
                         product = product, epsg = 32654)
 modisEvi.createMosaic()
```

例として、2007年の画像を表示させてみます。

```
EVI_image = gdal.Open("/content/drive/MyDrive/average_EVI/EVI_average_2007.tif")

EVI_array = EVI_image.ReadAsArray()

plt.figure(figsize=(20,10))
plt.imshow(EVI_array,vmin=-2000,vmax=10000,cmap="RdYlGn")

plt.title("EVI 2007")
plt.colorbar()
plt.show
```

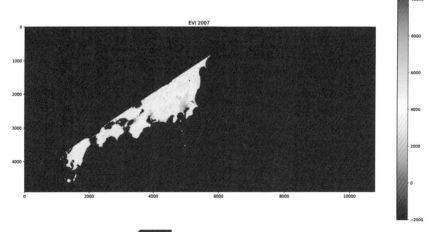

図4-40 2007年の植生イメージ画像

図4-40の画像ではEVIの範囲を-2000から10000で表示しています（画素値はスケールファクター10000を乗じた値）。画像において緑色が強いほど植物の活性が高いことを示しており、赤が強いほど植生が少ないことを示しています。また、水域が赤く染まっていますが、こちらは水域を下限の-2000であることを示しています。画像を見ると、東京都や神奈川県などの都市部においては赤色が強く、植生が少ないことが見て取れます。

4-4-2 水田域におけるEVIの集計

今回の解析では、茨城県を対象に水稲の収量を予測します。茨城県全域のEVIを解析すると、水田以外に畑や森林の植生も入ってしまうので、水田以外をマスク（隠す）したうえで、水田域におけるEVIの平均値を計算します。

■●筆ポリゴンの取得

マスク処理には、農林水産省が提供している農地の区画情報である「筆ポリゴン」を使用します。筆ポリゴンは、都道府県あるいは市町村単位で提供されているベクターデータです。

本来ならば、解析する年ごとに筆ポリゴンを入手する必要がありますが、過去のアーカイブは提供されていません。今回は、過去10年間の農地の変化は全体に比べて微小であると仮定し、提供されている最新版の筆ポリゴンを使って過去のEVIもマスクします。農林水産省Webサイトの筆ポリゴンダウンロードページ[注20]から、茨城県の筆ポリゴンデータをダウンロードしましょう。zip形式で圧縮されたファイルを解凍すると、市町村単位でフォルダにファイルが格納されています。

ダウンロード先のURLが変わったことにより、wgetが失敗することがあります。wgetでエラーが生じた場合は上記のダウンロードページでリンクを確認してください。

```
# 筆ポリゴンをダウンロードするフォルダの作成
os.makedirs("targetPoly",exist_ok=True)

# wgetを行います。UA (User Agentを付けてダウンロードしましょう)
# 数分時間がかかります
!wget --restrict-file-names=nocontrol \
    --content-disposition \
    --user-agent="Mozilla/5.0 (Windows NT 10.0; Win64; x64; rv:52.0) Gecko/20100101 Firefox/52.0" \
    "http://www.machimura.maff.go.jp/polygon/08%E8%8C%A8%E5%9F%8E%E7%9C%8C%EF%B-C%882021%E5%85%AC%E9%96%8B%EF%BC%89.zip" \
    -P /content/fudePoly
```

続けて、ダウンロードしたファイルを解凍しましょう。shutil[注21]を使う方法もありますが、文字化けを

注20　https://www.maff.go.jp/j/tokei/porigon/hudeporidl.html

注21　shutilとはファイルのコピー、ファイル解凍・圧縮、ディレクトリの複製や削除など高水準ファイル操作を行うためのパッケージになります。参考文献（https://www.shibutan-bloomers.com/python_libraly_zip_shutil/1402/、https://qiita.com/tohka383/items/b72970b295cbc4baf5ab）

防ぐためにやや長いコードになっています。

```
import zipfile

with zipfile.ZipFile("/content/targetPoly/08茨城県（2021公開）.zip") as zipf:
  for zinfo in zipf.infolist():           # ZipInfoオブジェクトを取得
    if not zinfo.flag_bits & 0x800:  # flag_bitsプロパティで文字コードを取得
        # 文字コードが（cp437）だった場合はcp932へ変換する
        # strオブジェクトのプロパティencode/decodeでcp932に変換
        # 変換後のファイル名をfilenameプロパティで再度し直す
        zinfo.filename = zinfo.filename.encode("cp437").decode("cp932")
        if os.sep != "/" and os.sep in info.filename:
          info.filename = info.filename.replace(os.sep, "/")

    zipf.extract(zinfo, "/content/targetPoly")
```

■○ 筆ポリゴンの編集

shpファイルをGeoPandasでデータフレームにしましょう。

```
# ファイルは非常に大きいです。データフレーム作成に数分がかかります
from fiona.crs import from_epsg
gdf = gpd.GeoDataFrame(pd.concat([gpd.read_file(path,encoding='Shift_JIS') for path in filepaths],
ignore_index=True))
gdf = gdf.to_crs(crs="epsg:32654") # CRSの変更
```

今回は水田が対象になりますので、「耕地の種類」を「田」にします。

```
gdfEx = gdf[gdf["耕地の種類"] == "田"]
gdfEx.shape # 約55万行あります
gdfEx.head()
# 日本語の変数名をアルファベット表記に変えます
ibarakiDf = gdfEx.rename(columns={"筆ポリゴン":"fudePoly","耕地の種類":"type"}).copy()
# 必要に応じて行う。QGISを用いてラスター化(Rasterize)を行う場合には、一つのシェープファイルからラスター化
を行うのが便利です。

# 作成したGeoDataFrameをshpファイルに変換します。これにより茨城県全ての水田区画をもったshpファイルが完成します
# 大きなファイルですので、完成まで時間がかかります
# os.makedirs("/content/targetPoly/Ibaraki",exist_ok=True)
# ibrakiDf.to_file("/content/targetPoly/Ibaraki/Ibaraki.shp", encoding="utf-8")
```

続いて、ibarakiDfの領域でMODISのEVI画像をトリミングする作業（Crop）を行います。ここでは、xarray[注22]とその拡張であるrioxarray[注23]を用いて作業をします。

注22　http://xarray.pydata.org/en/stable/
注23　https://corteva.github.io/rioxarray/stable/

```
# ライブラリのインポート
from shapely.geometry import mapping
import rioxarray as rxr
import xarray as xr
```

　試しに1枚のTIFF画像から、切り抜き作業を行ってみます。先ほどと同じように全体の画像を表示します（図4-41）。

```
# 画像の読み込み
evi2007 = rxr.open_rasterio("/content/average_EVI/EVI_average_2007.tif", masked=True).squeeze()
f, ax = plt.subplots(figsize=(14, 8))
evi2007.plot.imshow()
ax.set(title="EVI in 2007")

ax.set_axis_off()
plt.show()
```

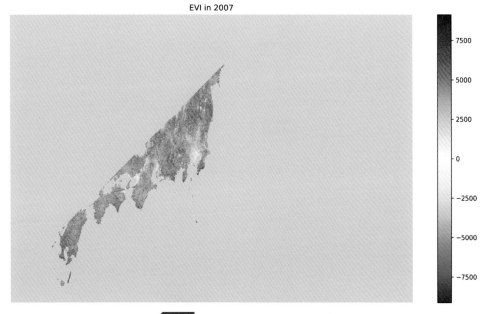

図4-41 MODISのEVI画像をトリミング

　続いて筆ポリゴンを表示しましょう（図4-42）。

```
# ファイルが重いため、環境により時間がかかります
fig, ax = plt.subplots(figsize=(10, 14))

ibarakiDf.plot(ax=ax)
```

```
ax.set_title("Paddy fields in Ibaraki Pref",fontsize=16)
plt.show()
```

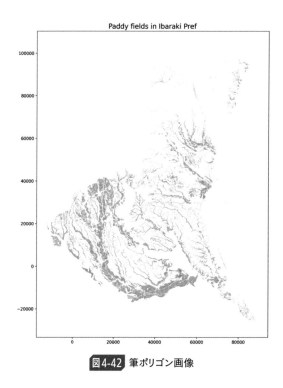

図4-42 筆ポリゴン画像

　茨城県内の田の筆ポリゴンが表示されています（図4-42）。この筆ポリゴンから、先ほどのEVI画像を切り抜きます（図4-43）。

```
# EVIを筆ポリゴンで切り抜き処理を行う
# 同様に描画時間を要します
eviCropped = evi2007.rio.clip(ibarakiDf.geometry.apply(mapping), ibarakiDf.crs)
# 上のようにベクターのCRSを指定しておけば、異なるCRSを持っていた場合、ベクター側のCRSに合わせて切り抜くことができます
# 今回は事前に変更していますので、こちらのオプションはなくても大丈夫です

f, ax = plt.subplots(figsize=(10, 14))
eviCropped.plot(ax=ax)
ax.set(title="EVI layer cropped by GeoDataFrame extent")
ax.set_axis_off()
plt.show()
```

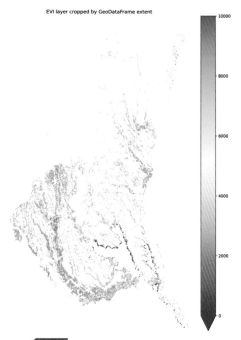

EVI layer cropped by GeoDataFrame extent

図4-43 EVIを筆ポリゴンで切り抜き処理

　衛星画像を対象領域に切り抜くことで、地域内における値の差異がわかりやすくなります。また、対象領域にデータを絞ることにより、データを効率よく扱えるという利点もあります。

```python
# xarrayのデータフレーム化
eviCroppedDf = eviCropped.to_dataframe("evi") # 値の名前をeviにします

# データフレームの確認
eviCroppedDf.head()
```

　-3000は欠損を意味します。統計量の計算から除外するために、NA に変更しましょう。

```python
eviCroppedDf.loc[eviCroppedDf.evi == -3000.0,"evi"] = np.nan
eviCroppedDf.head()
# 画像全体の平均値を取得します
np.nanmean(eviCroppedDf.evi)
```

　一連の流れを再度確認します。

　　①pymodisを利用して、MOD13Q1のEVI画像を取得
　　②茨城県の筆ポリゴンを取得

③筆ポリゴンから水田のみを取得

④筆ポリゴンを利用して、EVI画像の切り抜き（Cropping）

⑤データフレームから平均値の取得

　EVIは2007年から2018年まで取得しています。筆ポリゴンを用いた画像切り抜きの流れは上とまったく同じです。

```python
filenameEVI = sorted(glob.glob("/content/drive/MyDrive/average_EVI/*.tif"))
# EVI画像の読み込み
xds = [rxr.open_rasterio(file,masked=True).squeeze() for file in filenameEVI]
def calcMean(eviXds, cropExt):
  eviMean = []
  for i in range(len(eviXds)):
    xds = eviXds[i]
    # EVIを筆ポリゴンで刈り取る
    xdsCropped = xds.rio.clip(cropExt.geometry.apply(mapping), cropExt.crs)
    # データフレームへ
    xdsCroppedDf = xdsCropped.to_dataframe("evi")
    # -3000.0を欠損値へ
    xdsCroppedDf.loc[xdsCroppedDf.evi == -3000.0,"evi"] = np.nan
    # 画像全体の平均値を取得します。
    eviMean.append(np.nanmean(xdsCroppedDf.evi))

  return eviMean
# 平均値の取得（＊計算にかなり時間がかかります。5分〜10分程度）
avgEVI = calcMean(xds,ibarakiDf)
# 結果の表示
avgEVI
year = [str(x) for x in range(2007,2019,1)]
eviDf = pd.DataFrame({"year":year,"evi":avgEVI})
eviDf
```

　これで、2007年から2018年までのEVIが取得できました。

```python
# eviDf.to_csv("/content/drive/MyDrive/evi.csv",index=False)
# eviDf = pd.read_csv("/content/drive/MyDrive/evi.csv")
```

　結果を描画します（図4-44）。

```python
eviDf.plot(title="EVI 2007 to 2018",color="g",grid=True,label="EVI",xlabel = "Year",ylabel = "EVI",figsize=(12,6))
plt.legend()
plt.show()
```

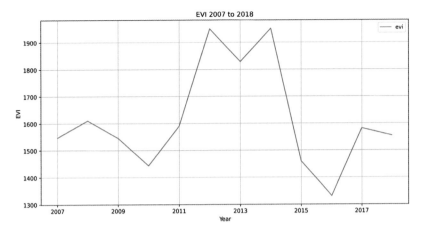

図4-44 データフレームから平均値の取得

補足として、QGISを利用する方法も最後に記述してあります。QGISのGUIを利用して上の作業を行いたい場合には参考にしてください。

4-4-3 日射量とEVIの比較

EVIから収量を予測する前に、気象と水田のEVIの関係を分析しましょう。日本の水田は灌漑が整備されているので、降水量は作物の生育にあまり影響を及ぼしません。そこで、日射量とEVIを比較してみることにします。

■○ AMeDASデータの取得

日本の気象データは、気象庁の地域気象観測システム「AMeDAS（Automated Meteorological Data Acquisition System）」が取得しています。詳細については気象庁のサイト[注24]を参照してください。日射量は日照時間として6分単位で観測されています。気象庁の過去の気象データ・ダウンロードページ[注25]で（図4-45）、茨城県の2007年から2018年までの日照時間のデータをCSV形式でダウンロードします。チェックを入れている観測局のデータだけを取得しています。

注24　https://www.jma.go.jp/jma/kishou/know/amedas/kaisetsu.html
注25　https://www.data.jma.go.jp/gmd/risk/obsdl/

図4-45 AMeDAS紹介ページ

　AMeDASは観測地点によって観測している対象が異なるため、日照時間を記録している地点だけを選択してください。また、今回は8月と9月のEVIデータを取得し、気象データは1ヵ月さかのぼって7月から9月までの日照時間を取得（出穂から登熟までの期間を含めた）、その平均値を求め、その年の日射量の代表値とします。

Column

AMeDASデータの品質

　ダウンロードしたCSVファイルには、過去の観測値に加え、選択されたオプションの組み合わせによってデータの品質情報、現象なし情報、均質番号などの値が付与されます。

- 品質情報：データが正常かどうか、欠損がないかなどを分類した値（8: 正常値、5: 準正常値、4: 資料不足値、2: 疑問値、1: 欠測、0: 観測・統計項目でない）
- 現象なし情報：観測点に常駐している観測員が現象の有無を記録した情報（1: 現象なし、0: 現象あり）
- 均質番号：データの均質性を表したもの（観測点ごとに、観測時期の古いものから、1から順番に付与される）

　本節では、品質情報における正常値だけを使用して解析を行っています。また、茨城県以外の場所で試す場合は、AMeDAS観測地点と筆ポリゴン（田）の分布が空間的に偏りがないようにデータを選択してください。AMeDASデータの詳細についてはこちらのページ[注26]を参照してください。

●○ 欠損値があるデータの削除

　取得したデータAMeDASデータには欠損値が含まれる場合があるので、CSVファイルを調べ、欠損値がある場合にはそのデータを削除します。

注26　https://www.data.jma.go.jp/gmd/risk/obsdl/top/help3.html

```python
#csvデータの読み込み
#csv_pathは適宜ダウンロードしたcsvファイルが保存されいているディレクトリに変更してください。

csv_path = "/content/drive/MyDrive/data.csv"
#csv_path = "/content/drive/data.csv"
df_ame = pd.read_csv(csv_path,skiprows = 2,encoding = "shift-jis")
df_ame.head()
# 取得したcsvから観測地点の名前を取り出します
import re
re_kanji = re.compile(r".+[\u4E00-\u9FD0]$")

colnameList = []
for colname in df_ame.columns:
  if re_kanji.match(colname) != None:
    colnameList.append(colname)
# columnList = [re_kanji.match(i) for i in df_ame.columns]

# 結果の表示
colnameList
# 必要なデータは二行目以降
df_ame = df_ame[2:].reset_index(drop=True)
# 日付データへの変更
df_ame["Unnamed: 0"] = pd.to_datetime(df_ame["Unnamed: 0"])
# 年データの追加
df_ame["year"] = df_ame["Unnamed: 0"].dt.year

df_ame.head() # 確認
# 必要な列の取得
df_station = df_ame.loc[:,colnameList].copy()

# または以下の方法でもできます
# 必要な列は、日照時間のみ
# 必要な列は3列ごとに現れる
# selColNum = [x for x in range(1,44,3)]
df_station.head()
# データ結合
df_sunshine = pd.concat([df_ame.iloc[:,[0,-1]],df_station],axis=1).rename(columns={"Unnamed: 0":"date"})
# 日付をindexへ
df_sunshine = df_sunshine.set_index("date")
# objectになっているので、numericへ
df_sunshine = df_sunshine.apply(pd.to_numeric)
df_sunshine.head()
# 年平均を取得します
yearlySunshine = df_sunshine.groupby("year").mean().mean(axis=1)
# 描画を行います
yearlySunshine.plot(title="Sunshine from 2007 to 2018",color="orange",grid=True,label="Sunshine (hour)",x-label = "Date",ylabel = "Sunshine (hour)",figsize=(12,6))
plt.legend()
plt.show()
```

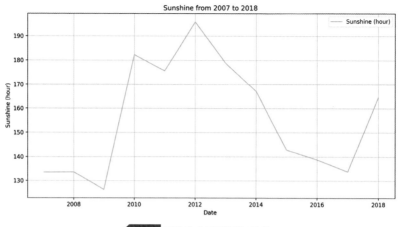

図4-46 平均的な日照時間の変化

図4-46は、先ほどのEVI（図4-44）と似た傾向を示しています。

■◯ 日射量とEVIの可視化

日射量の代表値とEVIの関係をグラフで表してみましょう。

```
eviDf = eviDf.set_index("year")
eviDf["meanSunshine"] = yearlySunshine.values
#ax1をAMeDASの日射量、ax2をEVIとして描画
fig, ax1 = plt.subplots(1,1,figsize=(10,8))
ax2 = ax1.twinx()
ax1.bar(eviDf.index,eviDf["meanSunshine"],color="orange",label="Sunshine")
ax2.plot(eviDf["evi"],linestyle="solid",color="g",marker="^",label="EVI")
ax1.set_ylim(100,250)
ax1.set_ylabel("AMeDAS")
ax1.set_xlabel("year")
ax2.set_ylim(1000,2000)
ax2.set_ylabel("EVI")
handler1, label1 = ax1.get_legend_handles_labels()
handler2, label2 = ax2.get_legend_handles_labels()
ax1.legend(handler1+handler2,label1+label2,borderaxespad=0)
ax1.grid(True)
fig.show()
```

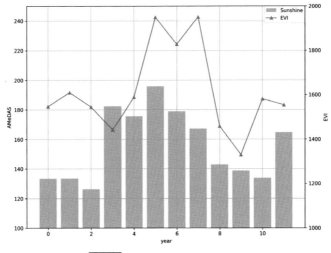

図4-47 日射量の代表値とEVIの関係

このグラフ（図4-47）から、日射量とEVIとの間に正の相関関係があることが示唆されます。日照時間が長ければ長いほど、水稲が順調に生育していると考えられます。

4-4-4 水稲収量の予測

ここまで、MODISデータから2007年から2018年の茨城県の水田のEVI平均値を作成し、日射量による影響を見てみました。次に、2007年から2017年における水稲収量の実測値とEVI平均値を用いて単回帰分析を行います。また、予測式の検証として2018年のEVI平均値を作成した予測式に当てはめ、同年の収量を予測し、推定値と実測値で比較してみましょう。

■○ 収量の実測値の取得

米の収量の実測値は、総務省統計局が運営するポータルサイト（e-Stat）から入手できます。このサイトは各府省が公表する統計データを管理、提供しており、APIでデータを入手することもできます。米の収量は、kg/10aの単位で提供されています。1a（アール）は100平方メートル（10m×10m）です。APIを利用するために、まずe-Statのユーザー登録のページ[注27]で登録してください。今回は、作物統計調査の水稲のデータセット[注28]から、茨城県を対象に2007年から2018年の収量情報を取得します。また、2007年から2010年における県全体の収量がデータベース上で提供されていないことから、各市町村における収量を集計し、全体で平均値化することでその年の県全体の収量としました。

注27　https://www.e-stat.go.jp/mypage/user/preregister/
注28　https://www.e-stat.go.jp/　政府統計の総合窓口から［統計データを探す］→［データベース］→データセット「作物統計調査　水稲　茨城県」で検索

```
def get_json(base_url,params):
    params_str = urllib.parse.urlencode(params)
    url = base_url + params_str
    json = requests.get(url).json()
    return json

#APIを登録した際に発行されるURL
appID = "ここに発行されたID"
base_url = "http://api.e-stat.go.jp/rest/3.0/app/json/getStatsData?"
params = {"appId":appID,"lang":"J","statsDataId":"0003293480","metaGetFlg":"Y","cntGetFlg":"N","section-
HeaderFlg":"1"}

json = get_json(base_url, params)
```

　JSONから必要なエリアのみのデータを取得します。各都道府県および市町村にIDが降られているので、e-Statのデータベースよりリスト化します。こちら[注29]から市町村区コードを探すことができます。検索結果はcsvファイル形式とhtmlファイル形式でダウンロードができます。csv形式のファイルであれば、コードの先頭から0が抜けていますので、追加することを忘れないようにしましょう。今回は該当のページの表データから標準地域コードを抜き出します。

```
# スクレイピングのためのライブラリインポート
import requests
from bs4 import BeautifulSoup
import pandas as pd

# URLの指定
urls = ["https://www.e-stat.go.jp/municipalities/cities/areacode?date_year=2021&date_month=10&date_
day=4&pf%5B8%5D=8&ht=&city_nm=&city_kd%5B4%5D=4&city_kd%5B5%5D=5&city_kd%5B6%5D=6&city_kd%5B7%5D=7&op=-
search&keyword_kd=code&item%5B0%5D=htCode&item%5B1%5D=todoNm&item%5B2%5D=parentCityNm&item%5B3%5D=parentC-
ityKana&item%5B4%5D=selfCityNm&item%5B5%5D=selfCityKana&item%5B6%5D=htCodeSDate&item%5B7%5D=ji-
yuId&sort%5B0%5D=htCode-asc&choices_to_show%5B0%5D=cityType&choices_to_show%5B1%5D=kasoFlg&choices_to_
show%5B2%5D=htCodeKokujiDate&choices_to_show%5B3%5D=htCodeKokujiNo&choices_to_show%5B4%5D=htCodeED-
ate&choices_to_sort%5B0%5D=kasoFlg&choices_to_sort%5B1%5D=htCodeSDate&choices_to_sort%5B2%5D=htCodeED-
ate&choices_to_sort%5B3%5D=htCodeKokujiDate&choices_to_sort%5B4%5D=htCodeKokujiNo&choices_to_sort_val-
ue%5B0%5D=htCode-desc&choices_to_sort_value%5B1%5D=kasoFlg-asc&choices_to_sort_value%5B2%5D=kasoFlg-de-
sc&choices_to_sort_value%5B3%5D=htCodeSDate-asc&choices_to_sort_value%5B4%5D=htCodeSDate-desc&choices_to_
sort_value%5B5%5D=htCodeEDate-asc&choices_to_sort_value%5B6%5D=htCodeEDate-desc&choices_to_sort_val-
ue%5B7%5D=htCodeKokujiDate-asc&choices_to_sort_value%5B8%5D=htCodeKokujiDate-desc&choices_to_sort_val-
ue%5B9%5D=htCodeKokujiNo-asc&choices_to_sort_value%5B10%5D=htCodeKokujiNo-desc&form_id=city_areacode_
form&source=setup&page={}".format(i) for i in range(1,4)]

def getTable(url):
    with requests.Session() as req:
        r = req.get(url)
```

注29　https://www.e-stat.go.jp/municipalities/cities

```
    soup = BeautifulSoup(r.content, "html.parser")
    r = req.post(url)
    df1 = pd.read_html(r.content, attrs={
                "class": "stat-inspect-table js-inspect-table stat-areacode-list-table __fix"},
converters = {"標準地域コード": str})[0]
    df2 = pd.read_html(r.content, attrs={
                "class": "stat-inspect-table js-inspect-table stat-areacode-list-table"}, parse_
dates=["廃置分合等施行年月日"])[0]
    res = pd.concat([df1,df2],axis=1)
    filename = "blockCode" + url.split("page=")[1] + ".csv"
    print(filename)
    res.to_csv(filename, index=False)
    return res
```

定義した関数を実行し、取得したテーブルデータを csv にして保存します。

```
[getTable(url) for url in urls]
path = r"/content/" # use your path
all_files = glob.glob(path + "/block*.csv")
rows = []

for filename in all_files:
        df = pd.read_csv(filename, index_col=None, header=0)
        rows.append(df)

ibarakiID = pd.concat(rows, axis=0, ignore_index=True)
ibarakiID.head()
```

標準地域コードを利用して該当のデータを取得しましょう。

```
# 茨城県の市町村IDを取得
ID_list =ibarakiID["標準地域コード"].astype("str").to_list()
ID_list = ["0"+ id for id in ID_list] # 0追加
# # または自分で調べて打つこともできます（上記サイトから）
# # 茨城県の市町村IDをリスト化
# ID_list = ["08201","08202","08203","08204","08205","08207",
#             "08208","08210","08211","08212","08214","08215",
#             "08216","08217","08219","08220","08221","08222",
#             "08223","08224","08225","08226","08227","08228",
#             "08229","08230","08231","08232","08233","08234",
#             "08235","08236","08302","08309","08310","08341",
#             "08364","08442","08443","08447","08521","08542","08546","08564"]
#データ取得
df_yield_base = pd.DataFrame()

for ID in ID_list:
  # valuesを探す
  all_values = pd.DataFrame(json["GET_STATS_DATA"]["STATISTICAL_DATA"]["DATA_INF"]["VALUE"])
  # @cat01が110は収量(kg/10a) @areaはリストにあるIDで指定し、茨城県の市町村ごとのデータをループ処理で取得する。
```

201

```
    values = all_values[(all_values["@cat01"] == "110") & (all_values["@area"] == ID)]
    # 取得した時間の末尾に000000がつくので削除
    values = values.replace("0{6}$", "", regex=True)
    values = values.rename(columns = {"@time": "年", "$": "10aあたりの収量","@unit": "単位"})
    values = values.astype({"10aあたりの収量":"int32"})
    df_yield_base = df_yield_base.append(values)
```

各市町村の収量を集計し、平均値をその年における茨城県の収量とします。

```
year =[str(x) for x in range(2007,2019,1)]

df_yield = pd.DataFrame(columns=["年","収量合計[kg/10a]"])

#茨城県内の収量の平均値を算出
for y in year:
    ind = df_yield_base[df_yield_base["年"] == y]
    yield_ave = (ind["10aあたりの収量"].mean())
    df_yield_sub = pd.Series([y,yield_ave], index=df_yield.columns)
    df_yield = df_yield.append(df_yield_sub, ignore_index=True)

#単位を変換した年ごとの収量合計表を表示
df_yield = df_yield.set_index("年")

df_yield
eviDf = eviDf.reset_index()
df_yield = df_yield.reset_index()
dfYield = df_yield.rename(columns={"収量合計[kg/10a]":"totalYield"}).copy()
# データセットの結合
analysisDf = eviDf.merge(dfYield,how="left", left_on="year",right_on="年")
analysisDf = analysisDf.drop("年",axis=1)
analysisDf
#ax1を米の収穫量、ax2をEVIとして描画
fig, ax1 = plt.subplots(1,1,figsize=(12,8))
ax2 = ax1.twinx()
ax1.bar(analysisDf["year"],analysisDf["totalYield"],color="gold",label="Yield")
ax2.plot(analysisDf["evi"],linestyle="solid",color="g",marker="^",label="EVI")
ax1.set_ylim(500,600)
ax1.set_ylabel("Rice yields")
ax1.set_xlabel("Year")
ax2.set_ylim(2500,4000)
ax2.set_ylabel("EVI")
handler1, label1 = ax1.get_legend_handles_labels()
handler2, label2 = ax2.get_legend_handles_labels()
ax1.legend(handler1+handler2,label1+label2,borderaxespad=0)
ax1.grid(True)
fig.show()
```

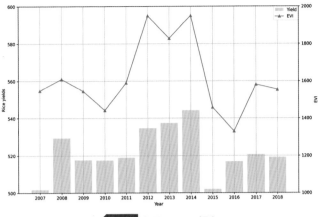

図4-48 収量とEVIの傾向

このグラフ（図4-48）を見ると、収量とEVIの傾向は概ね同じであることがわかります。ただし、2007年や2008年のように傾向が一致しない年もあり、注意が必要です。2008年は、8月中下旬が日照不足で登熟が抑制されたようですが、その後の天候回復で収量が回復したようです（水稲の作柄に関する委員会の資料参照[注30]）。

EVIと収量の単回帰分析

これまでに取得したEVIの値と収量の実測値を使って、単回帰分析を行います。はじめに、EVIと収量との関係性を評価するために相関係数を算出します。

```
x = analysisDf["evi"]
y = analysisDf["totalYield"]

mod = LinearRegression()
df_x = pd.DataFrame(x)
df_y = pd.DataFrame(y)

#決定係数（R^2）を評価
mod_lin = mod.fit(df_x, df_y)
y_lin_fit = mod_lin.predict(df_x)
r2_lin = mod.score(df_x, df_y)

print("R = " + str(round(math.sqrt(r2_lin), 2)))
```

計算した結果、r（相関係数）＝0.75となりました。相関係数は一般的に0.4から0.7の間であれば正の相関が認められることから、EVIと収量の間に相関関係が確認できました。EVIと収量の間に相関関係が確認できたので、収量を目的変数、EVIを説明変数として単回帰分析で収量予測式を作成します（図4-49）。

注30　https://www.maff.go.jp/j/study/suito_sakugara/05/pdf/data3.pdf

```
# 予測モデルを作成

clf = linear_model.LinearRegression()

x2 = analysisDf.evi.values.reshape(-1,1)
y2 = analysisDf.totalYield.values.reshape(-1,1)

clf.fit(x2, y2)
a = clf.coef_[0][0]
b = clf.intercept_[0]
c = clf.score(x2,y2)
plt.figure(figsize=(8, 8), dpi=80)
plt.scatter(x2, y2 ,c="#00FFFF", edgecolors="#37BAF2")

# 回帰直線の表示

plt.title("Linear regression")
plt.plot(x2, clf.predict(x2))
plt.xlabel("EVI")
plt.ylabel("Yield")
plt.grid()
plt.show()
# 各パラメータの表示
print("回帰係数= ", np.round(clf.coef_[0][0],2))
print("切片= ", np.round(clf.intercept_[0],2))
print("決定係数= ", np.round(clf.score(x2, y2),2))
print("収量予測式= ", "y= " + str(np.round(a,2)) + "x + " + str(np.round(b,2)))
```

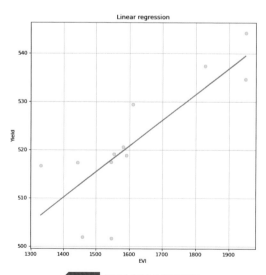

図4-49 EVIと収量の相関関係

　決定係数は65%となっています。もともとデータ数が少ない中での解析結果であり、その妥当性は疑わ

しいものがありますが、ここでは解析の流れをつかむために補足として加えています。

■○ 収量の予測と検証

作成した収量予測式を用いて2018年における収量を推定します。

```
#2018年の結果を予測

#集計した値のリスト
list_2018 = [analysisDf.evi[11] ,analysisDf.totalYield[11]]

yield_est = (a * list_2018[0]) + b

print("2018年の収量予測値[kg/10a] : ",np.round(yield_est,2))
print("2018年の収量実測値[kg/10a] : ",np.round(list_2018[1],2))

#差分計算

yield_diff = yield_est - list_2018[1]

print("誤差[kg/10a] : ",np.round(yield_diff,2))
```

本節ではEVIだけを使った簡単な単回帰分析で予測式を作りましたが、実際には他の変数や作物ごとの収量予測モデルが使われています。今回の方法を発展させ、複数の変数を組み合わせた重回帰分析による予測にも挑戦してみてください。

4-5 浜辺の侵食の様子を確認する

4-5-1 海岸線抽出のための前処理作業

海と陸との境界線である海岸線は、少しずつ時間をかけて変化しています。理由は複雑です。気候変動や私たち人間による開発、そのほかさまざまな要因が、潮の流れや土砂の滞留に作用して、海岸線を変化させています。海岸線の変化は、漁業や観光業などに影響を与えます。たとえば近年、千葉県の九十九里浜では、浜辺の侵食が問題[注31]となっています。衛星データを使うと海岸線を高い精度で得られます。異なる時期の海岸線の変化を継続的に確認することで、侵食などの可視化が可能となります。これは海岸線の変化の予測や、侵食を防止するための効果的な施策に役立ちます。

本節では、異なる時期の2つの九十九里浜の衛星データを取得し、海岸線を比較します。手順は次のとおりです。

注31　https://www.pref.chiba.lg.jp/kasei/kaigan/kujukurihama-sinsyokutaisaku-keikaku.html

- 衛星データを取得する
- 衛星データをプログラムに取り込む
- クラスタリングで陸と水域を分類する
- 海岸線を取得する
- 結果を確認する

　今回の海岸線の抽出は教師なし学習であるk-means++を用いています。陸域や水域では、たとえば近赤外（NIR）は水域で吸収され、陸域に比べて顕著に低い反射率を持つなど、それぞれ異なった反射特性を持っています。衛星のセンサはその違いをとらえていますので、その違いを利用して対象を分類します（図4-50）。
　まずは、ライブラリのインストールをします。Google Colab利用時はランタイムの再起動が必須です。

```python
# ライブラリのインストール
# Colab利用時はランタイムの再起動が必須
!pip install geopandas
!pip install rasterio
!pip install sentinelsat
!pip install cartopy
!pip install fiona
!pip install shapely
!pip install pyproj
!pip install pygeos
!pip install rtree
!pip install sat-search
!pip install intake-stac
#必要ライブラリのインポート
import os
import numpy as np
import geopandas as gpd
import pandas as pd
import cartopy, pyproj, rtree, pygeos
import cv2

import rasterio as rio
matplotlib.rcParams['figure.dpi'] = 250 # 解像度
import matplotlib.pyplot as plt
import matplotlib.image as mpimg

import folium
import zipfile
import glob
import shutil

from mpl_toolkits.axes_grid1 import make_axes_locatable
import fiona, shapely
from shapely.geometry import MultiPolygon, Polygon, box
from fiona.crs import from_epsg
```

```
import rasterio as rio
from rasterio import plot
from rasterio.plot import show
from rasterio.plot import plotting_extent
from rasterio.mask import mask
from osgeo import gdal

import json
import intake
from satsearch import Search
from io import BytesIO
import urllib
from skimage import io

import warnings
warnings.filterwarnings('ignore')

print("done")
```

読み込み範囲を指定します。

```
# WGS84座標系を指定
bbox = [140.3839874267578, 35.32184842037683, 140.7300567626953,35.706377408871774] # min lon, min lat,
max lon, max lat
```

　この演習では、2019年2月中旬と2021年1月中旬の海岸線を比較します。はじめに、2019年2月10日〜2019年2月21日の衛星データを取得します。

```
dates = '2019-02-10/2019-02-21'

URL='https://earth-search.aws.element84.com/v0' #Element84をエンドポイントへ
results = Search.search(url=URL,
                        collections=['sentinel-s2-l2a-cogs'], # sentinel-s2-l1c, sentinel-s2-l2a-cogs,
sentinel-s2-l2aが指定できます
                        datetime=dates,
                        bbox=bbox,
                        sort=['<datetime'])
print('%s items' % results.found()) #検索で取得したデータ数を表示
items = results.items()
# Save this locally for use later
items.save('sentinel-s2-l2a-cogs2019.json') #結果はJSONへ保存
catalog = intake.open_stac_item_collection(items) #取得結果のカタログ化。画像のダウンロード用に用います
# list(catalog)
# print(items.summary(['date', 'id', 'eo:cloud_cover'])) 取得した結果について雲の量を簡単に確認する場合の
コード
gf = gpd.read_file('/content/sentinel-s2-l2a-cogs2019.json')
```

207

```
# 雲量で並び替え
gfSroted = gf.sort_values('eo:cloud_cover').reset_index(drop=True)
gfSroted.head()
def getPreview(thumbList, r_num, c_num, figsize_x=12, figsize_y=12):
    """
    サムネイル画像を指定した引数に応じて行列状に表示
    r_num: 行数
    c_num: 列数
    """
    thumbs = thumbList
    f, ax_list = plt.subplots(r_num, c_num, figsize=(figsize_x,figsize_y))
    for row_num, ax_row in enumerate(ax_list):
        for col_num, ax in enumerate(ax_row):
            if len(thumbs) < r_num*c_num:
                len_shortage = r_num*c_num - len(thumbs) # 行列の不足分を算出
                count = row_num * c_num + col_num
                if count < len(thumbs):
                    ax.label_outer() # サブプロットのタイトルと、軸のラベルが被らないようにします
                    ax.imshow(io.imread(thumbs[row_num * c_num + col_num]))
                    ax.set_title(thumbs[row_num * c_num + col_num][60:79])
                else:
                    for i in range(len_shortage):
                        blank = np.zeros([100,100,3],dtype=np.uint8)
                        blank.fill(255)
                        ax.label_outer()
                        ax.imshow(blank)
            else:
                ax.label_outer()
                ax.imshow(io.imread(thumbs[row_num * c_num + col_num]))
                ax.set_title(thumbs[row_num * c_num + col_num][60:79])
    return plt.show()
# サムネイル画像のURLを抽出します
thumbUrls = [catalog[id]['thumbnail'].urlpath for id in gfSroted.id]
# 画像の描画
getPreview(thumbUrls,2,2)
```

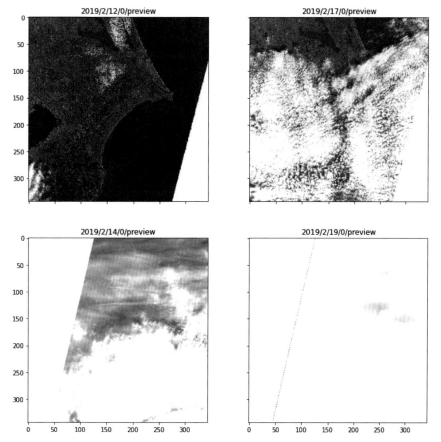

図4-50 2019年2月10日〜2019年2月21日の衛星データを取得し描画（Produced from ESA remote sensing data）

1行目がもっとも雲が少ない衛星データです。ここからダウンロードに必要な情報を取得します。

```
# 雲の量が最も少ない画像を取得
item = catalog[gfSroted.id[0]]
list(item)# バンド情報の表示
```

分解能が10mである、AOT，WVP，B02，B03，B04，B08のデータを取得しましょう。

- AOT：エアロゾル光学的厚みと呼ばれるプロダクト
- WVP：水の蒸発を示したプロダクト

となります。

```
# 画像を保存するディレクトリの作成
os.makedirs('R10m_2019',exist_ok=True)
os.makedirs('R10m_2021',exist_ok=True)
```

取得したURLから画像をダウンロードします。

```
bandLists = ['B08','B04','B03','B02','AOT','WVP']

file_url = []
[file_url.append(item[band].metadata['href']) for band in bandLists]

file_url
# URLからファイルをダウンロードする関数を定義注32
# 引用：https://note.nkmk.me/python-download-web-images/
def download_file(url, dst_path):
    try:
        with urllib.request.urlopen(url) as web_file, open(dst_path, 'wb') as local_file:
            local_file.write(web_file.read())
    except urllib.error.URLError as e:
        print(e)

def download_file_to_dir(url, dst_dir):
    download_file(url, os.path.join(dst_dir, os.path.basename(url)))
# 画像のダウンロード
dst_dir = '/content/R10m_2019'
[download_file_to_dir(link, dst_dir) for link in file_url]
```

同様にして、2021年1月10日〜2021年1月21日のデータも取得します。

```
dates = '2021-01-10/2021-01-21'

URL='https://earth-search.aws.element84.com/v0' #Element84をエンドポイントへ
results = Search.search(url=URL,
                        collections=['sentinel-s2-l2a-cogs'], # sentinel-s2-l1c, sentinel-s2-l2a-cogs,
sentinel-s2-l2aが指定できます
                        datetime=dates,
                        bbox=bbox,
                        sort=['<datetime'])

items = results.items()
items.save('sentinel-s2-l2a-cogs2021.json') #結果はJSONへ保存
catalog = intake.open_stac_item_collection(items) #取得結果のカタログ化。画像のダウンロード用に用います
# print(items.summary(['date', 'id', 'eo:cloud_cover'])) 取得した結果について雲の量を簡単に確認する場合の
コード
gf = gpd.read_file('/content/sentinel-s2-l2a-cogs2021.json')
```

注32　https://note.nkmk.me/python-download-web-images/　より

```
# 雲量で並び替え
gfSroted = gf.sort_values('eo:cloud_cover').reset_index(drop=True)

# 雲の量が最も少ない画像を取得
item = catalog[gfSroted.id[0]]

# 取得するバンドの選択
bandLists = ['B08','B04','B03','B02','AOT','WVP']

# 画像のURL取得
file_url = []
[file_url.append(item[band].metadata['href']) for band in bandLists]

# 画像のダウンロード
dst_dir = '/content/R10m_2021'
[download_file_to_dir(link, dst_dir) for link in file_url]
```

　衛星データをPythonのプログラムに取り込みます。このように複数のデータを比較する場合、データを管理するクラスを作成しておくと便利です。今回は次のようなクラスを作成します。

```
class Region:
    # コンストラクタ
    # pathの例 : './content/R10m_2019/B02.tif'
    # bandsの例：['B02','B03','B04','B08','AOT','WVP']
    #           B02青、B03緑、B04赤、B08近赤外線は必須
    def __init__(self, path, bands=['B02','B03','B04','B08']):
        self.path = path
        self.bands = bands
        self.dataset = self._load_satellite_data(path, bands)

    # 衛星データを読み込んで辞書型として返す
    def _load_satellite_data(self, path, bands):
        return {b:(rio.open(path.format(b)).read())[0] for b in bands}

    # 領域を切り抜いてregionに代入する
    def set_region(self, geojson_file):
        self.region = self._get_region(geojson_file, self.path, self.bands)

    # 領域を切り抜いて辞書として返す
    def _get_region(self, geojson_file, path, bands):
        # GeoJSONファイルをGeoPandasで読み込む
        gpd1 = gpd.read_file(geojson_file)

        # EPGSの仕様に適した形式へGeoJSONデータを変換する
        gpd1_crs = gpd1.to_crs({'init': rio.open(path.format('B02')).crs})

        _region = {}
```

211

```
    # 画像を切り抜いてout_imageに入れる
    for b in bands:
        img, _ = rio.mask.mask(rio.open(path.format(b)), gpd1_crs.geometry, crop=True)
        _region[b] = img[0]

    return _region

# ガンマ補正を行う関数
def _gamma_correction(self, image, gamma=3.0):
    # 整数型で2次元配列を作成[256,1]
    lookup_table = np.zeros((256, 1), dtype = 'uint8')
    for i in range(256):
        # γテーブルを作成
        lookup_table[i][0] = 255 * (float(i) / 255) ** (1.0/gamma)

    # lookup Tableを用いて配列を変換
    return cv2.LUT(image, lookup_table)

# 与えられたデータをもとにカラー画像を返す
def get_rgb_image(self, dataset):
    # B02,03,04を合成したBGR形式の画像を用意する
    bgr = np.zeros((dataset['B02'].shape[0], dataset['B02'].shape[1], 3), dtype=np.uint8)

    for i, b in enumerate(self.bands[:3]):
        bgr[:, :, i] = dataset[b] // 256

    # HSV形式に変換する
    hsv = cv2.cvtColor(bgr, cv2.COLOR_BGR2HSV)

    # V（明度）をB08のデータで置き換える
    hsv[:, :, 2] = dataset['B08'] // 256

    # Vを置き換えたデータを再びBGR形式に置き換える
    rgb = cv2.cvtColor(hsv, cv2.COLOR_HSV2RGB)

    # ガンマ補正を実施
    return self._gamma_correction(rgb)
```

　このクラスのオブジェクトは次の変数と関数で構成されます。「後で追加」と書いている変数は、上記の
ソースコードには定義していませんが以降のソースコードで追加される変数です。

- Regionクラス
    変数
    -path：ファイルパス
    -bands：バンドを保持するリスト

    -dataset：衛星画像データ

    -region：GeoJSONに対応する領域データ

    -region_reshaped：クラスタリング用に2次元へreshapeした領域データ（後で追加）

    -region_predict：クラスタリングした結果（後で追加）

    -region_blurred：クラスタリング結果にガウスフィルタを適用したもの（後で追加）

    -region_edge：エッジ（後で追加）

- 関数

    -init：コンストラクタ

    -set_region：領域を切り抜いてself.reginに代入する

    -get_rgb_image：与えられたデータをもとにカラー画像を返す

- 内部関数（このオブジェクトの中だけで利用される関数）

    -_load_satellite_data：[内部関数]衛星データを読み込んで辞書として返す

    -_get_region：領域を切り抜いて辞書として返す

    -_gamma_correction：ガンマ補正をする関数

    -Regionクラスのソースコードについて説明

ガンマ補正とは、各ピクセルの値に特定の式をあてはめて計算する方法で、輝度や色の値と実際の表示の濃さとの関係を、直線的ではなく曲線的に変換します。簡単にいうと色味の補正と考えてください。詳しくは、参考記事[注33]等を参照してください。

```
# コンストラクタ
# pathの例：'./content/R10m_2019/B02.tif'
# bandsの例：['B02','B03','B04','B08','AOT','TCI','WVP']
#          B02青、B03緑、B04赤、B08近赤外線は必須
def __init__(self, path, bands=['B02','B03','B04','B08']):
    self.path = path
    self.bands = bands
    self.dataset = self._load_satellite_data(path, bands)
```

クラスを実体化してオブジェクトにするコンストラクタは、pathとbandsを引数として取ります。bandsは省略できます。

- path：衛星データのファイル名を相対パスで指定します。ファイル名のバンドによって変わる部分を{}としています
- bands：オブジェクトで保持する衛星データのバンドを指定します。この衛星データを使ってクラスタリングを行います。初期値で4つのバンドを指定していますが増やすこともできます

注33　https://pystyle.info/opencv-tone-transform/

```
# 衛星データを読み込んで辞書として返す
    def _load_satellite_data(self, path, bands):
        return {b:(rio.open(path.format(b)).read())[0] for b in bands}

    # 領域を切り抜いてreginに代入する
    def set_region(self, geojson_file):
        self.region = self._get_region(geojson_file, self.path, self.bands)
```

Regionオブジェクトでは、衛星データや領域を辞書型で保持します。次のようなイメージです。

```
{
  'B02': B02に対応した衛星データ,
  'B03': B03に対応した衛星データ,
  'B04': B04に対応した衛星データ, ...
}
```

　それでは、衛星データを取得しましょう。衛星データを管理するオブジェクトを作成し、regionリストに追加します。以降のプログラムでは、それぞれのオブジェクトに対して同じ処理を行うため、リストで保持しておくとプログラムを簡潔に書くことができます。

```
# 衛星データの取得
region = []
region.append(Region('/content/R10m_2019/{}.tif'))
region.append(Region('/content/R10m_2021/{}.tif'))
# 参照：https://automating-gis-processes.github.io/CSC18/lessons/L6/clipping-raster.html
# WGS84座標系を指定
bbox = box(140.3839874267578, 35.32184842037683, 140.7300567626953,35.706377408871774) # min lon, min lat,
max lon, max lat
geo = gpd.GeoDataFrame({'geometry': bbox}, index=[0], crs=from_epsg(4326))
geo = geo.to_crs(crs='epsg:32649') # Sentinel-2の画像に合わせます
geo.to_file("kujukuri_hama.geojson", driver='GeoJSON')
# 領域の取得
for r in region:
    r.set_region('/content/kujukuri_hama.geojson')
```

　取得した画像を表示してみましょう（図4-55）。

```
# 2019年
plt.figure(figsize=(8,8))
plt.imshow(region[0].get_rgb_image(region[0].dataset))
# 2021年
plt.figure(figsize=(8,8))
plt.imshow(region[0].get_rgb_image(region[1].dataset))
```

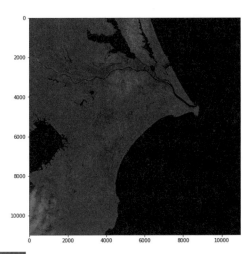
図4-51 # 2019年の画像（Produced from ESA remote sensing data）

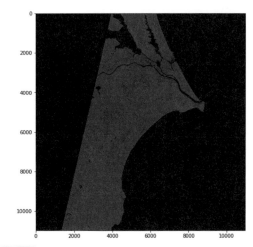
図4-52 # 2021年の画像（Produced from ESA remote sensing data）

続いて、切り出した画像を表示します。

```
# 2019年
plt.figure(figsize=(8,8))
plt.imshow(region[0].get_rgb_image(region[0].region))
# 2021年
plt.figure(figsize=(8,8))
plt.imshow(region[1].get_rgb_image(region[1].region))
```

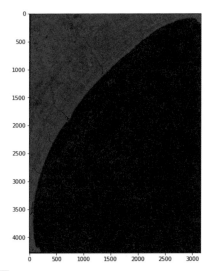
図4-53 2019年の切り出した画像（Produced from ESA remote sensing data）

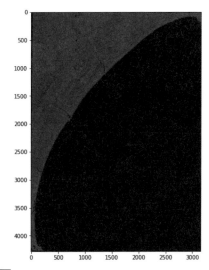
図4-54 # 2021年の切り出した画像（Produced from ESA remote sensing data）

4-5-2 クラスタリングを行う

　領域のデータを、クラスタリングによって陸と水域に分類します。領域のデータはバンドごとに（領域の高さ×領域の幅）の2次元の形状で保持しています。これを「バンド数×領域のピクセル数」のNumpy配列に変換します。「領域のピクセル数＝領域の高さ×領域の幅」です。これをさらに転置（行列入れ替え）して「領域のピクセル数×バンド数」の形状にします。結果はRegionオブジェクトのregion_reshapedに格納します。

```python
# クラスタリング用のデータを作成してオブジェクトに追加
for r in region:
    # 領域の辞書をNumpy配列に変換する
    tmp = np.array([r.region[b] for b in r.bands])
    print(tmp.shape)
    # 2次元にし、転置する（行と列を入れ替える）
    r.region_reshaped = tmp.reshape(len(tmp),-1).T
    print(r.region_reshaped.shape)
```

　データが準備できたらクラスタリングを行います。今回はk-means++法というアルゴリズムでクラスタリングを行います。k-means法はクラスタリングの代表的なアルゴリズムで、グループごとに中心点（シード）を置き、それにデータを所属させることでクラスタリングを行う方法です。次サイト[注34]でk-means法によるクラスタリングの方法を視覚的に確認できます。

　ただし、k-means法のシードの初期値はランダムであるため、シードが偏って置かれた場合、クラスタリングがうまく行われないという問題点があります。そこで一般的にはk-means法を改良したk-means++法がよく使われます。k-means++法はシードの初期値をランダムではなく、なるべく離れるように置くことで、偏りを防ぎます。

　必要なライブラリを読み込みます。

```python
# 必要なライブラリの読込
from sklearn.cluster import KMeans
```

　データの特徴をクラスタリングを行うモデルに覚えさせることを「学習」と言います。学習用に2019年と2021年を結合したデータを用意します。

```python
# 2019年と2021年を結合したデータで学習を実施する
train = np.append(region[0].region_reshaped, region[1].region_reshaped, axis=0)
train.shape
```

　学習を実施します。今回は陸と水域の2つに分類するため、クラスタ数「n_clusters」は2にします。

注34　http://tech.nitoyon.com/ja/blog/2013/11/07/k-means/

```
# 学習の実施
model = KMeans(n_clusters=2, init='k-means++', n_init=10)
model.fit(train)
```

学習したモデルを使い、データを分類します。分類結果は（領域の高さ×領域の幅）の2次元の形状にしてRegionオブジェクトのregion_predict変数に格納します。

```
# 領域の大きさを取得
height = region[0].region['B02'].shape[0]
width = region[0].region['B02'].shape[1]
print(height, width)

# クラスタリングを実施し、結果をregion_predictに代入する
for r in region:
    r.region_predict = model.predict(r.region_reshaped).reshape(height, width)
```

クラスタリングした結果を確認しましょう。

```
# 2019年
plt.figure(figsize=(10,10))
plt.imshow(region[0].region_predict)
```

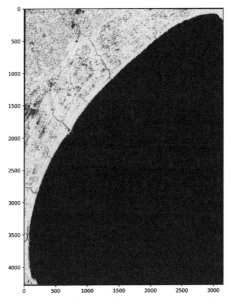

図4-55 2019年のクラスタリングした結果の画像（Produced from ESA remote sensing data）

```
# 2021年
plt.figure(figsize=(10,10))
plt.imshow(region[1].region_predict)
```

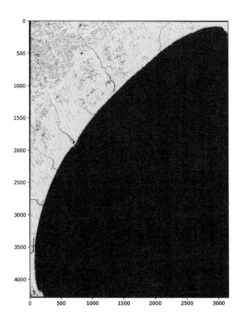

図4-56 2021年のクラスタリングした結果の画像（Produced from ESA remote sensing data）

　最後に画像のノイズを除去します。ノイズ除去で多く用いられているガウスフィルタを使用します。ノイズ除去した結果はRegionオブジェクトのregion_blurred変数に格納します。

```
for r in region:
    tmp = r.region_predict.astype("uint8")
    r.region_blurred = cv2.GaussianBlur(tmp, (101,101), 0)
```

　ガウスフィルタを適用した結果を確認しましょう。

```
# 2019年
plt.figure(figsize=(10,10))
plt.imshow(region[0].region_blurred)
```

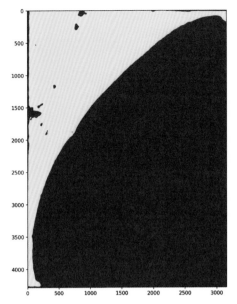

図4-57 2019年のガウスフィルタを適用した結果の画像（Produced from ESA remote sensing data）

```
# 2021年
plt.figure(figsize=(10,10))
plt.imshow(region[1].region_blurred)
```

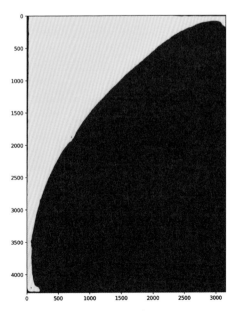

図4-58 2021年のガウスフィルタを適用した結果の画像（Produced from ESA remote sensing data）

　2019年、2021年の分類結果の差分画像を作成してみましょう。2019年を変化前の参照画像として設定をし、どの場所が2021年と異なるのかを表示してみます。

```python
# 差分画像の作成
from PIL import Image

def numpytoimage(numpy):
    numpy = numpy * 255
    image= Image.fromarray(numpy.astype(np.uint8))
    return image


reference = region[0].region_blurred # 参照画像：2019年
extract = region[1].region_blurred # 比較画像：2021年
# 差分画像作成用の配列を用意
C = np.zeros(shape=(len(reference), len(reference[0]), 3))

for i in range(0, reference.shape[0]):
  for j in range(0, reference.shape[1]):
        # どちらも水域（0）に分類
        if reference[i][j] == extract[i][j] and reference[i][j] == 0:
        C[i][j] = 1 # (R:255, G: 255, B:255)
        # 参照画像が水域に分類された場合
        elif reference[i][j] == 0:
        C[i][j][0] = 0
        C[i][j][1] = 1 # (G: 255)
        C[i][j][2] = 0
        # 比較画像が水域に分類された場合
        elif extract[i][j] == 0:
        C[i][j][0] = 1 # (R: 255)
        C[i][j][1] = 0
        C[i][j][2] = 0
        # どちらも陸域（1）に分類された場合 (R: 127, G:127, B:127)
        else:
        C[i][j][0] = 0.5
        C[i][j][1] = 0.5
        C[i][j][2] = 0.5


C_image = numpytoimage(C)
C_image.save("diff.png") # 差分画像の保存
```

図4-59 差分画像

　画像を分割して表示し、海岸線の変化を再確認します（図4-59）。

```
fig, axs = plt.subplots(2,2,figsize=(13,13))

axs[0][0].imshow(region[0].get_rgb_image(region[0].region)[1300:2100, 500:1500])
axs[0][0].imshow(C[1300:2100, 500:1500])
axs[0][0].set_title('Zoom 1'), axs[0][0].set_xticklabels([]), axs[0][0].set_yticklabels([])

axs[0][1].imshow(region[0].get_rgb_image(region[0].region)[500:1300, 1000:2000])
axs[0][1].imshow(C[500:1300, 1000:2000])
axs[0][1].set_title('Zoom 2'), axs[0][1].set_xticklabels([]), axs[0][1].set_yticklabels([])

axs[1][0].imshow(region[0].get_rgb_image(region[0].region)[0:800, 2158:3158])
axs[1][0].imshow(C[0:800, 2158:3158])
axs[1][0].set_title('Zoom 3'), axs[1][0].set_xticklabels([]), axs[1][0].set_yticklabels([])

axs[1][1].imshow(region[0].get_rgb_image(region[0].region)[3479:4279, 0:1000])
axs[1][1].imshow(C[3479:4279, 0:1000])
axs[1][1].set_title('Zoom 4'), axs[1][1].set_xticklabels([]), axs[1][1].set_yticklabels([])

plt.tight_layout(); plt.show()
```

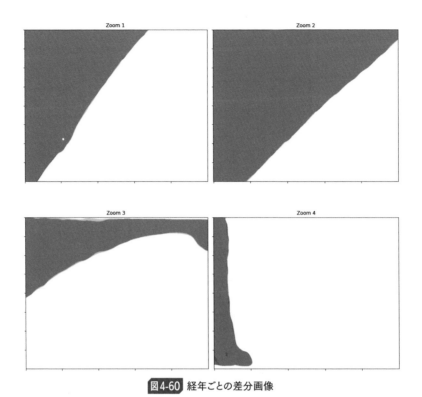

図4-60 経年ごとの差分画像

補足：クラスタリングした結果のエッジを抽出することでも、海岸線を取得できます。

```
# エッジ膨張用
kernel = np.ones((15, 15))

for r in region:
    tmp = cv2.Canny(r.region_blurred, 2, 5).astype("float")
    # エッジを膨張させる
    tmp = cv2.dilate(tmp, kernel)
    tmp[tmp == 0] = np.nan
    r.region_edge = tmp
```

ソースコードについて説明します。

```
tmp = cv2.Canny(r.region_blurred, 2, 5).astype("float")
```

　エッジの抽出には前に取り上げたCanny法を使用します。Canny法では画像の輝度の変化が大きい部分をエッジとして抽出します。Cannyでは「閾値1、閾値2」の2つを利用しエッジ検出を行います。閾値の値が大きいほどエッジの判定は厳しくなりますが、2つの閾値は役割が異なります。閾値2ではエッジかどう

かを判断し、閾値1ではエッジが続いていそうかどうかの判断をしていると考えてください。両閾値の詳細はOpenCVのAPIドキュメント[注35]やWikipedia[注36]を参照してください。

```
# エッジを膨張させる
    tmp = cv2.dilate(tmp, kernel)
```

今回は、併せてエッジの膨張も行っています。エッジの膨張にはdilateを用います。

```
tmp[tmp == 0] = np.nan
```

エッジ以外のピクセルにはNaNを設定します。これによりエッジの画像を表示した際にエッジ以外の場所を透過させることができます。エッジの抽出結果を確認しましょう。カラー画像に重ね合わせて表示します。

```
# 2019年
# 検出したエッジの画像を表示
plt.figure(figsize=(15,15))
plt.imshow(region[0].get_rgb_image(region[0].region))
plt.imshow(region[0].region_edge, cmap="Set3_r")
```

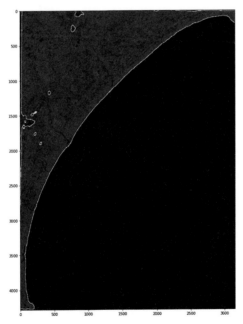

図4-61 検出したエッジの画像（Produced from ESA remote sensing data）

注35　https://docs.opencv.org/4.x/dd/d1a/group__imgproc__feature.html#ga04723e007ed888ddf11d9ba04e2232de
注36　https://en.wikipedia.org/wiki/Canny_edge_detector

エッジが黄色で抽出されています

```
# 2021年
# 検出したエッジの画像を表示
plt.figure(figsize=(15,15))
plt.imshow(region[1].get_rgb_image(region[1].region))
plt.imshow(region[1].region_edge, cmap="Set1")
```

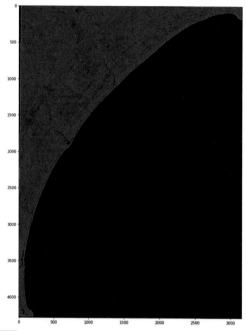

図4-62 エッジ抽出（Produced from ESA remote sensing data）

エッジが抽出されたのが確認できます（赤色）。最後に2019年と2021年の海岸線を重ね合わせて変化を確認しましょう。なお、savefig関数で結果を画像として保存できます。

```
# 検出したエッジの画像を表示
plt.figure(figsize=(15,15))
plt.imshow(region[0].get_rgb_image(region[0].region))
plt.imshow(region[0].region_edge, cmap="Set3_r")
plt.imshow(region[1].region_edge, cmap="Set1")
# 結果を画像として保存する
# plt.savefig('edge.png')
```

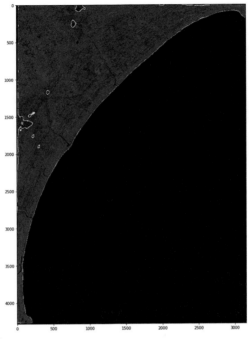

図4-63 エッジが抽出された（Produced from ESA remote sensing data）

　結果のX軸、Y軸の値はピクセル数です。この値を参考にして、いくつかの領域を抜き出して拡大してみましょう。

```
# エッジ膨張用
kernel = np.ones((6, 6))

for r in region:
    tmp = cv2.Canny(r.region_blurred, 2, 5).astype("float")
    # エッジを膨張させる
    tmp = cv2.dilate(tmp, kernel)
    tmp[tmp == 0] = np.nan
    r.region_edge = tmp

# 検出したエッジの画像を表示
plt.figure(figsize=(10,10))
plt.imshow(region[0].get_rgb_image(region[0].region)[1300:2100, 500:1500])
plt.imshow(region[0].region_edge[1300:2100, 500:1500], cmap="Set3_r")
plt.imshow(region[1].region_edge[1300:2100, 500:1500], cmap="Set1")
```

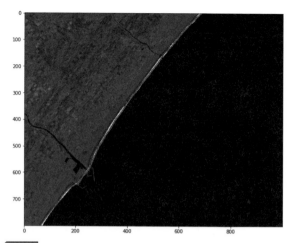

図4-64 領域を拡大（Produced from ESA remote sensing data）

```
# 検出したエッジの画像を表示
plt.figure(figsize=(10,10))
plt.imshow(region[0].get_rgb_image(region[0].region)[500:1300, 1000:2000])
plt.imshow(region[0].region_edge[500:1300, 1000:2000], cmap="Set3_r")
plt.imshow(region[1].region_edge[500:1300, 1000:2000], cmap="Set1")
```

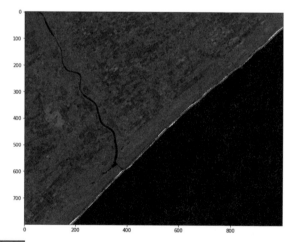

図4-65 エッジ画像の拡大（Produced from ESA remote sensing data）

```
# 検出したエッジの画像を表示
plt.figure(figsize=(10,10))
plt.imshow(region[0].get_rgb_image(region[0].region)[0:800, 2158:3158])
plt.imshow(region[0].region_edge[0:800, 2158:3158], cmap="Set3_r")
plt.imshow(region[1].region_edge[0:800, 2158:3158], cmap="Set1")
```

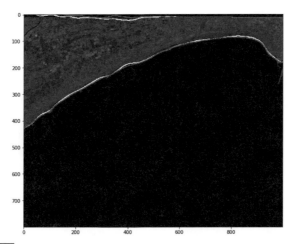

図4-66 エッジ画像の拡大表示（Produced from ESA remote sensing data）

```
# 検出したエッジの画像を表示
plt.figure(figsize=(10,10))
plt.imshow(region[0].get_rgb_image(region[0].region)[3479:4279, 0:1000])
plt.imshow(region[0].region_edge[3479:4279, 0:1000], cmap="Set3_r")
plt.imshow(region[1].region_edge[3479:4279, 0:1000], cmap="Set1")
```

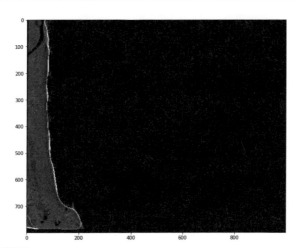

図4-67 エッジ画像の比較（Produced from ESA remote sensing data）

2019年（黄色）と2020年（赤色）を比較すると、ある場所では浜辺の浸食が進み、ある場所では拡大しているように見えます（図4-67）。

今回作成したRegionクラスには簡単にバンドを追加できます。バンドを追加してクラスタリングの性能が向上するか試してみましょう。また、ほかの地域の衛星データを使った海岸線や水域（湖や河川など）の抽出にもチャレンジしてみましょう。なるべく雲がかかっていない衛星データを選ぶようにすると、より良好な結果が得られます。

Column
データサイエンティストの役割⑥
「衛星データを利用した途上国支援」

図4-68 Hansen Global Forest Change[※]（緑は2000年に調査で森林が検出された場所、赤は2012年から2020年までの推定森林消失量、グレーは非森林地域。Google Earth Engine上で収集、分析）

　私たちは、人工衛星で撮影した画像を見ることで、実際に行かなくとも世界中の状況を知ることができます。これは特に広範囲における土地の利用状況や人々の生活環境を知りたいときに便利です。私はこれまで開発途上国での水や電気へのアクセス向上、農業生産性の向上、自然環境の保全等を目的とした事業の評価にかかわってきました。評価では事業によりどのように社会環境や人々の暮らしに変化があったかを確認する必要がありますが、途上国ではデータが収集されていない、データがあっても不完全といったケースが多く見られます。

　こうした制約下においても、衛星データを活用することで、評価に必要な情報を収集できるようになりました。たとえば、上図はアフリカのマラウイでの森林状況を示しています。ブランタイヤ県では森林での薪収集の増加等により森林が大幅に減少してしまい、多くの国際機関や政府機関、NGOが森林保全を目的とした支援を行っています。従来は森林状況の把握に時間がかかりましたが、今は衛星データからすぐに確認できるようになったのです。さらに、支援した地域の位置情報があれば、その周辺の状況を丁寧に見たり、支援した地域やしていない地域を比較したりすることで、支援の森林状況への効果をより詳細に検証することもできます。

■石本 樹里（いしもと じゅり）
英国イーストアングリア大学院　国際開発のためのインパクト評価修了（修士）
●前職国際協力機構（JICA）では、衛星データを活用した電力事業の効果検証を試行的に実施。現在はメトリクスワークコンサルタンツで衛星データを活用したJICA事業の事後評価や、国内施策の効果検証業務に従事。また、世界銀行の研究プロジェクトに参画し、衛星データとセンサスデータを活用した都市貧困度の推計を行っている。趣味はヨガ。

※）Hansen, M. C., P. V. Potapov, R. Moore, M. Hancher, S. A. Turubanova, A. Tyukavina, D. Thau, S. V. Stehman, S. J. Goetz, T. R. Loveland, A. Kommareddy, A. Egorov, L. Chini, C. O. Justice, and J. R. G. Townshend. 2013. "High-Resolution Global Maps of 21st-Century Forest Cover Change." Science 342 (15 November)：850–53.

第5章

衛星データ
解析手法別演習
［教師あり機械学習編］

Chapter 5

第 **5** 章　衛星データ解析手法別演習
［教師あり機械学習編］

この章で学習すること

基本的な回帰モデルである線形回帰の理論的背景を解説した後に、プログラミングを通じて衛星データやサンプルデータの前処理の方法について学習します。演習として単回帰・重回帰のプログラミングにより森林樹高を推定する回帰問題に取り組んでみましょう。

5-1 線形回帰（回帰）

　衛星データの解析手法には、機械学習を利用して解析していくものがあります。その方法は、線形回帰、サポートベクターマシンなどが挙げられ、教師あり・なしの機械学習で分類されます。他には深層学習の方法もあります。本章の本節では線形回帰による機械学習を学びます。

5-1-1 この章で学習すること

この章では次の流れで進めていきます。

1. 線形回帰とは？
2. 線形回帰の理論的背景
3. 実際にやってみよう

5-1-2 線形回帰とは？

　ある観測されている変数を予測したいときに、ほかの変数を使ってその関数を予測することを回帰分析と呼びます。線形回帰[注1]とは、この予測したい関数を直線として分析する回帰分析のことを言います。ここではすべてのデータを変数と呼びますが、厳密には観測されている結果の変数（予測したい変数）を目的変数、その結果の原因になっている変数を説明変数と呼びます。目的変数は従属変数、結果変数、被説明変数とも呼ばれます。説明変数は独立変数や予測変数とも呼ばれます。

注1　https://bellcurve.jp/statistics/course/1590.html

5-1-3 線形回帰の理論的背景

説明変数をXi、目的変数をYとしたとき、線形回帰は一般的に次のような式で表されます。

$$Y = \beta_0 + \beta_1 X_1 + \beta_2 X_2 + \cdots + \beta_k X_k$$

ここでβ_0は切片（定数）、β_1は説明変数のkは説明変数の個数です。1つの目的変数を1つの説明変数で予測する手法を単回帰分析といいます。たとえば、「客数から売上を予測する」といった手法が単回帰分析です。回帰の中でも最も簡単な手法といえます。この時、線形回帰の式は、上の式を$k=1$として次のようになります。

$$Y = \beta_0 + \beta_1 X_1$$

一方、1つの目的変数を複数の説明変数で予測する手法を重回帰分析といいます。たとえば、「客数と気温から売上を予測する」といったケースは重回帰分析となります。

$$Y = \beta_0 + \beta_1 x + \beta_2 x^2$$

というモデルも、線形回帰に分類されます。これは係数βに対して線形であるからです。

5-1-4 最小二乗法とは

線形回帰では最小二乗法という方法が使われています。得られたデータの点と回帰直線の間の距離（残差）を最小にする方法です。とてもシンプルな方法で、イメージとしては次のような図5-1になります。

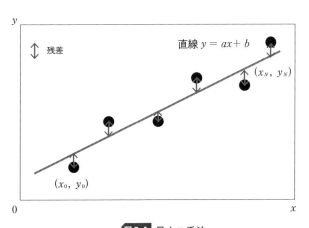

図5-1 最小二乗法

この図における青い点は手元に得られたデータであり、(x, y)座標で表されています。赤い線は回帰直線であり、$y = ax + b$とおきます。このとき、(x, y)とその直線とのy方向の残差は$|y - (ax + b)|$になります。この残差の二乗和$\sum\{y - (ax + b)\}^2$が最小になる直線を求めるのが、最小二乗法の考え方です。

5-1-5 実際にやってみよう

　それでは線形回帰を衛星画像データでどのように適用するかを解説します。サンプルデータとして森林樹高のグランドトゥルースデータ（正解情報）を用いて、まずは衛星画像から導き出されるNDVI値だけの1つの変数を使った単回帰分析を行います。

　次の手順で進めます。

  1. グランドトゥルースデータの準備
  2. 衛星画像データSentinel-2の準備
  3. 教師データ作成のための点データ準備
  4. 線形回帰の実行

■■○ [Step 1] グランドトゥルースデータの準備

　静岡県伊豆半島の樹高データ[注2]を扱います。こちらは航空レーザー測量を利用して作成した、5mメッシュの樹高分布図です。樹高データを、ふじのくにオープンデータカタログからダウンロードしましょう。作業環境にドラッグ＆ドロップでアップロードします。Google Colabを利用している場合には、マイドライブの配下にアップロードすると良いでしょう。アップロードが終わったら、樹高データ画像を確認してみます。

```
# Colab利用時
# インストール後にランタイムの再起動必須
!pip install rasterio
!pip install sat-search
!pip install intake-stac
!pip install geopandas
!pip install geojson
!pip install rioxarray
!pip install rasterstats
```

　必要なライブラリのインポートをします。

```
# Colab利用時
from google.colab import drive
drive.mount('/content/drive')

# ライブラリ読み込み
from osgeo import gdal, gdalconst, gdal_array
import os
%matplotlib inline
```

注2　https://opendata.pref.shizuoka.jp/dataset/fuji-71.html

```python
import numpy as np
import pandas as pd
import geopandas as gpd
import rasterio as rio
from rasterio.plot import show
import rasterio.mask
from rasterio.crs import CRS
import rioxarray as rxr
import rasterstats as rs
from shapely.geometry import MultiPolygon, Polygon, box
import random
import matplotlib.pyplot as plt
from PIL import Image
import zipfile
from fiona.crs import from_epsg
import json
import io
import requests
import intake
from satsearch import Search
plt.rcParams['figure.dpi'] = 250


# 画像サイズに合わせて数値を設定します
offx = 0
offy = 0
cols = 4000
rows = 7200

# パスは適宜変える
tif = gdal.Open('/content/drive/MyDrive/playgrond/shizuokaTreeHeight/Izu.tif', gdalconst.GA_ReadOnly)
izuimg = tif.GetRasterBand(1).ReadAsArray(offx, offy, cols, rows)

# 画像データの値に合わせて設定します
plt.figure(figsize = (6,12))
plt.imshow(izuimg,cmap='gray', vmin = 0, vmax = 53, interpolation = 'none')
```

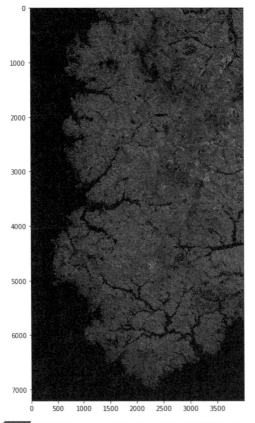

図5-2 静岡県伊豆半島の樹高データ（静岡県樹高分布図）

■●［Step 2］画像のリサンプリング

　今回使用する Sentinel-2 の衛星画像は地上分解能が 10m ですが、グランドトゥルースデータ（以下、伊豆データ）である樹高データは分解能が 5m です。解析するためにはデータ同士の分解能を合わせる必要があり、この作業をリサンプリングといいます。今回は 5m 分解能の伊豆データを Sentinel-2 の 10m 分解能に合わせます。分解能を下げるリサンプリングを特にダウンサンプリングといいます。

　Sentinel-2 の位置情報は緯度経度で表されていますが、樹高データ画像は平面直角座標で表されています（平面の XY 座標）。リサンプリングする前に、この座標系も合わせなければなりません。この作業をリプロジェクション（日本語では投影変換）といいます。これらの作業には GDAL を利用します。

　GDAL を利用したリサンプリングでは、複数の方法が存在しますが、gdal.Warp を用いたリサンプリングでは、今回は average を用います。こちらのリサンプリング手法では、近傍の 16 ピクセルに対して重みづけ平均を行います。この手法では値のないセルは含まずに計算されます。（図5-3）。

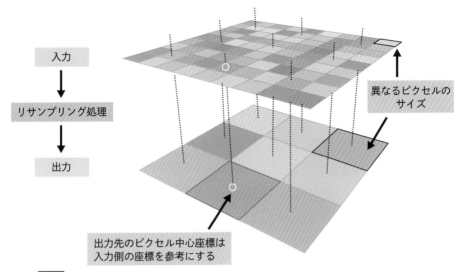

入力

↓

リサンプリング処理

↓

出力

異なるピクセルの
サイズ

出力先のピクセル中心座標は
入力側の座標を参考にする

図5-3 average法の概念図（https://csaybar.github.io/blog/2018/12/05/resample/）

```
# ファイルの場所は適宜変更
ds = gdal.Open("/content/drive/MyDrive/playground/satBooks/shizuokaTreeHeight/Izu.tif")

# reproject
dsReprj = gdal.Warp("/content/drive/MyDrive/IzuReprj.tif", ds, dstSRS = "EPSG:32654")

# resample 5m->10m
# 現在の作業ディレクトリにファイルを保存
dsRes = gdal.Warp("/content/drive/MyDrive/IzuResMean.tif", dsReprj, xRes = 10, yRes = 10, resampleAlg =
"average") # リサンプリング後の解像度（10m）
```

図5-4 分解能の調整結果

　分解能を変更してリサンプリングをした結果を表示（図5-4）。オリジナル画像（左図）とリサンプリング後の画像（右図）でピクセルサイズが変化していることがわかります。

　続けて実際の樹高データを確認します。

```python
# 樹高データ
dsres_arr = dsRes.GetRasterBand(1).ReadAsArray()
print(dsres_arr) # 樹高データの結果確認


# 分布を確認（ヒストグラム）
tree_height_data = dsres_arr.flatten()

plt.xlabel('Tree height')
plt.ylabel('Number of pixels')
plt.hist(tree_height_data.ravel(),53,[0,53]); plt.show()
```

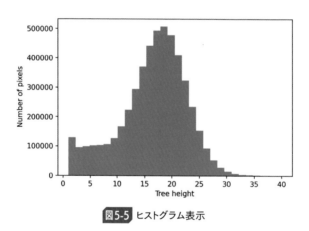

図5-5 ヒストグラム表示

このヒストグラム（図5-5）を確認することによって、次のようなことがわかります。

- 樹高が15m〜20mの森林が多そうである
- 0〜2mあたりに小さい山があり、20mあたりにも山がある分布である

■■○ [Step 3] 衛星画像データSentinel-2の準備

Sentinel-2のデータをダウンロードします。まずは、画像の取得範囲を決定しましょう。

```python
# 伊豆半島に西側を関心領域に設定する
from IPython.display import IFrame
src = 'https://www.keene.edu/campus/maps/tool/'
IFrame(src, width=960, height=500)
```

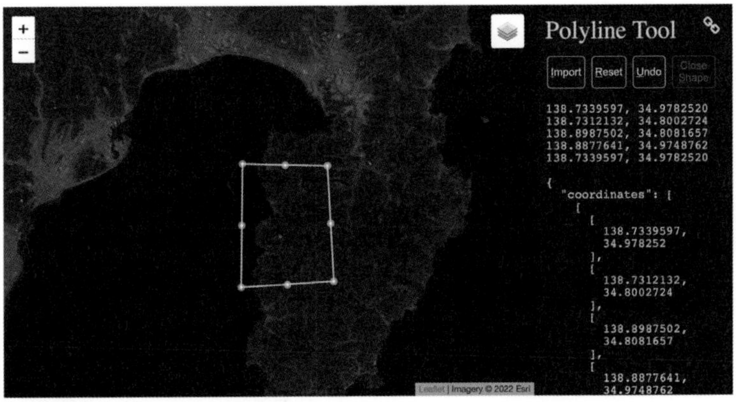

図5-6 Sentinel-2の画像取得領域（Produced from ESA remote sensing data）

```
aoi = [
    [
        138.7339597,
        34.978252
    ],
    [
        138.7312132,
        34.8002724
    ],
    [
        138.8987502,
        34.8081657
    ],
    [
        138.8877641,
        34.9748762
    ],
    [
        138.7339597,
        34.978252
    ]
]
```

　STACのAPIを利用したデータ取得方法に関しては第3章に説明がありますので、そちらを参照してください。

```
# 関心領域（AOI）の最小緯度・経度、最大緯度・経度を取得します
areaLon = []
areaLat = []
# iterating each number in list
for coordinate in aoi:
 areaLon.append(coordinate[0])
```

```
 areaLat.append(coordinate[1])

minLon = np.min(areaLon) # min longitude
maxLon = np.max(areaLon) # max longitude
minLat = np.min(areaLat) # min latitude
maxLat = np.max(areaLat) # max latitude


bbox = [minLon, minLat, maxLon, maxLat] # 画像取得範囲の設定 min lon, min lat, max lon, max lat
dates = '2020-01-01/2020-12-31'

URL='https://earth-search.aws.element84.com/v0'
results = Search.search(url=URL,
                        collections=['sentinel-s2-l2a-cogs'],
                        datetime=dates,
                        bbox=bbox,
                        sort=['<datetime'])
# 取得結果のカタログ化。画像のダウンロード用に用います
catalog = intake.open_stac_item_collection(items)
gf = gpd.read_file('/content/sentinel-s2-l2a-cogs.json')
# 雲量で並び替え
gfSroted = gf.sort_values('eo:cloud_cover').reset_index(drop=True)

# 雲の量が最も少ない画像を取得
item = catalog[gfSroted.id[1]]

# NDVIを作成するために赤バンドと近赤外バンドのデータを取得
bandLists = ['B04','B08']
file_url = [item[band].metadata['href'] for band in bandLists]
```

以上でSentinel-2のデータ取得に関しては完了です。続いて、教師データの準備に進みましょう。

■●○ ［Step 4］樹高データと行政区域データの読み込み

始めに行政界のデータをふじのくにオープンデータカタログ[注3]からダウンロードします。下のコマンドをノートブックのセル内で実行してください。

```
!wget --restrict-file-names=nocontrol \
    --content-disposition \
    --user-agent="Mozilla/5.0 (Windows NT 10.0; Win64; x64; rv:52.0) Gecko/20100101 Firefox/52.0" \
    "https://opendata.pref.shizuoka.jp/fs/2/4/5/2/6/_/____35____.zip"
```

ダウンロードが完了したら、次を実行します。

注3　https://opendata.pref.shizuoka.jp/dataset/fuji-182.html

```
with zipfile.ZipFile('/content/合併後(35市町).zip') as zipf:
  for zinfo in zipf.infolist():          # ZipInfoオブジェクトを取得
    if not zinfo.flag_bits & 0x800:  # flag_bitsプロパティで文字コードを取得
        # 文字コードが(cp437)だった場合はcp932へ変換する
        # strオブジェクトのプロパティencode/decodeでcp932に変換
        # 変換後のファイル名をfilenameプロパティで再度し直す
        zinfo.filename = zinfo.filename.encode('cp437').decode('cp932')
        if os.sep != "/" and os.sep in info.filename:
          info.filename = info.filename.replace(os.sep, "/")

    zipf.extract(zinfo)
```

　行政界のデータは今回の興味対象範囲以外を含んでいるため、松崎町、南伊豆町、そして西伊豆町の三区域のみを抽出しましょう。また欲しいのはそれぞれの領域ではなく、三区域を含んだポリゴンのため、すべての区域を結合して1つの大きなポリゴンにします（図5-7）。

```
# shpファイルをGeoPandasでデータフレームへ
gdf = gpd.read_file('/content/合併後 (35市町)/行政界 (H23).shp', encoding='shift_jis')

# 松崎町、南伊豆町、西伊豆町のみを行政界データから抽出抽出
gdfNishiIzu = gdf.loc[(gdf.ATTR_11 == '松崎町')|(gdf.ATTR_11 == '南伊豆町')|(gdf.ATTR_11 == '西伊豆町')]

# ポリゴンの結合処理
extractedGdf = gdfNishiIzu[['ATTR_7','ATTR_6','geometry']]
extractedGdf = extractedGdf.dissolve(by='ATTR_7',aggfunc='sum')

# 結果の描画
fig, (ax1,ax2) = plt.subplots(1,2,figsize=(6,12))
gdfNishiIzu.plot(ax=ax1,cmap='brg')
extractedGdf.plot(ax=ax2, cmap='brg')
ax1.set_title('Original shape')
ax2.set_title('Dissolved shape')
plt.tight_layout()
plt.show()
```

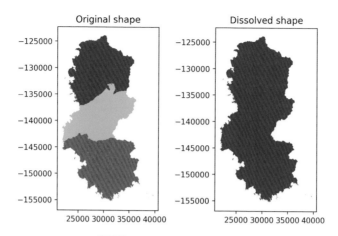

図5-7 1つのポリゴンにまとめた図

　画像を見てわかるとおり、オリジナルのポリゴンは3つに区分されていますが、dissolveを利用したあとでは、1つのポリゴンにまとめられているのがわかります。

```
# 結合した行政界データを保存する（保存場所はマイドライブ以下が望ましい）
extractedGdf.to_file('/content/drive/MyDrive/extractedExtent.geojson',driver='GeoJSON')
```

5-1-6 教師データ作成のための点データ準備

　続いてこの領域から無作為に点を抽出します。この点を含んだピクセルの値を教師データとして取得するためです。隣接する各点はそれぞれは500m程度離れています。

```
# geodataframeから、座標の最大最小を取得
x_min, y_min, x_max, y_max = extractedGdf.total_bounds
npoints = 500 # set a sample size

allPoints = [(x,y) for x in range(int(x_min),int(x_max),500) for y in range(int(y_min),int(y_max),500)]
samplePoints = np.array(random.sample(allPoints, npoints))

x = samplePoints[:,0]
y = samplePoints[:,1]

# 取得した点をGeoSeriesへ変換
gdf_points = gpd.GeoSeries(gpd.points_from_xy(x, y))

# ポリゴン内のデータのみを保持
gdf_points = gdf_points[gdf_points.within(extractedGdf.unary_union)]
gdf_points = gdf_points.sample(n=500) # sample 500 points
print(gdf_points)
```

結果を図示します。作成したポイントデータはほかの学習でも利用するためジオパッケージ(gpkg)として保存しましょう。

```
fig, ax = plt.subplots(figsize=(6,10))
extractedGdf.plot(ax=ax)
gdf_points.plot(ax=ax,color='red',markersize=2)
ax.set_title('The random points in the area of interest')
plt.show()
```

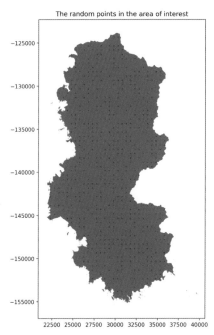

図5-8 ポリゴン内に格子状のポイントデータを作成し、無作為に抽出したもの

あらためてSentinel-2のデータを利用します。こちらはEPSG:32654という地理座標系に設定されています。一方、伊豆データは平面直角座標第8系(JGD2000 CS VIII、つまりEPSG:2450)となっています。2つの座標系が合わなければ、作成した点データをSentinel-2のデータ上に重ねることができません。そのため2つを同じ座標系にする必要があります。今回はSentinel-2の座標系を伊豆データの座標系に合わせます。

```
# S2の画像をクリッピング。加えてCRSの変換も行う

# 画像の作成フォルダを作成
os.makedirs('s2NDVI',exist_ok=True)
ndvi_dir = "/content/s2NDVI"

def getFeatures(gdf):
```

```
    """rasterioで読み取れる形のデータに変換するための関数"""
    return [json.loads(gdf.to_json())['features'][0]['geometry']]

# 画像の読み込み
Rst_red = rxr.open_rasterio(file_url[0],masked=True).squeeze() # B04
Rst_nir = rxr.open_rasterio(file_url[1],masked=True).squeeze() # B08
# print(Rst_red.rio.crs)

# rastrio crsオブジェクトの作成。UTM Zone54NからからJGD2000 CS VIII（平面直角座標第8系）へ変換
jgd2000N8 = CRS.from_string('EPSG:2450')

# 投影変換
Rst_red_jgd = Rst_red.rio.reproject(jgd2000N8)
Rst_nir_jgd = Rst_nir.rio.reproject(jgd2000N8)

# 画像の切り抜き処理
bbox = box(x_min, y_min, x_max, y_max)
geo = gpd.GeoDataFrame({'geometry': bbox}, index=[0], crs=from_epsg(2450))
coords = getFeatures(geo)
# 画像の切り抜き処理
Rst_red_clip = Rst_red_jgd.rio.clip(coords)
Rst_nir_clip = Rst_nir_jgd.rio.clip(coords)
```

作図して結果を確認しましょう。

```
# Rst_red_clip.plot.hist(bins=10) # ピクセルの分布確認用

# 点データとラスタデータをmatplotlibのプロット上に表示する
fig, ax = plt.subplots(figsize=(6,6))
Rst_red_clip.plot.imshow(ax=ax,vmin=0,vmax=Rst_red_clip.quantile(0.95)) # Sentinel-2
gdf_points.plot(ax=ax, color='red',markersize=5) # ポイントデータ
ax.set_title('Plot the random points overlayed on the Sentinel image')
ax.set_axis_off()
plt.show()
```

Plot the random points overlayed on the Sentinel image

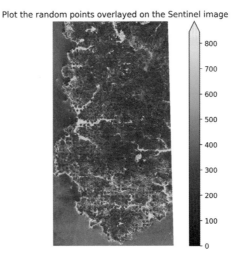

図5-9 Sentinel-2の座標系を伊豆の樹高データの座標系と合わせる（Produced from ESA remote sensing data）

■○ NDVIの計算と取得

NDVIという植生指標を衛星データから算出し、NDVIと樹高データで回帰分析を行います。NDVI（正規化植生指数）は、代表的な植生指数の1つです。植物の葉に含まれるクロロフィルが光の中の赤色の領域の波長帯をよく吸収し、近赤外領域の波長帯を強く反射するという特性を利用して算出される指標で、植生の活性を見たいときによく使われます。NDVIは-1から1の範囲の値をとり、植物や森林は裸地や市街地と比べて高い値となるため、植生とそれ以外を分類することにも使われています。

$$NDVI = \frac{NIR - Red}{NIR + Red}$$

NDVIはEarthPyのAPIを利用して簡単に取得できます。

```python
# NDVIを作成し保存
ndvi_clip = es.normalized_diff(Rst_nir_clip,Rst_red_clip)

# 結果を描画
ep.plot_bands(ndvi_clip,
            cmap='PiYG',
            scale=False,
            vmin=-1, vmax=1,
            title="Sentinel-2 Derived NDVI\n 2 May 2020")
plt.show()

# ヒストグラム作成
ax = ep.hist(ndvi_clip,
            figsize = (5,5),
```

```
            colors = 'green',
            xlabel = 'NDVI',
            ylabel = 'Total pixels',
            title = 'Distribution of NDVI values')

# 見栄え調整
ax[1].ticklabel_format(useOffset=False,
                       style='plain')
```

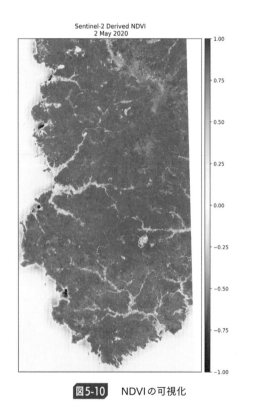

図5-10　NDVIの可視化

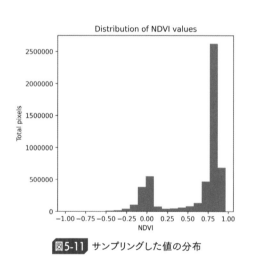

図5-11　サンプリングした値の分布

　NDVIは-1から1までの範囲をとり、2つの山が存在する分布であることがわかります。
サンプリング地点からNDVIの値を取得します。

```
from rasterstats import point_query
ndvi = (Rst_nir_clip - Rst_red_clip)/ (Rst_nir_clip + Rst_red_clip)
# print(ndvi)

pointfile = '/content/drive/MyDrive/RandomPoints2450.gpkg'
gdf_points = gpd.read_file(pointfile)

gdf_points_stats = pd.DataFrame(point_query(gdf_points, ndvi.values, \
                                affine=ndvi.rio.transform(),nodata=-999))
```

```
gdf_points_stats.columns= ['ndvi']
ndvi_stats_df = gdf_points.join(gdf_points_stats)
```

続いて樹高も同じ点から値の取得を行います。

```
# データの読み込み
tree_resampled = rxr.open_rasterio('/content/drive/MyDrive/IzuResMean.tif',masked=True).squeeze()
tree_resampled_clip = tree_resampled.rio.clip(coords)

# 取得する樹木の高さを制限。最小で0mより高く、最大で40m以下とする
tree_resampled_clip_cont = tree_resampled_clip.where((tree_resampled_clip.values > 0)|(tree_resampled_
clip.values <= 40),np.nan)

treeHeight_stats = pd.DataFrame(point_query(gdf_points, tree_resampled_clip_cont.values, \
                                  affine=tree_resampled_clip_cont.rio.transform(),nodata=-999))
treeHeight_stats.columns= ['tree_height']
treeHeight_stats_df = gdf_points.join(treeHeight_stats)
```

伊豆データとサンプリング地点を描画します。

```
# 点データとラスタデータをmatplotlibのプロット上に表示する
fig, ax = plt.subplots(figsize=(6,6))
tree_resampled_clip.plot.imshow(ax=ax)
point_shp.plot(ax=ax, color='red',markersize=5) # ポイントデータ
ax.set_title('Plot the random points overlaid on the tree height image')
ax.set_axis_off()
plt.show()
```

NDVIのデータフレームと樹高のデータフレームをまとめます。

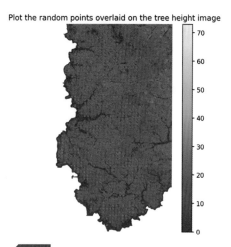

Plot the random points overlaid on the tree height image

図5-12 伊豆の樹高データとサンプリング地点

```
# 二つのデータフレームを結合
combinedData = ndvi_stats_df.merge(treeHeight_stats_df, on='geometry')
combinedData = combinedData.dropna()

combinedData.head()
```

これで回帰分析を行う準備が整いました。

5-1-7 線形回帰の実行

データの準備が整ったので、単回帰を実行します。分類問題と同様にscikit-learnを使って実行します。モジュールの詳細についてはscikit-learnの公式ドキュメント[注4]を参照してください。

```
# データの作図
x = combinedData_sel['ndvi']
y = combinedData_sel['tree_height']

plt.xlabel('NDVI Value')
plt.ylabel('Tree Height')
plt.plot(x, y, 'o')
plt.show()
```

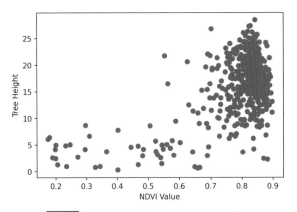

図5-13 樹高とNDVIに対して線形回帰した結果

```
from sklearn.linear_model import LinearRegression
from sklearn.model_selection import train_test_split

# データセットをトレーニングデータとテストデータに分割
X = np.array(combinedData_sel['ndvi']).reshape(-1,1)
```

注4　https://scikit-learn.org/stable/modules/generated/sklearn.linear_model.LinearRegression.html

```
y = np.array(combinedData_sel['tree_height']).reshape(-1,1)
X_train, X_test, y_train, y_test = train_test_split(X, y, test_size=0.2, random_state=0)

# shapeを使って次元を確認
print(X_train.shape, X_test.shape, y_train.shape, y_test.shape)
```

- $y = 27.588x + -5.474$
- 決定係数 R^2：0.33

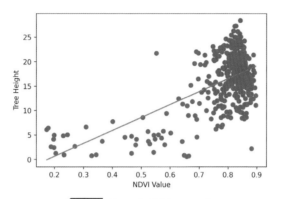

図5-14 線形回帰（樹高とNDVI）

```
# 訓練データと正解データでモデルの精度を確かめる
from sklearn import metrics
from math import sqrt

y_pred = lreg.predict(X_test)
testR2 = round(metrics.r2_score(y_test,y_pred), 2)
print('決定係数 R^2: ', testR2)

# 平均二乗誤差の確認確認
mse = np.mean((y_test - y_pred) ** 2)
print('X_testを使ったモデルの平均二乗誤差={:0.2f}'.format(mse)
rmse = sqrt(mse)
print('RMSE: '.format(rmse)
```

- 決定係数　R^2：0.24
- 平均二乗誤差 = 25.31
- RMSE：5.08

　今回の結果では訓練データの決定係数が0.31程度、正解データに対しては0.24となり、NDVIからの樹高を推測するというモデルは妥当とは言いがたいものです。また、RMSEは約5mとなり、該当地域の樹木高を考慮すれば、ここからもモデルの精度が高くないと言えます。

　散布図やヒストグラムの結果からわかるように外れ値の存在、データの偏り、などと言った原因がモデル

の精度に影響を与えていると考えられます。実際の解析ではモデル結果を精査するために、モデル診断（回帰診断）の手続きを行います。その過程を経て不要なデータを除いたり、単回帰が妥当な手法であったのか考えることになります。

　単回帰としてのモデルでは限界がありますので、その場合には説明変数を増やし、重回帰モデルで検証することも重要です。扱う変数が増えた場合には、どの変数を含めるべきかの検討も行う必要があります。説明変数と独立変数の間で直線的な関係性が乏しいような場合には、曲線的な関係性をモデルで考慮する必要も生じます（多項式回帰などがその代表例[注5]です）。

5-2 サポートベクターマシン

　その他の衛星データ解析手法としてサポートベクターマシンを紹介します。

　この演習で扱うデータは表5-1のとおりです。

表5-1 データセット名とその特徴

データセット名	内容	データ提供元	形式	座標系	解像度
Sentinel-2	マルチスペクトル画像	ESA	ラスター（GeoTIFF）	EPSG:32654	10m
静岡県樹高分布図	航空レーザ測量成果をもとに作製した、5mメッシュの樹高分布図	静岡県	ラスター（GeoTIFF）	EPSG:2450	5m
行政界	静岡県の行政区域のエリア情報	静岡県	ベクター（Shape）	EPSG:2450	なし

5-2-1 サポートベクターマシンの理論的背景

　衛星画像解析だけでなく、画像の分類問題によく使われる機械学習アルゴリズムであるSVM（サポートベクターマシン）の理論背景を理解します。SVMのアルゴリズムを用いて土地被覆分類問題のプログラミングに挑戦します。次の流れで説明します。

1. SVMとは
2. SVMのアルゴリズム
3. 実際にやってみよう

5-2-2 SVMとは？

　サポートベクターマシン（Support Vector Machine，通称SVM）は、分類問題・回帰問題の両方に利用することが可能な教師付き学習アルゴリズムの1つです。複数の連続変数やカテゴリ変数を簡単に扱うこと

注5　https://qiita.com/tomoxxx/items/1045141b0219b3a21f32

ができるのが特徴です。もともと分類問題を解くために開発されたアルゴリズムですが、回帰にも応用され
ています。回帰に使用する場合はSupport Vector Regression（SVR）とも呼ばれます。

　SVMの概念はシンプルです。分類器は、最大のマージン（2つのクラスにデータを分離する境界線と各
データとの距離）を持つ超平面を使ってデータを分離します。SVMは、データの点を分類するのに最適な
超平面を見つけます。

5-2-3　SVMのアルゴリズム

　図5-15の（1）のように、2つのラベル（緑と青）を持つデータセットがあり、緑と青の座標のペア（x_1, x_2）
を分類できる分類器を考えます。

　そのマージン内に最大数のデータが含まれるように、最大のマージンを持つ超平面を決定します。SVM
では、図5-15のように最大余白の超平面を探索します。今回のようにシンプルな空間の場合、直線を使え
ば簡単に2つのクラスに分けることができます。しかし2つのクラスに分類する直線は、図5-15の（2）のよ
うに複数引くことができます。SVMは、最適な線（境界）を見つけることができるアルゴリズムと言えます。
この最適な境界のことを**超平面**と言います。

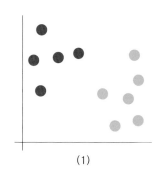
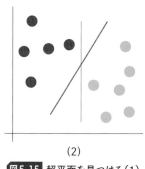
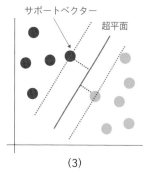

(1)　　　　　　　　　　(2)　　　　　　　　　　(3)

図5-15 超平面を見つける（1）

　SVMは、まず両方のクラスから最も近い線の点を見つけます。これらの点は**サポートベクトル**と呼ばれ
ます。サポートベクトルと超平面の間の距離を**マージン**と呼びます。そして、このマージンを最大にするこ
とがSVMの目的、つまり最適な境界を見つけることにあたります。超平面の両側にあるデータ点は、異な
るクラスに帰属すると解釈することができ、2クラスに分類することができます。

　SVMは外れ値を無視して、最大のマージンを持つ機能を持っており、外れ値に対して頑健な分類器とい
えます。しかし、上記の例と異なり、データが非線形で、境界線によって分離できない場合どのようにした
ら良いのでしょうか？

　直線の超平面で解けない問題の場合、SVMは入力空間を高次元空間に変換するカーネルトリックを用い
て分類できるようにします。

　図5-16（4）の例を見てみましょう。直線の境界線では2つのクラスの点データを分類することはできない

ことがわかります。これらのデータセットを分類するために、次元を変換します。

　ここではxとyの2次元のデータを使っているので、zという3つめの次元を追加してみます。zはx, yそれぞれの2乗の和です。

$$z = x^2 + y^2$$

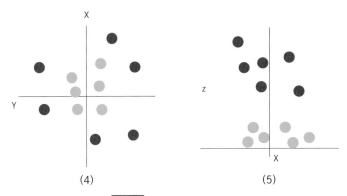

(4) 　　　　　　　　　　(5)

図5-16 超平面を見つける(2)

　SVMは図5-16の(5)の図に対して最大のマージンを取るように境界線を引きます。すると、図5-17の(6)のような直線を引いてクラスを分割できます。図5-17の(7)の元の入力空間の超平面を見ると、円のように見えます。

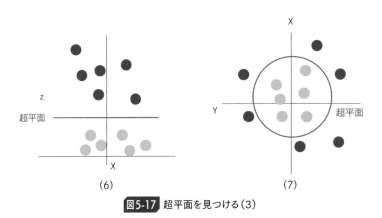

(6) 　　　　　　　　　　(7)

図5-17 超平面を見つける(3)

　そのため、超平面の次元は特徴量の数に依存します。入力特徴量が2(xとyなど)であれば、超平面は直線になります。入力特徴量の数が3であれば、超平面は2次元の平面になります。

5-2-4 カーネルトリックについて

　前述のとおり、SVMアルゴリズムはカーネルトリックという手法を用いて実装されています。これは入

力データ空間を変換する非線形分離問題で最も有用な方法です。一般的にSVMで使用されるカーネルとして2つの種類を紹介します。

■○ ガウスまたは放射基底関数（RBF）

サポートベクターマシンの分類でよく使われます。今回も機械学習アルゴリズムライブラリとしてscikit-learnを使用しますが、そのデフォルトカーネルはRBFとなります。

RBFは次の数式によって表されます。

$$K(x, x_i) = e^{\left(-\gamma\sum\left((x-x_i^2)\right)\right)}$$

ここでγは0から1の間のパラメータです。この値を大きくしすぎると、**過学習**（学習データにフィットしすぎること）してしまう原因になります。

■○ 多項式カーネル

モデルの複雑さと変換の計算コストを制御する追加のパラメータdegreeが必要になります。次の数式によって表されます。

$$K(x, x_i) = 1 + sum(xx_i)^d$$

ここでdは多項式の次数を表します。

サポートベクターマシンは、従来の手法よりも高い分類精度と安定した結果を得ることができ、小規模な訓練データを扱うことができるため、リモートセンシング分野に特に適しています。また、SVMの機能とパラメータの組み合わせにより、最も効率的な分類器が得られます。

5-2-5 データの準備

以下のインストールはColab利用時だけ実行してください。

```
!pip install rasterio
!pip install sat-search
!pip install intake-stac
!pip install geopandas
!pip install geojson
!pip install rioxarray
!pip install rasterstats
!pip install earthpy
# *コラボ利用時にはランタイムを再起動
```

次に、ライブラリをインポートします。

```
# ライブラリ読み込み
from osgeo import gdal, gdalconst, gdal_array
import os
%matplotlib inline
import numpy as np
import pandas as pd
import geopandas as gpd
import rasterio as rio
from rasterio.plot import show
import rasterio.mask
from rasterio.crs import CRS
import rioxarray as rxr
from shapely.geometry import MultiPolygon, Polygon, box
import rasterstats as rs
import earthpy.spatial as es
import earthpy.plot as ep
import random
import matplotlib.pyplot as plt
import zipfile
from fiona.crs import from_epsg
import json
import io
import requests
import intake
from satsearch import Search
```

単回帰の章で作成したデータを読み込みます。

```
# ファイル読み込み読み込み（パスは適宜変更）
extractedGdf = gpd.read_file('/content/drive/MyDrive/extractedExtent.geojson')
# geodataframeから、座標の最大最小を取得
x_min, y_min, x_max, y_max = extractedGdf.total_bounds
npoints = 1000 # set a sample size

allPoints = [(x,y) for x in range(int(x_min),int(x_max),500) for y in range(int(y_min),int(y_max),500)]
samplePoints = np.array(random.sample(allPoints, npoints))

x = samplePoints[:,0]
y = samplePoints[:,1]

# 取得した点ををGeoSeriesへ変換
gdf_points = gpd.GeoSeries(gpd.points_from_xy(x, y))

# ポリゴン内のデータのみを保持
gdf_points = gdf_points[gdf_points.within(extractedGdf.unary_union)]
gdf_points = gdf_points.sample(n=500) # sample 500 points
print(gdf_points)
```

解析してNDVIを求めます。

```python
def getFeatures(gdf):
    """rasterioで読み取れる形のデータに変換するための関数"""
    return [json.loads(gdf.to_json())['features'][0]['geometry']]


red_path = '/content/drive/MyDrive/playground/s2NDVI/rst_red_jgd.tif'
nir_path = '/content/drive/MyDrive/playground/s2NDVI/rst_nir_jgd.tif'

# 画像の読み込み
Rst_red = rxr.open_rasterio(red_path,masked=True).squeeze() # B04
Rst_nir = rxr.open_rasterio(nir_path,masked=True).squeeze() # B08
# print(Rst_red.rio.crs)

# rastrio crsオブジェクトの作成。UTM Zone54NからからJGD2000 CS VIII（平面直角座標第8系）へ変換
jgd2000N8 = CRS.from_string('EPSG:2450')

# 投影変換
Rst_red_jgd = Rst_red.rio.reproject(jgd2000N8)
Rst_nir_jgd = Rst_nir.rio.reproject(jgd2000N8)

# 画像の切り抜き処理
bbox = box(x_min, y_min, x_max, y_max)
geo = gpd.GeoDataFrame({'geometry': bbox}, index=[0], crs=from_epsg(2450))
coords = getFeatures(geo)
# 画像の切り抜き処理
Rst_red_clip = Rst_red_jgd.rio.clip(coords)
Rst_nir_clip = Rst_nir_jgd.rio.clip(coords)


from rasterstats import point_query
ndvi = (Rst_nir_clip - Rst_red_clip)/ (Rst_nir_clip + Rst_red_clip)
# print(ndvi)

pointfile = '/content/drive/MyDrive/RandomPoints2450.gpkg'
gdf_points = gpd.read_file(pointfile)

gdf_points_stats = pd.DataFrame(point_query(gdf_points, ndvi.values, \
                                            affine=ndvi.rio.transform(),nodata=-999))
gdf_points_stats.columns= ['ndvi']
ndvi_stats_df = gdf_points.join(gdf_points_stats)

# 同様の処理を樹高データに対しても行う

# データの読み込み
tree_resampled = rxr.open_rasterio('/content/drive/MyDrive/IzuResMean.tif',masked=True).squeeze()
tree_resampled_clip = tree_resampled.rio.clip(coords)

# 取得する樹木の高さを制限。最小で0mより高く、最大で40m以下とする
tree_resampled_clip_cont = tree_resampled_clip.where((tree_resampled_clip.values > 0)|(tree_resampled_
clip.values <= 40),np.nan)
```

```
treeHeight_stats = pd.DataFrame(point_query(gdf_points, tree_resampled_clip_cont.values, \
                                    affine=tree_resampled_clip_cont.rio.transform(),nodata=-999))
treeHeight_stats.columns= ['tree_height']
treeHeight_stats_df = gdf_points.join(treeHeight_stats)
```

NDVIと樹高の2つのデータフレームを統合します。

```
# 二つのデータフレームを結合
combinedData = ndvi_stats_df.merge(treeHeight_stats_df, on='geometry')
combinedData = combinedData.dropna()

combinedData.head()
```

　以上で解析に利用するデータの準備が整ったので、ロジスティック回帰、サポートベクターマシン、ランダムフォレストの3つの手法を実行し、最後に推定精度を評価します。

5-2-6　サポートベクターマシンの実行

　サポートベクターマシン（Support Vector Machine：SVM）は分類問題・回帰問題の両方に利用することが可能な教師付き学習アルゴリズムの1つです。SVMによる回帰を実行します。分類問題と同様、今回もscikit-learnを使って実行します。パラメータなどの詳細についてはscikit-learnの公式ドキュメント[注6]を参照してください。

```
from sklearn import svm
from sklearn.model_selection import train_test_split
from sklearn import metrics
from math import sqrt

# データセットをトレーニングデータとテストデータに分割
X = np.array(combinedData['ndvi']).reshape(-1,1)
y = np.array(combinedData['tree_height']).reshape(-1,1)
X_train, X_test, y_train, y_test = train_test_split(X, y, test_size=0.2, random_state=0)

# shapeを使って次元を確認
print(X_train.shape, X_test.shape, y_train.shape, y_test.shape)
```

　推定結果を確認します。

```
# SVMで学習
SVR = svm.SVR(gamma='auto', kernel='rbf').fit(X_train, y_train.ravel())
# 作成したモデルで予測
y_pred = SVR.predict(X_test)
```

注6　https://scikit-learn.org/stable/modules/generated/sklearn.svm.SVR.html

```
# 予測結果の評価（決定係数）
print('r^2 test data: ', round(metrics.r2_score(y_test, y_pred),2))
# RMSE
mse = metrics.mean_squared_error(y_test, y_pred)
rmse = sqrt(mse)
print('RMSE: ', round(rmse,2))
```

5-2-7 推定結果の比較

単回帰とSVMの結果を比較します（表5-2）。

表5-2 各種推定結果の比較

アルゴリズム	R2	RMSE	メソッド
Linear Regression	0.24	5.08	LinearRegression
Support Vector Regression	0.07	6.0	svm.SVR

今回の結果では単回帰が最も良いモデルであることが示唆されました。このチュートリアルでは、衛星データで取得したデータをどのようにモデルで利用するのか、その入り口を示すに留めています。回帰については非常に優れた資料が多くあるため、それらの資料を活用しながら今回作成した衛星データをモデルの中で使ってみてください。

衛星データは周期的に得られるデータであるため、時空間解析ととても相性が良いです。気になるテーマを見つけたら、果たして回帰分析と相性は良いのだろうか、ということを考えた上で、ぜひご自身のテーマでも解析を実行してみてください。

Column

学習資料について

　回帰について解説やコード例が詳しく記載されている教材を紹介します。英語の資料だけではなく、最近では日本語の優れた教材も無料で利用することができます。特にデータサイエンスコンソーシアムが提供している教材は包括的な教材集なので、理論的背景を知りたい方にはお勧めです。

- 応用基礎レベルeラーニング教材・講義動画配信／数理・データサイエンス教育強化拠点コンソーシアム／データサイエンスコンソーシアムが提供する教材［日本語］（http://www.mi.u-tokyo.ac.jp/consortium/e-learning_ouyoukiso.html）
- データサイエンス講義／筑波大学オープンコースウェ／筑波大学のOCW［日本語］（https://ocw.tsukuba.ac.jp/data-science/）
- Learn Python, Data Viz, Pandas & More, Tutorials, Kaggle［Kaggleが提供する英語教材。Notebook形式で展開されているため利用しやすい］（https://www.kaggle.com/learn）
- Machine Learning Tokyo-GitHub［MLT（Machine Learning Tokyo）が提供する学習（英語）］教材（https://github.com/Machine-Learning-Tokyo）
- awesome-machine-learning/books.md at master［GitHubで展開されている機械学習に関する学習教材へのリンク集［英語］（https://github.com/josephmisiti/awesome-machine-learning/blob/master/books.md）

5-3 教師データの作成法

5-3-1 QGISを用いた点データの作成方法

- 教師データの作成に必要となる点データの作成方法について学習
- 点データを作成する上で利用するQGISのインストール方法について紹介

　今回の回帰分析では、Pythonを利用してサンプリング地点を設ける方法を紹介しました。しかしながら、地球は球体のため、作成した500個の点間距離は等しくなっていません。そこで、正確に点間距離を無作為にプロットしたい、という方に向けてQGISというアプリケーションを用いた方法を紹介します。

■○ ［Step 1］QGISのダウンロード

　今回はオープンソースな地理情報システムであるQGISというアプリケーションを用いて、次節から解説する機械学習をする上で必要となる教師データを作成する方法を紹介します。

　QGISは、Open Source Geospatial Foundation（OSGeo）が提供するアプリケーションで、Lunux、UNIX、macOS、Windows、Androidで動作します。ベクターデータとラスターデータどちらにも対応し、GUIベースであり、衛星データ解析を行う上での便利なプラグインも有するため、衛星データ解析でもよく利用されます。

　QGISは以下のホームページ[注7]からダウンロードします。自分の解析環境にあったものをダウンロードしてください（図5-18）。特にこだわりがない場合には、**長期リリース版**をダウンロードすると良いでしょう。日本語で表示される案内に沿ってインストールを進めます。詳細を知りたい方は公式ドキュメント[注8]を参照してください。

　アプリケーションを立ち上げると図5-19のような画面になります。

注7　https://qgis.org/ja/site/forusers/download.html
注8　https://docs.qgis.org/3.16/ja/docs/user_manual/

図5-18 QGISのホームページ

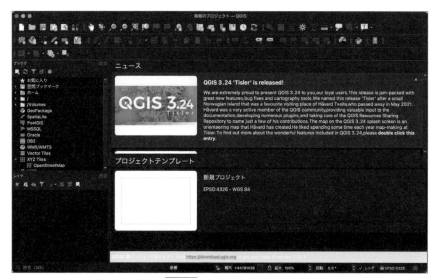

図5-19 QGISの起動画面

■○ [Step 2] データのダウンロード

　今回は静岡県伊豆半島のデータを加工します。そのために、ふじのくにオープンデータカタログから静岡県の行政界ベクターデータのシェープファイルをダウンロードしましょう（図5-20）。

```
https://opendata.pref.shizuoka.jp/
```

図5-20 ふじのくにオープンデータカタログ

　検索欄に「行政界」と入力して検索を実行します。以下のように行政界の中にもさまざまな種類のデータがあるので、この中から［合併後（35市町）.zip（ZIP 2.6MB）］をダウンロードしましょう。

■● [Step 3] QGISにデータを読み込む準備

　データを読み込んだ際に、どの範囲のデータかわからないと不便なため、基準となる地図（ベースマップ）を表示できるようにしましょう。今回は例としてOSM（OpenStreetMap）を利用しますが、他にも国土地理院が公開している地図等を読み込むこともできます。

　表示するためには、以下の手順に沿ってベースマップのAPIを登録する必要があります。

　①XYZ Tilesを右クリック
　②新規接続をクリック
　③名前の欄に「OSM」と入力（名前は任意の名称に変更）
　④URLの欄に「https://tile.openstreetmap.org/{z}/{x}/{y}.png」を入力
　⑤［OK］を入力

　これでベースマップを表示できるようになりました図5-21。ベースマップを表示したい場合にはOSMをクリックすることで、図5-22のように表示できます。表示されると、左下のレイヤ枠にOSMが追加されます。

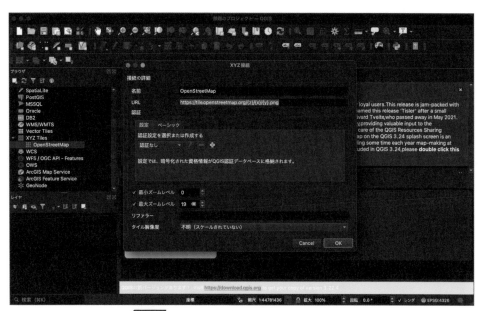

図5-21 QGISの起動（データの読み込み欄に入力）

図5-22 QGISの起動（ベースマップの表示）

■● [Step 4] QGISに静岡県の行政界データの読み込み

立ち上げたQGISにドラッグ＆ドロップすることでデータを表示できます。「合併後（35市町）.zip」を解凍し、行政界（H23）.shpというデータをQGISの画面上にドラッグ＆ドロップしてください（図5-23）。

図5-23 データの読み込みのため当該データをドラッグ＆ドロップ

QGISにデータが重畳されると、左下のレイヤに［行政界（H23）］というファイルが追加されます（図5-24）。

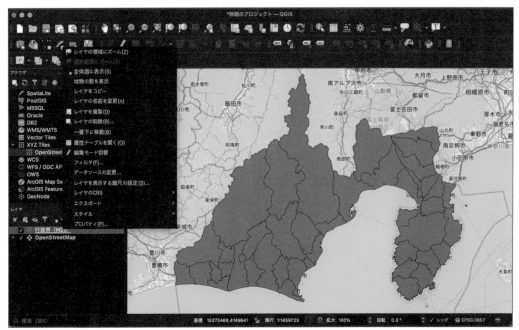

図5-24 QGISに行政界ファイルが読み込まれた様子

追加したファイルの場所をズームしたい場合には［行政界（H23）］を右クリックして「レイヤの領域にズーム」をクリックします。

■● [Step 5] 3町だけのベクターデータを作成

今回は静岡全域のデータが必要なわけではないため、3町だけのベクターデータを作成します。まず行政

界データを右クリックすることで、［属性テーブル（Open attribute table）］をクリックします（図5-25）。

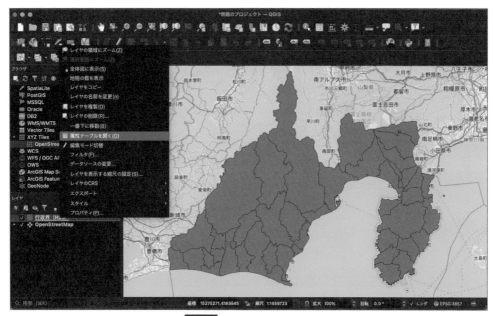

図5-25 属性テーブルをクリック

この際に、パソコンによっては図5-26のように文字化けしていることがあります。この際には文字を読み込み可能な形式に変更する必要があります。

図5-26 文字化けした場合

文字化けした方は右クリックしてプロパティを選択します（図5-27）。

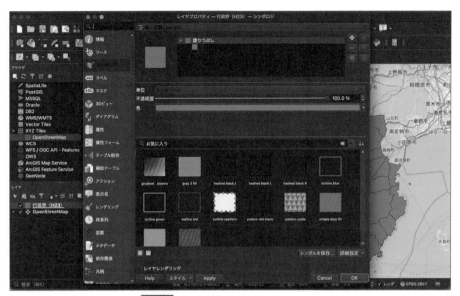

図5-27 文字化け対策（プロパティの変更）

ソースを選択して文字コードを変更します（図5-28）。先ほどのシェープファイルをShift-JISでダウンロードした方は、UTF-8形式で読み込もうとすると文字化けしてしまいます。そのため、文字コードをShift-JISを選択して［OK］を押します。

図5-28 文字化け対策（文字コードの変更）

再度属性テーブルを開いた際に、図5-29のように表示されれば文字の読み込みができたことになります。

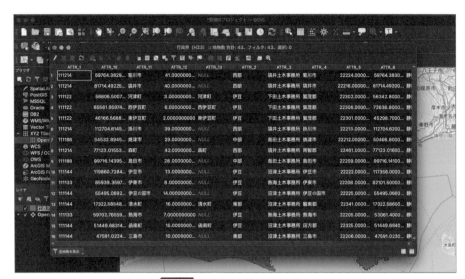

図5-29 文字化けが修正された様子

各市町の名前が見えたので、Ctrl ボタン（Macの方は Command ボタン）を押しながら、松崎町、南伊豆町、西伊豆町の一番左の番号列をクリックします。

そうすると、3町だけが選択されます（図5-30）。

図5-30 町名の選択

次に、上部のバーにあるプロセシングからツールボックスを選択します（図5-31）。

図5-31 ツールボックスの選択

そうすると元のQGISの画面の右側にプロセシングツールボックスが表示されます（図5-32）。

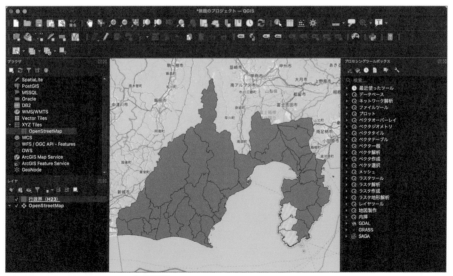

図5-32 プロセシングツールボックスの表示

検索欄に「クリップ」と入力して検索すると「切り抜く（clip）」と表示されるのでダブルクリックします（図5-33）。

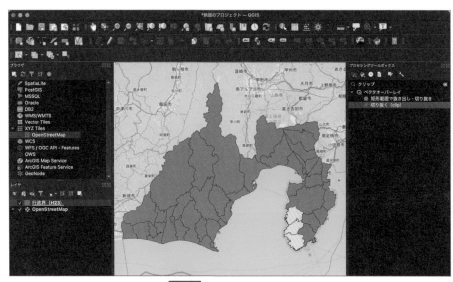

図5-33 切り抜き表示がされる

　クリック後、図3-31のようなウィンドウが別に出てきます。入力レイヤの[選択した地物のみ]にチェックを入れて実行ボタンを押すと、先ほど選択した3町だけのベクターデータが生成されます。

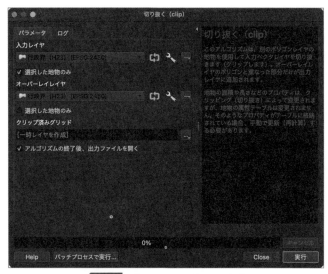

図5-34 3町のベクターデータの生成

■□○ [Step 6] 点（ポイント）データの作成

　作成した3町のベクターデータが、「クリップ済みグリッド」として茶色（ユーザーによって色は異なります）のレイヤに追加されました（図5-35）。

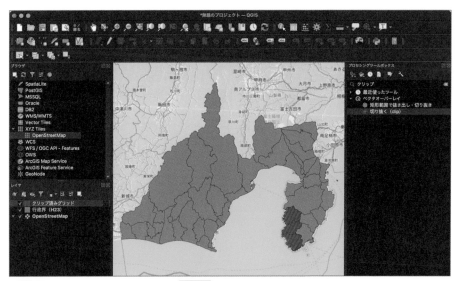

図5-35 選択された地点

　このレイヤ（クリップ済みグリッド）をクリックしたら、右のプロセシングツールボックスで「入力レイヤの領域にランダム点群」と検索してダブルクリックします（図5-36）。

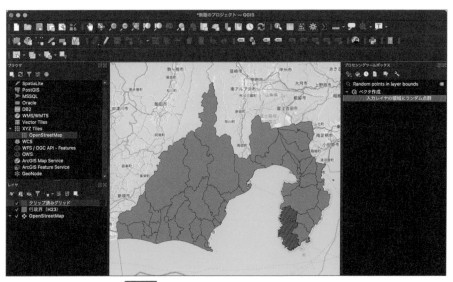

図5-36 入力レイヤの領域にランダム点群を検索

　樹高のラスターデータから教師データを抽出するために、点データを作成しましょう。今回は選択されたレイヤ内から無作為に150点を作成します。それぞれの点は最低でも1000m離れるように設定をしましょ

う。作成した点が近い距離に集まると、似たような属性をもつ点が集まってしまう可能性があるためです。

(※地理学の第1法則、または空間自己相関の観点から考えて、空間的に隣接したデータは類似した特徴を持っているものと考えられます。モデル作成における過剰適合を避けるための処理となります。)

[点の数]を150、[点間距離の最小値]を1,000mと入力し、[ランダム点群出力の…]をクリックしてファイルに保存を選択し、シェープ(.shp)形式で保存します(図5-37)。

図5-37 シェープファイル形式で保存

これにより、互いに1,000m離れたところからランダムに選択された150点のシェープファイルが教師データとして作成されました。正常に作成された場合、作成したシェープファイルは静岡県上に表示されます。しかしながら、中には以下のようにデータが海の上に表示される方もいるかもしれません。空間参照系(CSR)が指定されていないためにこのような状態になります(図5-38)。

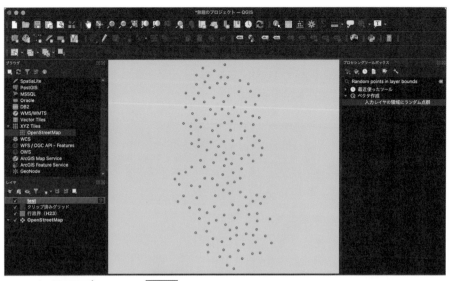

図5-38 データが海上に示された場合

そこで、生成したファイルの「？」と表示されているところをクリックして参照系の情報を入力します。今回のデータは「EPSG:2450」系なので、フィルタの欄に2450と入力し、該当する参照系を選択した上で［OK］を押します（図5-39）。

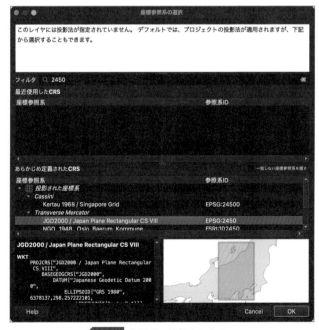

図5-39 参照系の情報を入力する

そうすると図5-40のように静岡県上に点データが表示されます。

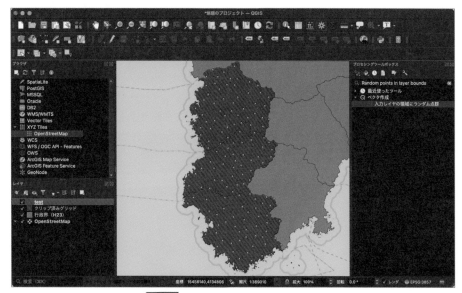

図5-40 静岡県上に点データが表示される

5-3-2 QGISを用いたラベル付け

高解像度土地利用土地被覆図を利用した教師データの作成準備について分類の章では、JAXAが提供している高解像度土地利用土地被覆図[注9]を利用しています。

教師データは、特定の地物（たとえば水田や畑、建物、森などのような対象物）に対してポリゴンを作成し、各々にラベルを付与することで作成できます。具体的には、前章で紹介した筆ポリゴンは、水田と畑のラベルが与えられたベクターデータになっています。ポリゴン内からランダムな点を作成し、その点の位置からラスターである衛星画像のピクセル値を取得し、ラベルとピクセルの値が紐付いた教師データを作成しています。

今回はポリゴン作成の手間を省くためにJAXAが提供している高解像度土地利用土地被覆図を利用して、ラベル作成の過程をある程度省略した方法になっています。そのため、関心のある場所の高解像度土地利用土地被覆図をどのように取得すれば良いのかを説明しましょう（ただし今回はすでに作成済みのデータもご用意してあります。データをダウンロードすれば教科書は進められますので、この説明は後で読み返すというのでも問題ありません）。

■○ データのダウンロードと利用

JAXAの高解像度土地利用土地被覆図を利用するためには利用申請が必要です。利用登録を済ませると

注9　https://www.eorc.jaxa.jp/ALOS/jp/dataset/lulc_j.htm

ダウンロードページに遷移しますので、10m相当解像度版日本全域GeoTiff形式データをダウンロードしましょう。ダウンロードしたファイルを解凍すると、ファイル名がLC_NxxExx（xxには数字）となっています。これは、北緯（N）と東経（E）を意味するもので、分割されたタイル画像が、どの座標の近傍に位置するのかを示しています。

　QGISを用いてタイル画像と実際の場所の整合を取りながら操作を行いましょう（図5-41）。

図5-41　10m相当解像度版日本全域GeoTiff形式データ

　今回は釧路周辺のデータが欲しいので釧路周辺に移動しましょう。QGISでは画面内に置いたポイントの座標値を取得しています。右下のところにCoordinateと示されているのが、その値となります。経度・緯度の順番ですので、釧路はE144、N43あたりであることがわかります。この情報を参考に、高解像度土地利用土地被覆図のタイル番号に近いものを探しましょう。今回はLC_N43E144とLC_N43E144であることがわかります。

■○ 座標系の変更

　QGISでは初期設定で座標参照系がEPSG:3857となっており、座標が平面直角座標で与えられている可能性があります。その場合にはQGISの操作画面右隅に座標系を操作できる場所がありますので、EPSG:4326の地理座標系へ変更しましょう。これにより緯度経度を正しく知ることができます（図5-42）。変更すると図5-43のようになります。

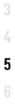

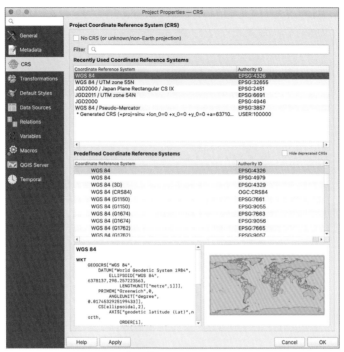

図5-42 座標系の変更

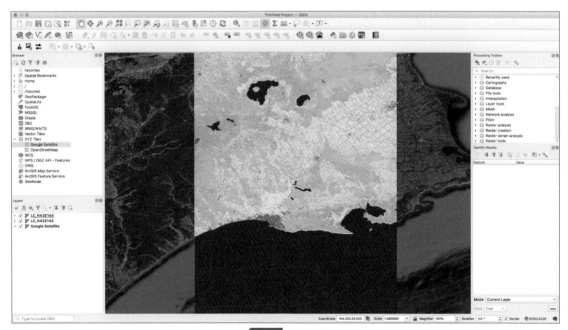

図5-43 変更結果

　続いて、2つの画像を結合しましょう。レイヤの情報が記載されている下に検索窓があります。ここに「結合（gdal_merge）」とタイプします（図5-44）。次にMergeを選択します（図5-45）。

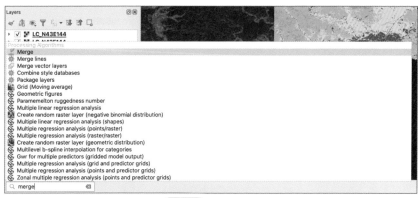

図5-44 画像の結合

図5-45 画像のMerge

　［Input layers］の［...］をクリックして、結合するレイヤを選択します（図5-46）。

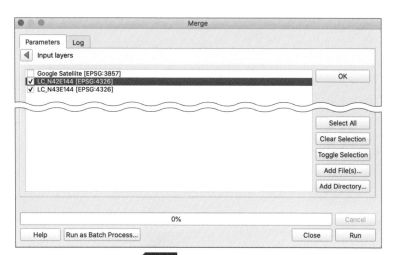

図5-46 結合レイヤの選択

　土地被覆にかかわるラスターデータだけ選択します。[Run]を押さずに、前の画面へ戻ります。画像左上の左矢印を押して前に画面に戻ります（図5-47）。

図5-47 ラスターデータ選択のため前の画面に戻る

　［Output data type］をUint16（整数型）にします。ラベルは整数ですので、初期のfloat（浮動小数点）である必要はありません。で形式はtifとしてファイル名をlulc_kushiro.tifで保存してください。

　このまま実行すると、

```
0...10...20...30...40...50ERROR 1: PROJ: proj_create_from_database: Cannot find proj.db
```

のようなエラーをログ上に確認できる場合があります（必ずしも発生するエラーではありません。ログを見て、上記エラーが生じていれば下記コマンドを実行してください）。

```
import os

os.environ["PROJ_LIB"]="/Applications/QGIS.app/Contents/Resources/proj"
```

　上記を事前にPythonコンソールへ入力することで防ぐことができます（Windowsの場合はC:¥OSGeo4W64¥share¥projを指定してください）。QGISのPythonコンソールはメニューのPlugins以下にあります（図5-48）。

図5-48 Pythonのコンソール画面（/Applications/QGIS.app/Contents/Resources/projと入力）

　そのあと、［Run］を押して実行します。図5-49のような結果が得られれば完成です。

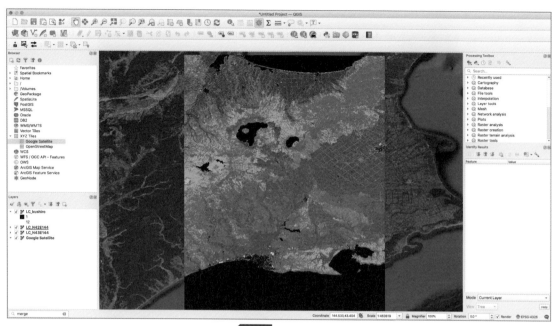

図5-49 完成データ

　生成されたデータはグレースケールですが、LayersのLC_kushiroをダブルクリックしてLayers propertiesを出しましょう（図5-50）。Symbologyへ移動します（図5-51）。

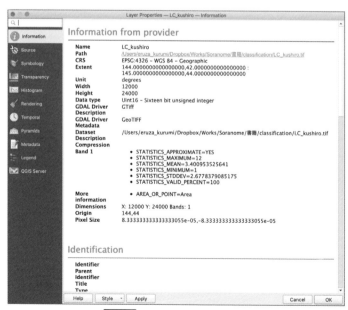

図5-50 Layers propertiesの確認

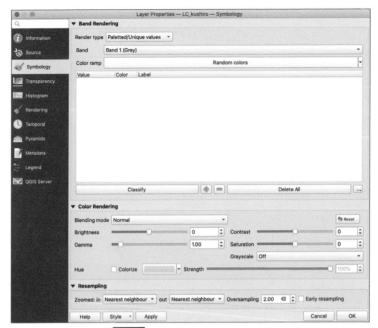

図5-51 Symbologyでデータの変換

「Render type」を［Singuleband gray］から［Paletted/Unique value］へ変更します（図5-52）。

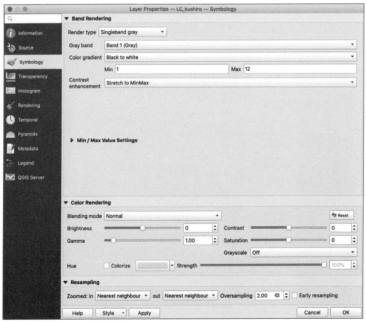

図5-52 ［Paletted/Unique value］へ変更

最後にClassifyをクリック。処理が始まり、1から12までのクラスが自動的に生成され、それぞれに色が割り当てられます（図5-53）。

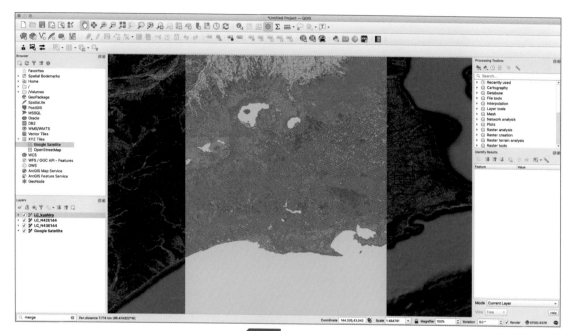

図5-53 完成データ

以上で教師データとなる画像の生成が完了しました。この画像を利用して分類を行います。

Column
データサイエンティストの役割⑦
「宇宙から観るアフリカの姿」

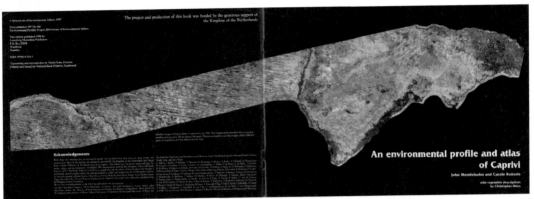

図5-54 Mendelsohn, J. and Roberts, C. 1997. An environmental profile and atlas of Caprivi. Windhoek：Environmental Project, Directorate of Environmental Affairs.（表紙裏見開き）

　この画像は、ランドサット（Landsat）衛星によって1994年に観測されたデータから作られたもので、アフリカ南部に位置するナミビア共和国北東部のカプリビ回廊（カプリビ・ストリップ：Caprivi Strip）と、その周辺地域の植生パターンやブッシュファイヤー（森林火災）の影響を表しています。ランドサットによって観測された画像データは現在無料で公開されていて、この画像のように、赤外・近赤外の波長帯を使用した、植生活性度など植生に関する分析や解析、また関連する研究事例は多岐にわたります。今回取り上げた理由は、このアトラスの表紙裏見開き1ページが、私の調査テーマや研究視座に大きな影響を与えたキッカケの1つだからです。

　大学院生時代、初めてのアフリカ長期フィールドワークに向けて手にとったこのアトラスの画像を見た瞬間、対象地域全体に広がる（主に画像の左半分）斜線状のパターンに目を奪われました。あまりにも直線的かつ等間隔であるため、人工的な何かのようにも見えますが、数100km規模で存在するこの斜線はなんと自然にできたものでした。しかも、その後の現地調査の結果から、地域住民の生活ととても深い関係にあることがわかったのです。衛星画像によって巨視的（マクロ）に把握できた自然環境を、現地調査によって微視的（ミクロ）に研究することは、人と自然の関係性を理解するうえで非常に重要です。フィールドワーカーは現地でしかできないことを考える必要があるといつも感じますが、それはリモートセンシングでできることをよく理解することと表裏一体であると心に留め、私はこれからも研究を続けます。

■ 芝田 篤紀（しばた あつき）
奈良大学 文学部 地理学科 講師 京都大学大学院 文学研究科行動文化学専攻 地理学専修 博士課程 修了 博士（文学）
● 専門は自然地理学・地理情報科学・地域研究で、地形・植生・生業の相互作用性やその影響を定量的に解明することに主軸を置いている。現在は海岸の微地形・微植生と海洋ごみの漂着・集積の関係解明にも着手。趣味は食べ歩き、飲み歩き、海外・国内旅行、博物館・美術館巡り。

Column

データサイエンティストの役割⑧
「自分が心地よく暮らせる場所をデータで見つけて行ってみる」

図5-55 2020年5月2日のSuomi夜間光データ／NASA EARTH DATA衛星データプラットフォームTellusに
MODIS地表面温度データを重ねた様子／Map design by MIERUNE. Maptiles by MapTiler.
Data by OpenStreetMap contributors, under ODbL., ©さくらインターネット

　日本全国の中で「星がきれい」「夏に涼しく過ごすことができる」という場所を衛星データを使って探しています。夜間の光が少ないということは、星景写真を撮る際にノイズになる「光害」が少ないという傾向にあると仮定できるだろうということで1枚目のNASA World-viewで検索したSuomi夜間光のデータから、夜間の光が少ない場所を日本全国から探し、ざっくりとポリゴンを作成しました。さらに「夏に涼しく過ごすことができる」快適な温度として大気温25℃前後の場所を探すため、衛星データプラットフォームTellusで、MODIS地表面温度データをOpenStreerMap上に表示させ、そこに夜間光が少なそうな場所のポリゴン化して重ねました。

　自分自身が2ヵ月ほどで移住を繰り返す渡り鳥のような生活をしているので、その移住先を探すために日本全国の情報から、その時期の「ベストプレイス」を探すために衛星データを用いています。衛星データは物によるものの広範囲を撮影しているデータも多く、日本全国のような広い範囲の中で適地を探すといった用途にとってたいへん便利です。現在までで全国7カ所をすでに回っていますが、思ったとおりであることも多い一方、衛星データだけで発見できなかった予想外の出来事もあったので、これにオープンデータや自治体のデータを組み合わせることで、さらなる「ベストプレイス」予測精度の向上を目指しています。

■城戸 彩乃（きど あやの）
　東京都立大学システムデザイン研究科航空宇宙システム工学域にて修士課程修了

●株式会社sorano me代表取締役CEO。大学在学中に、宇宙ビジネスの情報を伝える宇宙ビジネスメディア宙畑、フリーマガジンTELSTARを立上げ。卒業後は政府衛星データプラットフォーム「Tellus」のプロダクト開発を経て起業。衛星データを用いて日本全国移住生活中。文部科学省 国立研究開発法人審議会 宇宙航空研究開発機構部会 委員、日本航空宇宙学会宇宙ビジネス共創委員会 委員。

第6章

衛星データ解析
手法別演習
［分類編］

Chapter 6

第6章 衛星データ解析手法別演習 [分類編]

○ この章で学習すること

この章では教師あり学習と教師なし学習の分類で用いるいくつかの解析手法を学びます。衛星画像を使った土地被覆分類によく使われる解析手法を理解します。解析手法を用いて土地被覆分類のプログラミングに挑戦します。

6-1 scikit-learn の活用と教師あり／なし学習

本章では図6-1のような流れで解析を行います。

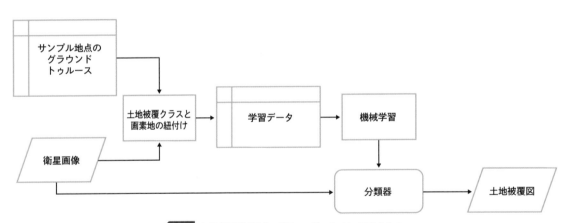

図6-1 土地被覆分類プログラミングのために必要なもの

以下の構成で衛星データ解析手法をそれぞれ説明します。

- scikit-learn を使った教師あり学習
  1. サポートベクターマシーン (SVM)
  2. 決定木
  3. ロジスティック回帰
  4. ニューラルネットワーク

　　5.ランダムフォレスト

　　6.ナイーブベイズ分類器

　　7.k 近傍法

・scikit-learn を使った教師なし学習

　　1.k 平均法

6-1-1　scikit-learn を使った学習データの準備

Python を使った教師あり学習による土地被覆分類の学習データの作成手順は次のようになります。

　①ライブラリのインポート

　②衛星画像シーンの検索と画像データの取得

　③学習データのサンプリング

　④衛星画像の画素値抽出

■□○ [Step 1] ライブラリのインポート

必要なライブラリのインストールをします。Colab 利用時はランタイムの再起動が必須です。

```
# Colab利用時はランタイムの再起動が必須
#ライブラリのインストール
!pip install spectral
!pip install geopandas
!pip install rasterio
!pip install sentinelsat
!pip install cartopy
!pip install fiona
!pip install shapely
!pip install pyproj
!pip install pygeos
!pip install rtree
!pip install sat-search
!pip install intake-stac
!pip install rioxarray
!pip install rasterstats
```

必要なライブラリをインポートします。

```
#必要ライブラリのインポート
import os
import numpy as np
import geopandas as gpd
import pandas as pd
import cartopy, pyproj, rtree, pygeos
```

```
import cv2

import matplotlib
import matplotlib.pyplot as plt
import matplotlib.image as mpimg
matplotlib.rcParams['figure.dpi'] = 250 # 解像度

from osgeo import gdal, gdal_array
import folium
import zipfile
import glob
import shutil

from mpl_toolkits.axes_grid1 import make_axes_locatable
import fiona, shapely
from shapely.geometry import MultiPolygon, Polygon, box
from fiona.crs import from_epsg
import rasterio as rio
from rasterio import plot
from rasterio.plot import show
from rasterio.plot import plotting_extent
from rasterio.mask import mask
from rasterio.crs import CRS
import rioxarray as rxr
from osgeo import gdal
from rasterstats import zonal_stats

import json
import intake
from satsearch import Search
from io import BytesIO
import urllib
from PIL import Image
import io
import requests
from IPython.display import IFrame

import warnings
warnings.filterwarnings('ignore')

print("done")
```

 Google Colabを用いる場合はドライブのマウントを行います。

```
# Google Colabを使っている場合には、ドライブのマウントを行います
from google.colab import drive
drive.mount('/content/drive')
```

■○ [Step 2] シーンの検索と画像取得

Sentinel-2 の釧路地方の衛星画像を使用し、土地被覆分類を行います。AWS（Amazon Web Services）のクラウドサービスを利用して配信されている API を利用して Sentinel-2 画像をインポートし、その画像を解析できます（図6-2）。

```
# 釧路市周辺を関心領域に設定する
src = 'https://www.keene.edu/campus/maps/tool/'
IFrame(src, width=960, height=500)

# Import用
# 144.3466150, 43.0495725
# 144.3404354, 42.9586839
# 144.5162118, 42.9554174
# 144.5141519, 43.0450563
# 144.3466150, 43.0495725
```

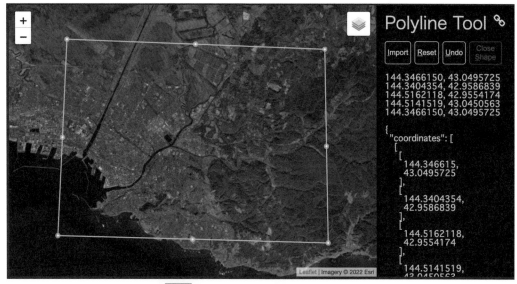

図6-2 Sentinel-2 による釧路地方の衛星画像

Polyline Tool による衛星データの取得は次のようになります。

```
aoi = [
    [
        144.346615,
        43.0495725
        ],
    [
        144.3404354,
```

```
42.9586839
],
[
144.5162118,
42.9554174
],
[
144.5141519,
43.0450563
],
[
144.346615,
43.0495725
]
]
```

関心領域の最小緯度・経度、最大緯度・経度を取得します。

```
areaLon = []
areaLat = []
# iterating each number in list
for coordinate in aoi:
  areaLon.append(coordinate[0])
  areaLat.append(coordinate[1])

minLon = np.min(areaLon) # min longitude
maxLon = np.max(areaLon) # max longitude
minLat = np.min(areaLat) # min latitude
maxLat = np.max(areaLat) # max latitude
```

画像取得範囲の設定を次の変数 [min lon, min lat, max lon, max lat] で行います。

```
bbox = [minLon, minLat, maxLon, maxLat] # 画像取得範囲の設定 min lon, min lat, max lon, max lat
dates = '2020-01-01/2020-12-31'

URL='https://earth-search.aws.element84.com/v0'
results = Search.search(url=URL,
                        collections=['sentinel-s2-l2a-cogs'], # sentinel-s2-l1c,
sentinel-s2-l2a-cogs, sentinel-s2-l2aが指定できます
                        datetime=dates,
                        bbox=bbox,
                        sort=['<datetime'])
```

検索で取得したデータ数を表示します。

```
print('%s items' % results.found()) #検索で取得したデータ数を表示
items = results.items()
items.save('sentinel-s2-l2a-cogs.json') #結果はJSONへ保存
```

取得結果のカタログ化を行います。画像のダウンロード用に用います。

```
catalog = intake.open_stac_item_collection(items)

# ローカル環境で解析する場合には以下のフォルダ階層を変更してください
# 例えば：/Users/Documents/workspace/sentinel-s2-l2a-cogs.json
gf = gpd.read_file('/content/sentinel-s2-l2a-cogs.json')
# 雲量で並び替え
gfSroted = gf.sort_values('eo:cloud_cover').reset_index(drop=True)
gfSroted.head()
```

リストから雲の量が最も少ないデータを取得します。

```
# 雲の量が最も少ない画像を取得
item = catalog[gfSroted.id[4]]

# 画像に含まれるデータを確認します
# 手動でダウンロードしたものと同じバンド情報が入っていることがわかります
print(list(item))

# サムネイル画像の表示 (RGB画像)
thumb_url = item['thumbnail'].urlpath
thumbImg = Image.open(io.BytesIO(requests.get(thumb_url).content))

plt.figure(figsize=(5,5))
plt.imshow(thumbImg)
```

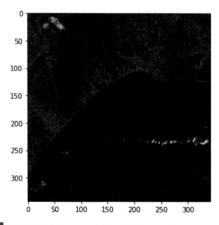

図6-3 出力結果(Produced from ESA remote sensing data)

```
bandLists = ['B02','B03','B04','B08'] # 4バンドを取得
file_url = [item[band].metadata['href'] for band in bandLists]
print(file_url)
```

　Sentinel-2の画像をクリッピングし、併せてCRSの変換も行います。

```
def getFeatures(gdf):
    """rasterioで読み取れる形のデータに変換するための関数"""
    return [json.loads(gdf.to_json())['features'][0]['geometry']]

# 画像の読み込み
Rst_blue = rxr.open_rasterio(file_url[0],masked=True).squeeze() # B02
Rst_green = rxr.open_rasterio(file_url[1],masked=True).squeeze() # B03
Rst_red = rxr.open_rasterio(file_url[2],masked=True).squeeze() # B04
Rst_nir = rxr.open_rasterio(file_url[3],masked=True).squeeze() # B08
# print(Rst_red.rio.crs)

# rastrio crsオブジェクトの作成。UTM Zone54Nからwgs84へ変換
wgs4326 = CRS.from_string('EPSG:4326')

# 投影変換
Rst_blue_jgd = Rst_blue.rio.reproject(wgs4326)
Rst_green_jgd = Rst_green.rio.reproject(wgs4326)
Rst_red_jgd = Rst_red.rio.reproject(wgs4326)
Rst_nir_jgd = Rst_nir.rio.reproject(wgs4326)

# 画像の切り抜き処理
bbox = box(minLon, minLat, maxLon, maxLat)
geo = gpd.GeoDataFrame({'geometry': bbox}, index=[0], crs=from_epsg(4326))
# geo = gpd.GeoDataFrame({'geometry': bbox}, index=[0])
coords = getFeatures(geo)

# 画像の切り抜き処理
Rst_blue_clip = Rst_blue_jgd.rio.clip(coords)
Rst_green_clip = Rst_green_jgd.rio.clip(coords)
Rst_red_clip = Rst_red_jgd.rio.clip(coords)
Rst_nir_clip = Rst_nir_jgd.rio.clip(coords)

# GeoTIFFとして出力
# ローカル環境で実行する場合には実行ファイルと同じ階層に「s2_classification」というフォルダを作成してください
Rst_blue_clip.rio.to_raster("/content/drive/MyDrive/s2_classification/blue.tif")
Rst_green_clip.rio.to_raster("/content/drive/MyDrive/s2_classification/green.tif")
Rst_red_clip.rio.to_raster("/content/drive/MyDrive/s2_classification/red.tif")
Rst_nir_clip.rio.to_raster("/content/drive/MyDrive/s2_classification/nir.tif")
```

■■○ ［Step 3］衛星画像の画素値を抽出

　教師なし技術とは異なり、教師あり分類では衛星画像の画素値に土地被覆クラスを対応づける必要があります。まず、ライブラリのインポートを行います。

```
from sklearn.pipeline import Pipeline
from sklearn.preprocessing import StandardScaler
from sklearn.pipeline import make_pipeline
```

データフレームを作成します。利用するサンプリング地点を示したファイル（stratified_points）はあらかじめダウンロードしてください。今回ダウンロードしたファイルは、content以下にアップロードしています。

```
pointfile = '/content/stratified_points.gpkg'
s2folder = r'/content/drive/MyDrive/s2_classification'

randomPoints = gpd.read_file(pointfile)

# 各点のピクセル値を読み取る
for root, folders, files in os.walk(s2folder):
    for file in files:
        f = os.path.join(root, file)
        if os.path.isfile(f) and f.endswith('.tif'):
            bandRaster = rxr.open_rasterio(f).sel(band=1)
            randomPoints_stats = pd.DataFrame(point_query
                                    (randomPoints,\
                                     bandRaster.values,\
                                     affine=bandRaster.rio.transform(),\
                                     nodata=bandRaster.rio.nodata))
            randomPoints_stats.columns=['{0}'.format(file.split('.')[0])]
            randomPoints = randomPoints.join(randomPoints_stats)"
```

土地被覆クラスは表6-1のように定めています。

表6-1 土地被覆クラス

クラス	説明
1	水域
2	人工物
3	草地・農地
4	森林

　本来、学習データはフィールドワークや高分解能衛星画像の目視判読によって収集される正解情報（グラウンドトゥルースデータ）をもとに作成します。この演習では一連の手順を簡便に学ぶことを優先するため、グラウンドトゥルースデータの収集手順を省略しました。緯度経度が整数値の場所のグラウンドトゥルースデータを収集するボランティアによるプロジェクト「Degree Confluence Project[注1]」を参考にしてください。

　Inf, NaNの除外処理を行います。

注1　https://www.confluence.org/

```
# Inf, NaNの除外除外処理
df = df[~df.isin([np.nan, np.inf, -np.inf]).any(1)]
msk = np.random.rand(len(df)) < 0.8
train = df[msk]
test = df[~msk]

predictor_cols = ['max_blue', 'max_green', 'max_red', 'max_nir']
X = train[predictor_cols].values.tolist()
y = train['data'].tolist()
```

6-1-2 サポートベクターマシンを実際にやってみよう

　解析の前準備で取得したデータを用いて、SVM（サポートベクターマシン）による土地被覆分類図の作成を実際にやってみましょう。機械学習アルゴリズムライブラリとしてscikit-learnを使用してSVMをインポートします。SVMのパラメータなどの詳細は、scikit-learnの公式ドキュメントを参照してください。

```
from sklearn.svm import SVC
predictor_cols = ['blue', 'green', 'red', 'nir']
X = train[predictor_cols].values.tolist()
y = train['data'].tolist()
clf = SVC()
clf.fit(X, y)

# 検証
Xtest = test[predictor_cols]
ytest = test['data']
p = clf.predict(Xtest)
clf.score(Xtest,ytest)

# 結果の描画
b2 = rio.open(os.path.join(s2folder, 'blue.tif')).read()
b2 = b2[0,:,:]
b3 = rio.open(os.path.join(s2folder, 'green.tif')).read()
b3 = b3[0,:,:]
b4 = rio.open(os.path.join(s2folder, 'red.tif')).read()
b4 = b4[0,:,:]
b8 = rio.open(os.path.join(s2folder, 'nir.tif')).read()
b8 = b8[0,:,:]
bands = np.dstack((b2,b3,b4,b8))
bands = bands.reshape(int(np.prod(bands.shape)/4),4)
r = clf.predict(bands) # 予測
r = r.reshape(b2.shape) # 2dアレイへreshape

# 結果の出力
b2src = rio.open(os.path.join(s2folder, 'blue.tif'))
with rio.Env():
  profile = b2src.profile
  profile.update(
```

```
    dtype=rio.uint8,
    count=1,
    compress='lzw')
with rio.open('Classed_image_svm.tif', 'w', **profile) as dst:
  dst.write(r.astype(rio.uint8), 1)
```

6-2 決定木

6-2-1 決定木とは？

　決定木（ディシジョンツリー）は、分類問題と回帰問題の両方に使用できる教師付き学習手法ですが、分類問題を解くのに使われることが多いです。理解と解釈が最も簡単で人気のある分類アルゴリズムの1つです。決定木と呼ばれるのは、アルゴリズムを図示すると木の枝葉のように見えるからです。

6-2-2 決定木の理論的背景

　決定木による分類は特徴量の値と閾値の大小関係を判断して分岐する過程をたどり、図6-4に示すような決定木として表現されます。衛星画像解析の場合は画素値やNDVIなどの指標のように波長を用いて算出される値が分岐を決める特徴量となります。決定木のそれぞれの分岐をノード（node）と呼び、分岐の出発点となるノードは根ノード（root node）と呼びます。木の終端のノードは葉ノード（leaf node）と呼ばれます。根ノードと葉ノード以外のノードは内部ノード（internal node）とよばれます。決定木は根ノードと内部ノードで閾値による分岐が行われ、その結果に従って、さらに木を分割するプロセスになります。また、分岐する前のノードを親ノード、分岐後のノードを子ノードとよびます。図6-4が一般的な決定木の構造になります。

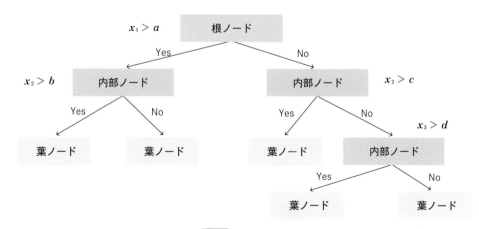

図6-4 決定木の構造

　各内部ノードでの分岐は閾値による特徴量の判定を行っており、各葉ノードはクラスのラベルを決定して

います。根ノードから葉ノードまでの道程は分類ルールを表しています。決定木の学習に関する代表的な方法として、CART（Classification and Regression Tree）があります。CARTのアルゴリズムは特徴量を用いて最適に分割する分岐を生成します。このノードがどれくらい偏りなく分割できたかを評価する基準を情報利得（Information Gain）といいます。この情報利得を計算するに当たって、不純度とよばれる評価関数で評価し選択します。不純度を表す代表的な関数として、ジニ不純度（Gini Index）と交差エントロピー（Entropy）があります。今回もscikit-learnを使って実装しますが、scikit-learnの分割方法もこのいずれかを選択できますが、デフォルトではジニ不純度が設定されます。

■○ ジニ不純度

データセットのサンプルの中で、すべてのデータが同じクラスに属しているとき、そのクラスは純粋であるとし、逆に異なるクラスのデータが混じってしまった場合不純度が増すとします。あるノードで分割する規則を定める際に、不純度の減り方が最も大きな分割にすれば、得られた決定木による分類は全体として不純度が低く最適であるといえます。

ジニ不純度は上述の考え方で不純度を評価する指標で、以下のように計算されます。

$$G = 1 - \sum_j P^2(C_i \mid t)$$

ここで $P(C_i \mid t)$ はノード t で i 番目のクラスのデータが選ばれる確率です。ジニ不純度の減少量、つまり親ノードと子ノードのジニ不純度の差が計算され、情報利得として取得されます。

■○ 交差エントロピー

エントロピーも不純度を測定するための指標です。分割前のエントロピーと分割後の平均エントロピーの差を計算します。エントロピーは次の式で表されます。

$$E = -\sum_{i=1}^{K} P(C_i \mid t) \log P(C_i \mid t)$$

6-2-3 実際にやってみよう（モデルの選択と学習）

解析の前準備で取得したデータを用いて、決定木による土地被覆分類図を実際にやってみましょう。今回も機械学習アルゴリズムライブラリとしてscikit-learnを使用してDecisionTreeClassifierをインポートします。パラメータなどの詳細は、scikit-learnの公式ドキュメント[注2]を参照してください。デフォルトのとおりジニ係数による不純度計算によって、分割していきます。

```
from sklearn.tree import DecisionTreeClassifier
# モデルの訓練
DT = DecisionTreeClassifier()
```

注2　https://scikit-learn.org/stable/modules/generated/sklearn.linear_model.LogisticRegression.html

```
DT.fit(X, y)

# 検証
p = DT.predict(Xtest)
DT.score(Xtest,ytest) # Overall accuracy


r = DT.predict(bands)
r = r.reshape(b2.shape)

# 結果の出力
b2src = rio.open(os.path.join(s2folder, 'blue.tif'))
with rio.Env():
  profile = b2src.profile
  profile.update(
      dtype=rio.uint8,
      count=1,
      compress='lzw')
  with rio.open('Classed_image_DT.tif', 'w', **profile) as dst:
    dst.write(r.astype(rio.uint8), 1)
```

6-3 ロジスティック回帰（分類）

本節では、分類アルゴリズムの中でも基本的な内容のロジスティック回帰の理論的背景を理解します。ロジスティック回帰のアルゴリズムを用いて土地被覆分類問題のプログラミングに挑戦します。次の流れで解説を進めます。

1. ロジスティック回帰とは
2. ロジスティック回帰の理論的背景
3. 実際にやってみよう

6-3-1 ロジスティック回帰とは

ロジスティック回帰とは、機械学習の分類手法です。ロジスティック回帰では目的変数の値域を[0,1]とする回帰モデルで二値分類問題によく用いられます。

6-3-2 ロジスティック回帰の理論的背景

ロジスティック回帰は、従属変数を0や1のような2進数または離散形式の目的変数を推定する分類問題を解決するために使用される教師付き分類アルゴリズムです。ロジスティック回帰は、連続変数の値を予測する線形回帰とは異なり、0か1か、YesかNoか、TrueかFalseかなどのカテゴリ変数を使って働きます。

ロジスティック回帰は、データの分布からシグモイド関数で表される確率モデルを推定する統計的手法で

293

す。シグモイド関数は次のように定義されます。

$$p = 1/1 + e^{-y}$$
$$y = \beta_0 + \beta_1 X_1 + \beta_2 X_2 + \cdots + \beta_n X_n$$

ここでyは従属変数、$x_1, x_2, \ldots, x_n$ は説明変数です。

上記の式をまとめると

$$p = 1/1 + exp(-(\beta_0 + \beta_1 X_1 + \beta_2 X_2 + \cdots + \beta_n X_n))$$

図6-5のグラフを見てみましょう。

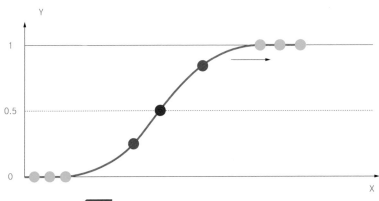

図6-5 シグモイド関数、ロジスティック回帰との関係

　シグモイド関数は、予測値を確率にマッピングするために使われる関数です。シグモイド関数の出力が0.5以上であれば、1またはYESと分類し、0.5未満であれば0またはNOと分類されます。つまり、確率に対し閾値を設定することで2値化しているといえます。

```python
from sklearn.linear_model import LogisticRegression
# モデルの訓練
LR = LogisticRegression(solver='lbfgs', multi_class='auto')
LR.fit(X, y)

# 検証
p = LR.predict(Xtest)
LR.score(Xtest,ytest) # Overall accuracy

r = LR.predict(bands)
r = r.reshape(b2.shape)

# 結果の出力
b2src = rio.open(os.path.join(s2folder, 'blue.tif'))
```

```
with rio.Env():
  profile = b2src.profile
  profile.update(
      dtype=rio.uint8,
      count=1,
      compress='lzw')
  with rio.open('Classed_image_LR.tif', 'w', **profile) as dst:
    dst.write(r.astype(rio.uint8), 1)
```

6-4　ニューラルネットワーク

6-4-1　ニューラルネットワークとは？

　ニューラルネットワークは代表的な教師付き学習アルゴリズムです。ニューラルネットワークは、脳の神経回路にヒントを得て開発されたアルゴリズムです。「ニューロン」という言葉は、人間の神経系にある細胞のことを指します。ニューロンは、感覚器官からの入力をまとめて処理し、情報を加工し、出力する役割を果たしています。またニューラルネットワークは近年話題のディープラーニング（深層学習）の基本となる概念です。

6-4-2　ニューラルネットワークの理論的背景
■● 単純パーセプトロン

　最も単純なニューラルネットワークは、1つのニューロンだけで構成され、単純パーセプトロンと呼ばれる。生物のニューロンが樹状突起と軸索を持っているのと同じように、人工的に作られた1つのニューロンは、入力ノードと、各入力ノードに接続された1つの出力ノードを持つ単純な木構造になっています。入力層は入力を受け取る役割を果たします。入力層のノードの数は、入力データセットに含まれる特徴の数に等しくなります。

　入力ノードからの各接続には、重みが与えられており、これはニューロン同士の関連の強さを示します。重みは正しく予測の出力結果を得るために、学習を通じて調整しなければなりません。

　各入力に重みをかけて、加重和を求め、その総和にステップ関数が適用され、結果が出力されます。

　出力ノードは最終的な結果であり、入力ノードの加重和の関数に関連付けられます。出力を計算するには、入力にそれぞれの重みを掛け、閾値と比較します．

　追加のパラメータはバイアスと呼ばれ、これはパーセプトロンの柔軟性の度合いと考えることができます。

　パーセプトロンは分類の手段として、ある閾値以上の出力はそのインスタンスがあるクラスに属することを示し、閾値以下の出力はその入力が他のクラスに属することを示すことと同じで、2値分類をしています。パーセプトロンを視覚的に説明すると図6-6のようになります。

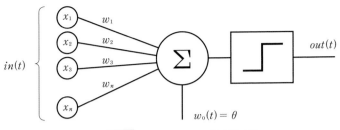

図6-6 パーセプトロンの構造模式図

■■○ 多層パーセプトロン

　単純なパーセプトロンを見てきましたが、それを多数組み合わせることで複雑な処理を可能にしたのが多層パーセプトロン（Multilayer perceptron：MLP）です。少なくとも3つ以上のノードの層からなり、入力層、出力層、そして1つ以上の隠れ層が存在します。隠れ層は入力層からの情報を用いて計算処理を実行し、出力層に繋ぐ役割を担います。図6-7は、1つの隠れ層だけの多層パーセプトロンを示していますが、実際には複数の隠れ層を含むことができます。

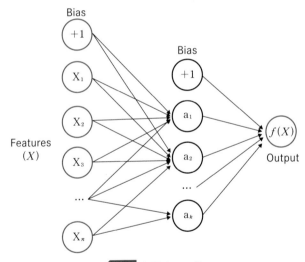

図6-7 多層パーセプトロン

　多層パーセプトロンは全結合であり、ある層のすべてのノードは次の層のノードと接続しています。ニューラルネットワークの学習は以下の流れで進められます。

　①出力を計算する
　②学習データから全出力の誤差を計算する
　③誤差逆伝播法（Backpropagation）を用いて、誤差を小さくするように重みとバイアスを調整する

6-4-3 実際にやってみよう（モデルの選択と学習）

　機械学習アルゴリズムライブラリとしてscikit-learnを使用してニューラルネットワークをインポートします。パラメータなどの詳細は、scikit-learnの公式ドキュメント[注3]を参照してください。

```python
from sklearn.neural_network import MLPClassifier
# モデルの訓練

NN = MLPClassifier(solver='lbfgs', random_state=42)
NN.fit(X, y)

# 検証
p = NN.predict(Xtest)
NN.score(Xtest,ytest) # Overall accuracy


r = NN.predict(bands)
r = r.reshape(b2.shape)

# 結果の出力
b2src = rio.open(os.path.join(s2folder, 'blue.tif'))
with rio.Env():
  profile = b2src.profile
  profile.update(
      dtype=rio.uint8,
      count=1,
      compress='lzw')
  with rio.open('Classed_image_NN.tif', 'w', **profile) as dst:
    dst.write(r.astype(rio.uint8), 1)
```

6-5 ランダムフォレスト（分類）

　分類にも回帰にも使用可能なランダムフォレストの理論的背景を学びます。実際にプログラミングを行い、ランタムフォレストを土地被覆問題への応用を実践します。次の流れで進めていきます。

1. ランダムフォレストとは
2. ランダムフォレストの理論的背景
3. 実際にやってみよう

注3　https://scikit-learn.org/stable/modules/generated/sklearn.neural_network.MLPClassifier.html

6-5-1 ランダムフォレストとは

　ランダムフォレストは、非常に強力な教師付き学習アルゴリズムの1つです。機械学習において分類問題と回帰問題の両方のタスクに使用できます。このアルゴリズムでは、決定木を複数組み合わせたアルゴリズムで、森のようにしたアルゴリズムだと言われます。したがって、ランダムフォレストを学ぶ場合、決定木に関する前提知識が必要です。このアルゴリズムは決定木の集合体を使用することで、精度や頑健性を向上させています。

6-5-2 ランダムフォレストの理論的背景

　ランダムフォレストは、アンサンブル学習法の一種です。アンサンブル学習とは、複数の学習機を組み合わせてより予測性能を強化する手法です。ランダムフォレストとは、アンサンブル学習法の中のバギングという手法を強化したものです。

■○ バギング

　バギングとは、学習データのブートストラップサンプルを用いて複数の識別器を学習させ、新しい入力データのクラスはそれらの識別器の多数決で決めるという方法です。ブートストラップとは、データセットから重複を許して n 個のデータをサンプリングする方法です。複数の決定木の結果の多数決をとり、1つだけの決定木よりも性能の良い識別器を構成できます。

　しかし、ブートストラップサンプルによる学習では、データのばらつきが反映されるだけで、決定木間の相関が高くなり、大差ない性能となるため、性能が強化できない可能性があります。この欠点を解決したのがランダムフォレストです。

■○ ランダムフォレスト

　ランダムフォレストは、多数の決定木を組み合わせてランダムフォレストを作成し、作成した各木について予測を行います。

　それは次のような手順で行われます。

1. 与えられたデータセットからランダムなデータ集合を N 個作成する
2. 選択されたデータ集合に関連付けられた決定木 N 個を構築する。この d 個の特徴からランダムに d' 個の特徴量を選択する
3. 各決定木から予測結果を出力する
4. 分類の場合は各決定木の出力を多数決で、回帰の場合は出力の平均を最終的な予測結果とする

ランダムフォレストのアルゴリズムは図6-8のようになります。

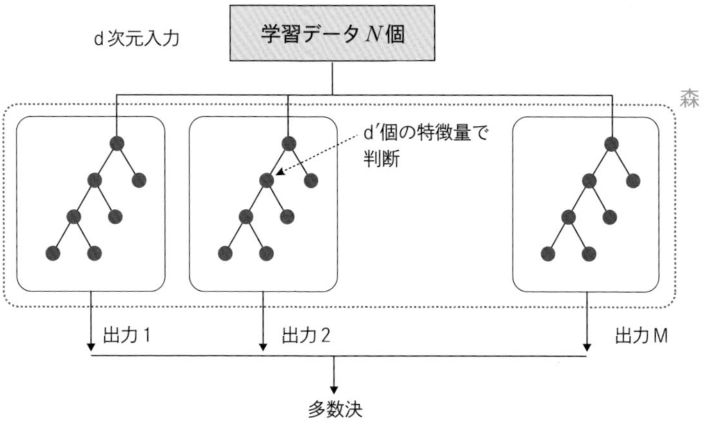

図6-8 ランダムフォレストのアルゴリズム

　この設計により、ランダムフォレストは高次元の大規模データセットを処理し、最も重要な変数を識別できるので、次元削減法の1つとも言えます。これによりモデルの精度を高めつつ、過学習の問題を防ぐことができます。

　また、ランダムフォレストはどの特徴の重要かを表す指標として、各特徴がノード分割に使われたときの不純度（ジニ不純度）の減少量を全体で平均した量を活用します。こうすることで、どの特徴量が識別に寄与したかを表すことができるのが、ランダムフォレストの長所と言えます。

 リモートセンシングへの応用

　ランダムフォレストの分類器は、リモートセンシングに広く応用されてきました。この分類器を用いた研究では、土地被覆分類や都市フットプリントの地図作成、ハイパースペクトル画像を用いた北方林の生息地の地図作成、Landsat衛星の時系列データを用いたバイオマスの地図作成、単時期および多時期のLandsat 8画像を用いた樹冠被覆とバイオマス量のマッピングなどの事例があります。

6-5-3 **実際にやってみよう**

```python
from sklearn.ensemble import RandomForestClassifier
# モデルの訓練
RF = RandomForestClassifier(n_estimators=100, random_state=42)
RF.fit(X, y)

# 検証
p = RF.predict(Xtest)
RF.score(Xtest,ytest) # Overall accuracy

r = RF.predict(bands)
r = r.reshape(b2.shape)
```

```
# 結果の出力
b2src = rio.open(os.path.join(s2folder, 'blue.tif'))
with rio.Env():
 profile = b2src.profile
 profile.update(
     dtype=rio.uint8,
     count=1,
     compress='lzw')
with rio.open('Classed_image_RF.tif', 'w', **profile) as dst:
   dst.write(r.astype(rio.uint8), 1)
```

6-6 ナイーブベイズ

6-6-1 ナイーブベイズとは？

　ナイーブベイズは非常に高速な分類アルゴリズムで、大量のデータを扱うのに適しています。これは確率のベイズ定理に基づいており、未知のクラスの予測に使用します。最も単純な教師付き学習アルゴリズムの1つと考えられています。

　ナイーブベイズ分類器は、スパムフィルタリング、テキスト分類、センチメント分析、レコメンダーシステムなど、さまざまなアプリケーションに応用されています。

　このアルゴリズムは、ある特徴の発生が他の特徴の発生とは無関係であるという仮定をしているため、「ナイーブ」と呼ばれています。この仮定をクラス条件独立性と呼びます。

6-6-2 ナイーブベイズの理論的背景

　ナイーブベイズはベイズの定理に基づいたアルゴリズムです。ベイズの定理では、ある事象Aが起こるという条件のもとで、別の事象Bが発生する条件付き確率を与えます。その式は次のように表されます。

$$P(B \mid A) = \frac{P(A \mid B) P(B)}{P(A)}$$

　ここで、$P(B \mid A)$ は事象Aが起こるという条件のもとで事象Bが起こる条件付き確率（事後確率）、$P(A \mid B)$ は事象Aが与えられたときの事象Bの条件付き確率（尤度）です。$P(A)$ は事象Aが起こる確率（周辺尤度）、$P(B)$ は事象Bが発生する事前確率と言います。

　ナイーブベイズ分類器は、ある事象の確率を次のように計算します。

　　①与えられたクラスのラベルに対する事前確率を計算する
　　②各クラスの各属性の尤度を求める
　　③ナイーブベイズ方程式を用いて、各クラスの事後確率を計算する

④事後確率が最も高いクラスを予測結果とする

ナイーブベイズは、2値（2クラス）以上の分類問題のためのアルゴリズムです。

クラスの確率の計算について
クラス確率は、単純に各クラスに属するインスタンスの頻度をインスタンスの総数で割ったものです。

条件付き確率の計算について
条件付き確率は、与えられたクラス値に対する各属性値の頻度を、そのクラス値を持つインスタンスの頻度で割ったものです。

6-6-3 実際にやってみよう（モデルの選択と学習）
機械学習アルゴリズムライブラリとしてscikit-learnを使用してnaive_bayesをインポートします。パラメータなどの詳細は、scikit-learnの公式ドキュメント[注4]を参照してください。

```python
from sklearn.naive_bayes import GaussianNB
# モデルの訓練
NB = GaussianNB()
NB.fit(X, y)

# 検証
p = NB.predict(Xtest)
NB.score(Xtest,ytest) # Overall accuracy


r = NB.predict(bands)
r = r.reshape(b2.shape)

# 結果の出力
b2src = rio.open(os.path.join(s2folder, 'blue.tif'))
with rio.Env():
 profile = b2src.profile
 profile.update(
    dtype=rio.uint8,
    count=1,
    compress='lzw')
 with rio.open('Classed_image_NB.tif', 'w', **profile) as dst:
   dst.write(r.astype(rio.uint8), 1)
```

注4　https://scikit-learn.org/stable/modules/generated/sklearn.naive_bayes.GaussianNB.html

6-7 k近傍法

6-7-1 k近傍法とは？

　k近傍法（kNN, k-nearest neighbor algorithm）は、主に分類問題に使用される教師付き機械学習アルゴリズムの1つで、最近傍法（nearest neighbor法、NN法）の一種です。

　kNNは怠惰学習（lazy algorithm）の1つで、基礎となるデータやその分布について何も仮定しません。数値がどのような特徴を表しているかに関係なく、他のデータポイントへの近接性に基づいて選択を行います。怠惰学習アルゴリズムは、学習データ点がほとんどないので、学習が速くなります。そのため、新しいデータ点が現れたときに分類することができます。

　kNNは最も基本的な形では実装が非常に簡単ですが、それにもかかわらず、非常に複雑な分類タスクを実行します。kNNは最も単純で広く使われているアルゴリズムの1つで、k値(最近傍)に依存します。

6-7-2 k近傍法の理論的背景

　あるオブジェクトを分類することを考えます。最近傍法では、分類対象のオブジェクトと学習データのオブジェクトとの距離を計算し、もっとも近い学習データが所属するクラスに識別します。k近傍法の場合は、最も近いk個のオブジェクトを指定し、オブジェクトが最も多く所属するクラスに分類します。近傍数kはハイパーパラメータとして調節できます。

　通常、距離の尺度としてユークリッド距離が用いられます。ユークリッド距離は以下のように計算されます。

$$d(p, \ q) = \sqrt{\left(\sum_{i-1}^{N} (q_i - p_i)^2 \right)}$$

　これは、新しいデータ点と他のすべての学習データ点との距離を単純に計算します。次に、k個の最も近いデータ点を選択し、k個のデータ点の大部分が属するクラスにデータ点を割り当てます。kは近傍の数を指定しており、kに最適な値を選択する必要がある。

　①k個の近傍オブジェクトのを選択する
　②ユークリッド距離に基づく距離に応じて、新しいデータオブジェクトのk個の最近傍を取る
　③このk個の近傍オブジェクトのうち、各カテゴリで見つかったオブジェクトの数を数え、新しいデータオブジェクトの最も多くの近傍を数えたカテゴリに割り当てる

　以上がkNN分類アルゴリズムの実装です。kNNは次元が少ない方が性能が良くなります。特徴量が多くなると、より多くのデータを必要とし、オーバーフィットの問題が発生します。次元の数を増やすと必要なデータが指数関数的に増加する必要があり、これが「次元の呪い」の原因となります。次元の呪いを回避するには、主成分分析を実行して次元を減らすか、特徴量選択をすることが考えられます。

　機械学習アルゴリズムライブラリとしてscikit-learnを使用してneighborsをインポートします。パラメータなどの詳細は、scikit-learnの公式ドキュメント注5を参照してください。

```
from sklearn.neighbors import KNeighborsClassifier
# モデルの訓練
KNN = KNeighborsClassifier(n_neighbors=5)
KNN.fit(X, y)

# 検証
p = KNN.predict(Xtest)
KNN.score(Xtest,ytest) # Overall accuracy


r = KNN.predict(bands)
r = r.reshape(b2.shape)

# 結果の出力
b2src = rio.open(os.path.join(s2folder, 'blue.tif'))
with rio.Env():
 profile = b2src.profile
 profile.update(
     dtype=rio.uint8,
     count=1,
     compress='lzw')
with rio.open('Classed_image_KNN.tif', 'w', **profile) as dst:
   dst.write(r.astype(rio.uint8), 1)
```

　教師なし分類の結果には、それぞれのクラスタの土地被覆に関する情報を含みません。土地被覆クラスを付与するラベリングによって、土地被覆図が完成します。

6-8 scikit-learnを使った教師なし学習

　教師なし学習とは正解ラベルがない入力データから類似性を用いてグループに分割する手法です。教師なし学習によって分類問題を解くことを、教師なし分類といいます。

6-8-1 k平均法
■○ k平均法とは?
　k平均法（k-means法）はクラスタリングの中でも**非階層クラスタリング**に分類されます。非階層クラスタ

注5　https://scikit-learn.org/stable/modules/generated/sklearn.neighbors.KNeighborsClassifier.html

リングとは、初期状態として適当なクラスタを与え、そのメンバーをクラスタ間で組み替えることによって、より分離度の高いクラスタを求めていく方法です。非階層クラスタリングにはk-平均法やISODATA法などが代表例として挙げられます。

k平均法は衛星画像の分類問題を解く際によく使われる手法です。初期状態として適当なクラスタを与え、そのメンバーをクラスタ間で組み替えることによって、より分離度の高いクラスタを求めていく方法です。

6-8-2 k平均法の理論的背景

k平均法の理論的背景は非常にシンプルです。図6-9を参照しながら解説します。

①データの数をn、クラスタの数をkとする。データは図6-9の(1)のように表現される

$$x_i \ (i = 0, \ 1, \ 2, \ ..., \ n)$$

② x_i をランダムにクラスタに分類する。そのクラスタの中心 V_i を計算する (2)

③そして x_i と V_i との距離を計算し、最も近い中心に割り当て直す。これを繰り返す (3)

④ x_i のクラスタの割り当てが変化しなくなったら、その処理を終了する (4)

こうして、データが指定した個数のクラスタのどれかに割り当てられ、分類されるという手法になります。

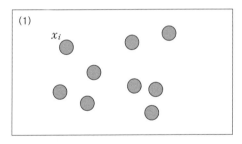
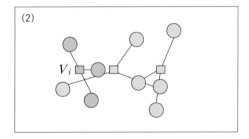
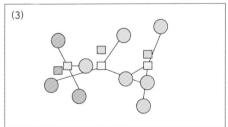
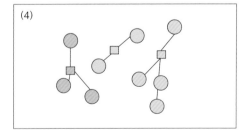

図6-9 k平均法の解説図

6-8-3 実際にやってみよう（モデルの選択と学習）

機械学習アルゴリズムライブラリとしてscikit-learnを使用してclusterをインポートします。パラメータなどの詳細は、scikit-learnの公式ドキュメント[注6]を参照してください。

```python
from sklearn.cluster import KMeans

KM = KMeans(n_clusters=5, random_state=42).fit(bands)
# 分類結果のラベルを取得する
labels = KM.labels_
lab
# 分類結果のラベルarray
r = labels.reshape(b2.shape)

# 結果の出力
b2src = rio.open(os.path.join(s2folder, 'blue.tif'))
with rio.Env():
 profile = b2src.profile
 profile.update(
    dtype=rio.uint8,
    count=1,
    compress='lzw')
 with rio.open('Classed_image_KM.tif', 'w', **profile) as dst:
   dst.write(r.astype(rio.uint8), 1)
```

教師なし分類の結果には、それぞれのクラスタの土地被覆に関する情報を含みません。土地被覆クラスを付与するラベリングによって、土地被覆図が完成します。

注6　https://scikit-learn.org/stable/modules/generated/sklearn.cluster.KMeans.html

Column
データサイエンティストの役割⑨
「離れた現地とのデータ連携」

図6-10 モザンビークの建物を検出した図

　この画像は、衛星データからモザンビークの建物を検出した地図です。日本では、こうした地図が、すでに高精度かつ広範囲での住宅地図が整備されています。一方、世界ではまだ地図インフラが整っていない国も多く、そうした国にとっては都市発展のためにも早急な情報の整備が必要です。私は、新興国のクライアントから要望を引き出し、高解像度の衛星画像と建物の教師データを用いて、衛星データから建物をディープラーニングで検出するシステムを構築しました。このように、日本ではビジネスになりにくいものでも、衛星データを活用することで、都市計画において、莫大なコストが削減され、効率かつスピーディーに結果が得られます。

　建物データ整備を含む地図の情報更新は、持続可能な社会の発展のために重要な課題です。整備された地図は、公衆衛生や災害リスク管理など、さまざまな課題に活用されてきました。しかし、頻繁に建て替わる建物データを地上からの測量で整備していくには、膨大なコストがかかります。すると、都市部に比べると変化がなく、情報の利用者が少ない農村部の整備は後回しにされることが多くなります。このような状況で、高解像度の衛星データによる建て替え情報の整備は、都市部だけでなく農村部も等しくカバーできるので、地図の情報更新に有効なのです。

　このような利点がある衛星データを現地で普及する上で重要となるのが「現地の人が正解データ（教師データ）を集めて、そのデータをもとにデータサイエンティストが解析し、現地にその結果を伝えられるか」というオペレーションです。というのも、衛星データを精度よく解析する上で現地のデータは必須であり、かつこれを収集するには現地の人たちの協力が重要となるからです。

　クライアントの課題に対する解決策を提案し、チームを組んで解析結果を提供するという一連の流れがあり、クライアントから「あぁ、こんなことがわかるんですか」と言われたときにはじめて、衛星データが役に立ったと言えると感じました。

■ 宮﨑 浩之(みやざき ひろゆき)
　2006年慶應義塾大学環境情報学部卒業 2008年東京大学大学院新領域創成科学研究科修士（環境学）修了 2011年同研究科博士（環境学）修了
● 研究分野は、衛星リモートセンシングによる社会経済モニタリング・モデリング、開発課題や国際協力プロジェクト等への応用。インターネットを通じて誰もがアクセスできる人工衛星による地球観測データと、世界的な普及が確立したオープンソースソフトウェアによるAI技術を駆使して、世界中の誰もがビジネス機会や就業機会に恵まれる将来を創造すべく2020年にGLODAL社を設立。

付　録

Appendix

Appendix 衛星データ解析手法別演習

A-1 CNN

　近年話題になっている深層学習（Deep Learning）の基礎的な概念を学びます。簡単な事例を使って深層学習を衛星画像解析に応用してみます。次の流れで説明します。

1. 深層学習とは
2. 実際にやってみよう

A-1-1 深層学習とは

　深層学習（Deep Learning）とは、人間の神経細胞の仕組みを再現したニューラルネットワークを多層に結合して学習能力を高めた機械学習手法の1つです。

　現在では、画像認識や音声認識、翻訳などさまざまな分野で使用されており、世界中で研究の競争が続いています。コンピュータの処理能力が近年向上したことで、このような計算量の多いアルゴリズムを実現できました。深層学習は機械学習の一種です。図A-1のように示せます。

図A-1 深層学習は機械学習の一要素

　深層学習とはニューラルネットワークでみられる隠れ層をより深い構造にしたものです。この構造を使って大規模なラベル付けされたデータを学習させます。図A-2のような構成になります。

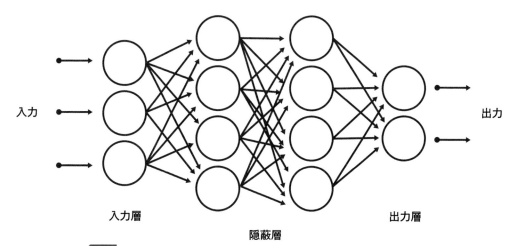

図A-2 深層学習（https://jp.mathworks.com/discovery/deep-learning.html）

　深層学習で現在最もよく使われているのは畳み込みニューラルネットワーク（CNN：Convolutional Neural Network）で、画像認識の分野で高い精度が得られます。衛星リモートセンシングでも、CNNを使った分類などの研究事例が増えてきました。

　CNNは図A-3のように、処理の層を何層にも重ねた一連のネットワークになっています。それぞれの層の詳細について気になる方は、ぜひ調べてみてください。

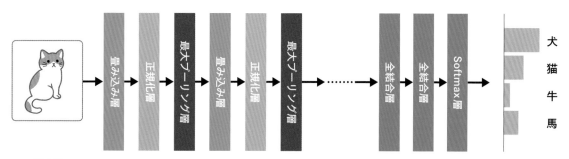

図A-3 畳み込みニューラルネットワーク（https://jp.mathworks.com/discovery/convolutional-neural-network.html）

　本章では深層学習のうち、画像を関心のオブジェクトとバックグラウンドに分割するセマンティックセグメンテーションを行います。今回はFCN（Fully Convolutional Network）の1つであるU-Netというネットワークを使用します。

U-Netとは

　U-Netは、MICCAI（Medical Image Computing and Computer-Assisted Intervention）2015で発表された U-Net: Convolutional Networks for Biomedical Image Segmentationで提案されたSemantic Segmentation

手法です。

　Semantic Segmentationとは、画像内の画素ひとつひとつに対してラベルづけする深層学習の手法の1つです。その名のとおり、U-Netはネットワーク構造がU字状です。

　U-Netは全結合層を持たず、畳み込み層で構成されているネットワークです。U-Netは、ほぼ左右対称のEncoder–Decoder構造でEncoderのpoolingを経て、ダウンサンプリングされた特徴マップをDecoderでアップサンプリングしていく手法をとります。U-NetではEncoderの各層で出力される特徴マップをDecoderの対応する各層の特徴マップに連結（concatenation）を導入しており、スキップ接続と呼ばれています。

A-1-2　実際にやってみよう

　今回は深層学習を用いて、衛星画像から建物を抽出します。次のような手順で行います。

1. データセットの準備
2. U-Netの学習
3. U-Netの評価

■●［Step 1］データセットの準備

　まずは、SpaceNetデータセットからデータをダウンロードするためにpipでAWS Command Line Interface（AWS CLI）をインストールします。

　SpaceNetは、アメリカのDigitalGlobe社が保有している複数の人工衛星が撮影した画像と建物や道路といった特定の地物のラベルがセットになったデータセットです。

```
!pip install awscli
```

　AWSのS3内にあるSpaceNetのデータをダウンロードします。

　次にダウンロードしたデータを解凍します。解凍後のディレクトリ名は、trainとしました。今回は、"SpaceNet 1: Building Detection v1"のデータセットをダウンロードしました。

```
!aws s3 cp s3://spacenet-dataset/spacenet/SN1_buildings/tarballs/SN1_buildings_train_AOI_1_Rio_3band.tar.
gz . --no-sign-request
!mkdir train && tar -zxvf SN1_buildings_train_AOI_1_Rio_3band.tar.gz -C train --strip-components 1
```

　次に、建物の位置が記されたファイルをダウンロードします。解凍後のディレクトリ名は、geojsonとしました。

```
!aws s3 cp s3://spacenet-dataset/spacenet/SN1_buildings/tarballs/SN1_buildings_train_AOI_1_Rio_geojson_
buildings.tar.gz . --no-sign-request
```

```
!mkdir geojson && tar -zxvf SN1_buildings_train_AOI_1_Rio_geojson_buildings.tar.gz -C geojson --strip-
components 1
```

　最後に、テストデータをダウンロードし，先ほどと同様に解凍します。解凍後のディレクトリ名は、test
としました。

```
!aws s3 cp s3://spacenet-dataset/spacenet/SN1_buildings/tarballs/SN1_buildings_test_AOI_1_Rio_3band.tar.gz
. --no-sign-request
!mkdir test && tar -zxvf SN1_buildings_test_AOI_1_Rio_3band.tar.gz -C test --strip-components 1
```

■■○ [Step 2] U-Net モデルの学習

　次に、学習の準備をしていきます。まずは、学習のために画像と建物の位置情報を対応付けます。

```python
import os
from tqdm import tqdm
from osgeo import gdal, ogr
from PIL import Image
import numpy as np

def create_poly_mask(rasterSrc, vectorSrc, npDistFileName='', noDataValue=0, burn_values=1):
    #建物の位置情報のデータを読み込む
    source_ds = ogr.Open(vectorSrc)
    source_layer = source_ds.GetLayer()

    #衛星画像を読み込む
    srcRas_ds = gdal.Open(rasterSrc)
    cols = srcRas_ds.RasterXSize
    rows = srcRas_ds.RasterYSize

    if npDistFileName == '':
        dstPath = ".tmp.tiff"
    else:
        dstPath = npDistFileName

    memdrv = gdal.GetDriverByName('GTiff')
    dst_ds = memdrv.Create(dstPath, cols, rows, 1, gdal.GDT_Byte, options=['COMPRESS=LZW'])
    dst_ds.SetGeoTransform(srcRas_ds.GetGeoTransform())
    dst_ds.SetProjection(srcRas_ds.GetProjection())
    band = dst_ds.GetRasterBand(1)
    band.SetNoDataValue(noDataValue)
    gdal.RasterizeLayer(dst_ds, [1], source_layer, burn_values=[burn_values])
    dst_ds = 0

    #衛星画像を建物の位置情報でマスクした画像
    mask_image = Image.open(dstPath)
    mask_image = np.array(mask_image)
```

```
  if npDistFileName == "" :
   os.remove(dstPath)

  return mask_image
def build_labels(src_raster_dir, src_vector_dir, dst_dir):
  os.makedirs(dst_dir, exist_ok=True)

  file_count = len([f for f in os.walk(src_vector_dir).__next__()[2] if f[-8:] == ".geojson" ])

  for idx in tqdm(range(1, file_count + 1)):
   src_raster_filename = "3band_AOI_1_RIO_img{}.tif" .format(idx)
   src_vector_filename = "Geo_AOI_1_RIO_img{}.geojson" .format(idx)
   src_raster_path = os.path.join(src_raster_dir, src_raster_filename)
   src_vector_path = os.path.join(src_vector_dir, src_vector_filename)
   dst_path = os.path.join(dst_dir, src_raster_filename)

   create_poly_mask(src_raster_path, src_vector_path, npDistFileName=dst_path, noDataValue=0, burn_
values=255)

if __name__ == "__main__" :
  src_raster_dir = "train" #Root directory for raster files (.tif)
  src_vector_dir = "geojson" #Root directory for vector files (.geojson)
  dst_dir = "buildingMaskImages" #Output directory

  build_labels(src_raster_dir, src_vector_dir, dst_dir) #本コードは下記GitHub注1を参考に作成。
```

次に、U-NetをPythonで実装したunetをpipでインストールします。

```
!pip install unet
```

最後にU-Netで学習します。

```
import os
import cv2
import glob
import numpy as np
import keras.backend as K
from keras.models import Model
from keras.layers.convolutional import Conv2D, ZeroPadding2D, Conv2DTranspose
from keras.layers.merge import concatenate
from keras.layers import LeakyReLU, BatchNormalization, Activation, Dropout, Input
from keras.optimizers import Adam
from keras.callbacks import ModelCheckpoint, EarlyStopping
from unet import UNet
class UNet(object):
    def __init__(self, input_channel_count, output_channel_count, first_layer_filter_count):
```

注1 https://github.com/motokimura/spacenet_lib/blob/master/create_poly_mask.py

```
self.INPUT_IMAGE_SIZE = 256
self.CONCATENATE_AXIS = -1
self.CONV_FILTER_SIZE = 4
self.CONV_STRIDE = 2
self.CONV_PADDING = (1, 1)
self.DECONV_FILTER_SIZE = 2
self.DECONV_STRIDE = 2

# (256 x 256 x input_channel_count)
inputs = Input((self.INPUT_IMAGE_SIZE, self.INPUT_IMAGE_SIZE, input_channel_count))

# エンコーダーの作成
# (128 x 128 x N)
enc1 = ZeroPadding2D(self.CONV_PADDING)(inputs)
enc1 = Conv2D(first_layer_filter_count, self.CONV_FILTER_SIZE, strides=self.CONV_STRIDE)(enc1)

# (64 x 64 x 2N)
filter_count = first_layer_filter_count*2
enc2 = self._add_encoding_layer(filter_count, enc1)

# (32 x 32 x 4N)
filter_count = first_layer_filter_count*4
enc3 = self._add_encoding_layer(filter_count, enc2)

# (16 x 16 x 8N)
filter_count = first_layer_filter_count*8
enc4 = self._add_encoding_layer(filter_count, enc3)

# (8 x 8 x 8N)
enc5 = self._add_encoding_layer(filter_count, enc4)

# (4 x 4 x 8N)
enc6 = self._add_encoding_layer(filter_count, enc5)

# (2 x 2 x 8N)
enc7 = self._add_encoding_layer(filter_count, enc6)

# (1 x 1 x 8N)
enc8 = self._add_encoding_layer(filter_count, enc7)

# デコーダーの作成
# (2 x 2 x 8N)
dec1 = self._add_decoding_layer(filter_count, True, enc8)
dec1 = concatenate([dec1, enc7], axis=self.CONCATENATE_AXIS)

# (4 x 4 x 8N)
dec2 = self._add_decoding_layer(filter_count, True, dec1)
dec2 = concatenate([dec2, enc6], axis=self.CONCATENATE_AXIS)

# (8 x 8 x 8N)
```

```
        dec3 = self._add_decoding_layer(filter_count, True, dec2)
        dec3 = concatenate([dec3, enc5], axis=self.CONCATENATE_AXIS)

        # (16 x 16 x 8N)
        dec4 = self._add_decoding_layer(filter_count, False, dec3)
        dec4 = concatenate([dec4, enc4], axis=self.CONCATENATE_AXIS)

        # (32 x 32 x 4N)
        filter_count = first_layer_filter_count*4
        dec5 = self._add_decoding_layer(filter_count, False, dec4)
        dec5 = concatenate([dec5, enc3], axis=self.CONCATENATE_AXIS)

        # (64 x 64 x 2N)
        filter_count = first_layer_filter_count*2
        dec6 = self._add_decoding_layer(filter_count, False, dec5)
        dec6 = concatenate([dec6, enc2], axis=self.CONCATENATE_AXIS)

        # (128 x 128 x N)
        filter_count = first_layer_filter_count
        dec7 = self._add_decoding_layer(filter_count, False, dec6)
        dec7 = concatenate([dec7, enc1], axis=self.CONCATENATE_AXIS)

        # (256 x 256 x output_channel_count)
        dec8 = Activation(activation='relu')(dec7)
        dec8 = Conv2DTranspose(output_channel_count, self.DECONV_FILTER_SIZE, strides=self.DECONV_STRIDE)
(dec8)
        dec8 = Activation(activation='sigmoid')(dec8)

        self.UNET = Model(input=inputs, output=dec8)

    def _add_encoding_layer(self, filter_count, sequence):
        new_sequence = LeakyReLU(0.2)(sequence)
        new_sequence = ZeroPadding2D(self.CONV_PADDING)(new_sequence)
        new_sequence = Conv2D(filter_count, self.CONV_FILTER_SIZE, strides=self.CONV_STRIDE)(new_sequence)
        new_sequence = BatchNormalization()(new_sequence)
        return new_sequence

    def _add_decoding_layer(self, filter_count, add_drop_layer, sequence):
        new_sequence = Activation(activation='relu')(sequence)
        new_sequence = Conv2DTranspose(filter_count, self.DECONV_FILTER_SIZE, strides=self.DECONV_STRIDE,
                                       kernel_initializer='he_uniform')(new_sequence)
        new_sequence = BatchNormalization()(new_sequence)
        if add_drop_layer:
            new_sequence = Dropout(0.5)(new_sequence)
        return new_sequence

    def get_model(self):
        return self.UNET
IMAGE_SIZE = 256
```

```python
# 値を-1から1に正規化する関数
def normalize_x(image):
    image = image/127.5 - 1
    return image

# 値を0から1に正規化する関数
def normalize_y(image):
    image = image/255
    return image

# 値を0から255に戻す関数
def denormalize_y(image):
    image = image*255
    return image


# インプット画像を読み込む関数
def load_X(folder_path):
    image_files = glob.glob(folder_path+"/*.tif")
    image_files.sort()
    images = np.zeros((len(image_files), IMAGE_SIZE, IMAGE_SIZE, 3), np.float32)
    for i, image_file in enumerate(image_files):
        image = cv2.imread(image_file, cv2.IMREAD_COLOR)
        image = cv2.resize(image, (IMAGE_SIZE, IMAGE_SIZE))
        images[i] = normalize_x(image)
    return images, image_files

# ラベル画像を読み込む関数
def load_Y(folder_path):
    image_files = glob.glob(folder_path+"/*.tif")
    image_files.sort()
    images = np.zeros((len(image_files), IMAGE_SIZE, IMAGE_SIZE, 1), np.float32)
    for i, image_file in enumerate(image_files):
        image = cv2.imread(image_file, cv2.IMREAD_GRAYSCALE)
        image = cv2.resize(image, (IMAGE_SIZE, IMAGE_SIZE))
        image = image[:, :, np.newaxis]
        images[i] = normalize_y(image)
    return images

# ダイス係数を計算する関数
def dice_coef(y_true, y_pred):
    y_true = K.flatten(y_true)
    y_pred = K.flatten(y_pred)
    intersection = K.sum(y_true * y_pred)
    return 2.0 * intersection / (K.sum(y_true) + K.sum(y_pred) + 1)

# ロス関数
def dice_coef_loss(y_true, y_pred):
    return 1.0 - dice_coef(y_true, y_pred)
```

```python
# U-Netのトレーニングを実行する関数
def train_unet():
    # 衛星画像を置いている場所を指定
    X_train, file_names = load_X( "train" )
    # mask画像を置いている場所を指定
    Y_train = load_Y( "buildingMaskImages" )

    # 入力はBGR3チャンネル
    input_channel_count = 3
    # 出力はグレースケール1チャンネル
    output_channel_count = 1
    # 一番初めのConvolutionフィルタ枚数は64
    first_layer_filter_count = 64
    # U-Netの生成
    network = UNet(input_channel_count, output_channel_count, first_layer_filter_count)
    model = network.get_model()
    model.compile(loss=dice_coef_loss, optimizer=Adam(), metrics=[dice_coef])

    BATCH_SIZE = 12
    NUM_EPOCH = 1
    history = model.fit(X_train, Y_train, batch_size=BATCH_SIZE, epochs=NUM_EPOCH, verbose=1)
    model.save_weights( 'unet_weights.hdf5' )
```

■■○ [Step 3] U-Netの評価

テストデータの衛星画像を用いて学習したU-Netでセグメンテーションを行います。

```python
def predict():
    # testデータのある場所を指定
    X_test, file_names = load_X( "test" )

    input_channel_count = 3
    output_channel_count = 1
    first_layer_filter_count = 64
    network = UNet(input_channel_count, output_channel_count, first_layer_filter_count)
    model = network.get_model()
    model.load_weights( 'unet_weights.hdf5' )
    BATCH_SIZE = 12
    Y_pred = model.predict(X_test, BATCH_SIZE)

    for i, y in enumerate(Y_pred):
        img = cv2.imread(file_names[i], cv2.IMREAD_COLOR)
        y = cv2.resize(y, (img.shape[1], img.shape[0]))
        img_2 = cv2.cvtColor(denormalize_y(y),cv2.COLOR_GRAY2BGR)
        left_img = np.array(img, dtype=" int32" )
        right_img = np.array(img_2, dtype=" int32" )
        result_img = cv2.hconcat([left_img, right_img])
        cv2.imwrite( 'result/prediction' + str(i) + '.png' , result_img)
```

```
if __name__ == '__main__':
    train_unet()
    predict()
```

　セグメンテーションの結果は、ディレクトリresultに入っています。なお、今回はU-Netの繰り返しの学習回数（epoch数）を1回にしています。epoch数（NUM_EPOCH）を変えるとさらに精度が上がりますので試してみてください。

A-2 その他の教師なし学習

A-2-1 階層クラスタリング

　階層クラスタリングは教師なし学習でよく使われる手法です。階層クラスタリングはかなりの計算処理能力が必要になるため、GPUを利用したデータ処理を推奨しています。そのため、本節ではGoogle Colabを利用した解析を前提にするとともに、解析範囲を狭めます。

A-2-2 階層クラスタリングとは何か

　クラスタリングとは端的にいうと、データセットをデータの類似度に基づいてデータセットを指定されたカテゴリ数に分けることです。分割されたデータの推論は人間が行う必要があります。クラスタリングにもいくつかの種類があり、階層クラスタリングと非階層クラスタリングに分けることができます。

　階層クラスタリングとは、個体（個々のデータ）間の類似の度合いを距離で評価し、距離の近いものから同一のクラスタと判定し、融合していく方法です。融合法ともよばれます。融合されたクラスタは新たな個体とみなされ、距離が計算されます。これをもとにクラスタの数が最終クラスタ数まで個体間の類似度の評価と融合が繰り返され、クラスタがまとめられていきます。

A-2-3 階層クラスタリングの理論的背景

　ここでは階層クラスタリングについて解説します。階層クラスタリングはN個のデータから、類似度の高い順に融合することを繰り返し、最終的にはN個のデータを1つのクラスタに統合する手法です。アルゴリズムは以下のようになります。

① $n = N$ とする
② $n \times n$ の距離行列を作る
③ 最も距離の近い2つのデータやクラスタをまとめ、1つのクラスタにする
④ $n = n-1$ にする
⑤ $n > 1$ であれば2へ、$n = 1$ であれば終了する

　類似度を測る距離には、さまざまな尺度が挙げられますが、ユークリッド距離がよく用いられます。以下の式で表されます。

$$d(x_i,\ x_j) = (\sum_{k=1}^{d} |\ x_{ik} - x_{jk}\ |)^{1/2}$$

クラスタ間の類似度の定義にもさまざまなものが挙げられます。

■○ 単連結法

　2つのクラスタの中で、最も近いベクトル同士の距離を、そのクラスタの距離とする方法です。クラスタ間の距離を$D(A,\ B)$、ベクトル同士の距離を$d(x,\ y)$とすると、以下の式で表されます。

$$D(A,\ B) = \min d(x,\ y)$$

■○ 完全連結法

　単連結法が最近傍距離を基準にしたのに対して、完全連結方は最遠隣距離、つまりクラスタ間で最も類似度の低いデータ間の距離をクラスタ間の距離とみなす方法です。次のように表されます。

$$D(A,\ B) = \max d(x,\ y)$$

■○ 群平均法

　2つのクラスタ内のすべてのデータ間の距離の平均でクラスタ間の距離を決める方法です。クラスタA, Bのデータ数をそれぞれN_A, N_Bとすると、以下の式で表されます。

$$D(A,\ B) = \frac{1}{N_A N_B} \sum_{x \in A, y \in B} d(x,\ y)$$

■○ ウォード法

　ウォード法はクラスタ間の距離をそれらを融合した時のクラスタ内変動の増加分で定義し、距離の小さなクラスタから融合していく方法です。クラスタ内変動の増加分は次の式で表されます。

$$D(A,\ B) = \sum_{x \in A,B} d(x,\ \mu_{AB})^2 - (\sum_{x \in A} d(x,\ \mu_A)^2 + \sum_{x \in B} d(x,\ \mu_B)^2)$$

scikit-learnや今回用いるscipyなどの機械学習ライブラリでは、階層クラスタリングのデフォルトはこのウォード法になっています。ウォード法は階層クラスタリングでは最も精度が高い方法とされています。

A-2-4　実際にやってみよう

　この章では階層クラスタリングを用いて、土地被覆分類を実行してみましょう。以下の流れで行います。

　①ライブラリのインポート
　②シーン検索と必要なデータの抽出

③特徴量の抽出

④分類の実行

⑤閾値の調整

⑥分類結果の可視化

■○ [Step 1] ライブラリのインポート

今回はLandsat 8の釧路地方の衛星画像を使って、土地被覆分類を行います。Google Earth Engine (GEE)のデータカタログから衛星画像データをインポートします。まずはGoogle ColabからGEEの認証を行います。事前にGoogle Earth Engineの公式ページよりサインアップを行っておいてください(Googleアカウントが必要です)。

下記のコードを実行すると、認証に必要なURLが表示されるのでクリックします。そのページで表示された認証コードを入力します。

```
!nvidia-smi
```

```
gpu_info = !nvidia-smi
gpu_info = '\n'.join(gpu_info)
if gpu_info.find('failed') >= 0:
  print('Not connected to a GPU')
else:
  print(gpu_info)
```

```
from psutil import virtual_memory
ram_gb = virtual_memory().total / 1e9
print('Your runtime has {:.1f} gigabytes of available RAM\n'.format(ram_gb))
if ram_gb < 20:
  print('Not using a high-RAM runtime')
else:
  print('You are using a high-RAM runtime!')
```

必要なライブラリのインポートをします。

```
!pip install rasterio
!pip install earthengine-api --upgrade
import numpy as np
import pandas as pd
import matplotlib.pyplot as plt
import rasterio
import glob
```

ColabがGoogleドライブにアクセスする権限を付与します。

```
from google.colab import drive
drive.mount('/content/drive')
```

■■○ [Step 2] シーン検索と必要なデータの抽出

　GEEのAPIからデータを取得するための認証を行います。GEEでのアカウント登録が必要です。GEEの
サイト[注2]から、サインアップしてアカウントを登録しましょう。

```
# Earth Engine Python APIのインポート
import ee
# GEEの認証・初期化
ee.Authenticate()
ee.Initialize()
```

　続いて、Landsat 8の衛星画像データをロードし、Google Driveに保存します。画像はGEEで検索します。

```
# 衛星画像を指定（Landsat 8）
Landsat8 = ee.Image('LANDSAT/LC08/C01/T1_RT/LC08_106030_20170905').select(['B5', 'B4', 'B3', 'B2']) #RGBの
バンドを指定

# 釧路周辺のエリアを設定
region = ee.Geometry.Rectangle([144.38671875, 43.0046135, 144.45703125, 42.94033923])
```

```
# Google Driveのフォルダにエクスポート
task = ee.batch.Export.image.toDrive(**{
    'image': Landsat8,
    'description': 'imagetoDrive_L8', #ファイル名
    'folder': 'Example_Data', #フォルダ名
    'scale': 30,
    'region': region.getInfo()['coordinates'],
    'crs': 'EPSG:4326'
})
task.start()
print('Done.')
```

　エクスポートした衛星画像を確認します（図A-4）。

```
# データの読み込み
with rasterio.open('/content/drive/My Drive/Example_Data/imagetoDrive_L8.tif') as src:
    arr = src.read()

# 可視化
plt.imshow(arr[1], cmap='Reds')
```

注2　https://earthengine.google.com/

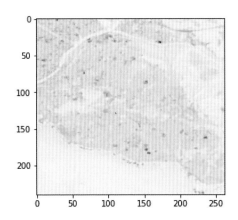

図A-4 エクスポートした衛星画像（Landsat 8 image courtesy of the U.S. Geological Survey）

■○ [Step 3] 特徴量の抽出

NVIを計算し、出力します（図A-5）。

```python
from skimage import io

# 正規化計算の関数を定義
def calc_normalized_index(band1, band2):
    shape = band1.shape
    assert shape == band2.shape, 'Two images are different sizes.'

    b1 = band1.flatten().astype(np.float32)
    b2 = band2.flatten().astype(np.float32)
    numer = b1 - b2
    denom = b1 + b2
    normalized_index = np.where(denom != 0, numer / denom, 0)
    return normalized_index.reshape(shape)

# 正規化指標の計算をする
calc_img = calc_normalized_index(arr[1, :, :], arr[2, :, :])

# NDVI画像を表示
io.imshow(calc_img)
```

特徴量のarrayを作成します。

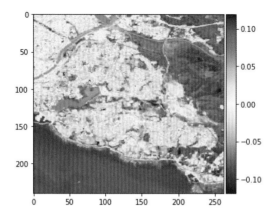

図A-5 NVI画像（Landsat 8 image courtesy of the U.S. Geological Survey）

特徴量のarrayを作成します。

```
nir_arr = arr[0, :, :].reshape([-1, 1]).astype(np.float32) #nir array
red_arr = arr[1, :, :].reshape([-1, 1]).astype(np.float32) #red array
green_arr = arr[2, :, :].reshape([-1, 1]).astype(np.float32) #green array
blue_arr = arr[3, :, :].reshape([-1, 1]).astype(np.float32) #blue array

# 特徴量のarrayを作成
features_arr = np.concatenate([nir_arr, red_arr, green_arr, blue_arr], axis=1)
```

■○ [Step 4] 分類の実行

それでは特徴量を用いて、階層クラスタリングによる分類を試してみましょう。今回は5クラスに分類してみます（表A-1）。

今回はscipyのcluster[注3]モジュールを使用します。詳しくは公式ドキュメントを参照してください。

```
from scipy.cluster.hierarchy import linkage,dendrogram,fcluster

#引数でウォード法を指定
Z = linkage(features_arr, method='ward', metric='euclidean')
pd.DataFrame(Z)
```

注3　https://docs.scipy.org/doc/scipy/reference/cluster.hierarchy.html

表A-1 分類データの作成（62879rows × 4columns）

	0	1	2	3
0	6176	6177	0	2
1	1	2	0	2
2	32702	32703	0	2
3	53	54	0	2
4	15224	15225	0	2
……	……	……	……	……
62874	125751	125753	259158.8	24376
62875	125746	125752	280064.9	14846
62876	125750	125754	427191.3	32959
62877	125748	125756	1037533	48034
62878	125755	125757	1400340	62880

　ここでデンドログラム（樹形図）を描いてみます（図A-6）。

```
dendrogram(Z)
plt.title("Dedrogram")
plt.ylabel("Threshold")
plt.show()
```

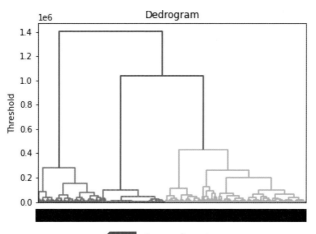

図A-6 デンドログラム図

■■○ [Step 5] 指定したクラスタ数でクラスタを得る

　クラスタの作成方法には、適切に閾値を設定する方法と、指定したクラスタ数を設定する方法があります。今回は4つのクラスタ数を指定して、クラスタを作成します。

```
# 指定したクラスタ数でクラスタを得る関数を作る。
def get_cluster_by_number(result, number):
    output_clusters = []
    x_result, y_result = result.shape
    n_clusters = x_result + 1
    cluster_id = x_result + 1
    father_of = {}
    x1 = []
    y1 = []
    x2 = []
    y2 = []
    for i in range(len(result) - 1):
        n1 = int(result[i][0])
        n2 = int(result[i][1])
        val = result[i][2]
        n_clusters -= 1
        if n_clusters >= number:
            father_of[n1] = cluster_id
            father_of[n2] = cluster_id

        cluster_id += 1
    cluster_dict = {}
    for n in range(x_result + 1):
        if n not in father_of:
            output_clusters.append([n])
            continue
        n2 = n
        m = False
        while n2 in father_of:
            m = father_of[n2]
            #print [n2, m]
            n2 = m
        if m not in cluster_dict:
            cluster_dict.update({m:[]})
        cluster_dict[m].append(n)

    output_clusters += cluster_dict.values()

    output_cluster_id = 0
    output_cluster_ids = [0] * (x_result + 1)
    for cluster in sorted(output_clusters):
        for i in cluster:
            output_cluster_ids[i] = output_cluster_id
        output_cluster_id += 1

    return output_cluster_ids
        output_cluster_id += 1


    return output_cluster_ids
```

次に4つのクラスタに指定します。

```
clusterIDs = get_cluster_by_number(Z, 4)
print(clusterIDs)
```

■○ [Step 6] 分類結果の可視化

分類結果を可視化します（図A-7）。

```
classified_img = np.array(clusterIDs).reshape((240, -1))

palette = np.uint8([[255, 0, 0], [255, 255, 0], [0, 255, 0], [0, 0, 255]])

plt.figure(figsize = (12,12))
plt.xticks(np.arange(0, 600, step=10))
plt.yticks(np.arange(0, 300, step=10))
plt.grid()
plt.title('Image Classification')
io.imshow(palette[classified_img])
```

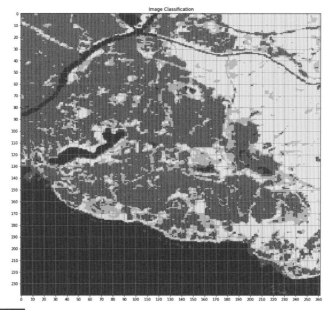

図A-7 出力結果（Landsat 8 image courtesy of the U.S. Geological Survey）

■○ [Step 7] 分類精度の評価

分類結果の精度を評価します。分類精度の評価には通常、混合行列（Confusion Matrix：分類精度行列／判別効率表などとも言う）を利用して表現します。これはクラス分類問題の結果を、「実際のクラス」と「予測したクラス」を軸として、表形式にまとめたものです。

　検証データには、宇宙航空研究開発機構（JAXA）が公開している高解像度土地利用土地被覆図[注4]を利用します（ダウンロードにはユーザー登録が必要です）。今回は分類に用いた衛星画像の撮影時期を考慮して、日本域10m解像度【2018 - 2020年】(ver.21.11) を使用します。Step.5までで作成した土地被覆分類結果を予測クラス、高解像度土地利用土地被覆図を実際のクラスとして混合行列を作成します。

　まずは分類を行った画像の範囲を関心領域として取得します。

　検証データの前処理を行います。ダウンロードしたデータは適切なパスにアップロードしてください。今回の釧路の位置を表示するにあたり、2枚のGeoTIFF形式の画像をダウンロードしました。まずはこれらを見てみましょう。GeoTIFF形式のデータを扱うにはgdalというライブラリを活用します。

　検証データの前処理を行います。ダウンロードしたデータは適切なパスにアップロードしてください。今回の釧路の位置を表示するにあたり、2枚のGeoTIFF形式の画像をダウンロードしました。まずはこれらを見てみましょう。GeoTIFF形式のデータを扱うにはGDALというライブラリを活用します。

```python
from osgeo import gdal, gdal_array, gdalconst

#1枚目
im1 = 'LC_N43E144.tif'
tif1 = gdal.Open(im1, gdalconst.GA_ReadOnly) # gdal.Openを使って画像を読み込み
imgArray1 = tif1.ReadAsArray() #画像を配列情報（Array）にする
plt.figure(figsize = (6,12))
plt.imshow(imgArray1)
```

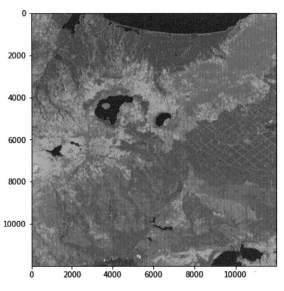

図A-8 出力結果の1枚目（Landsat 8 image courtesy of the U.S. Geological Survey）

注4　https://www.eorc.jaxa.jp/ALOS/jp/dataset/lulc_j.htm

```
#2枚目
im2 = 'LC_N42E144.tif'
tif2 = gdal.Open(im2, gdalconst.GA_ReadOnly)
imgArray2 = tif2.ReadAsArray()
plt.figure(figsize = (6,12))
plt.imshow(imgArray2)
```

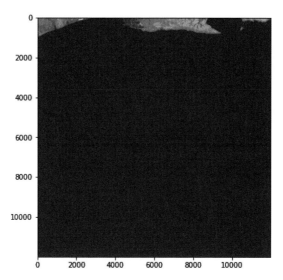

図A-9 出力結果の2枚目（Landsat 8 image courtesy of the U.S. Geological Survey）

　今回のケースは分類対象となる領域が2枚の画像に分かれてしまっているため、これらを結合します。分類対象地域が1つの画像データに収まっているのであれば、画像を結合する作業は必要ありません。

　2枚のGeoTIFF形式の画像を結合するのにgdal_mergeという機能を使用します。gdal_merge.pyはGDALライブラリの標準では無いため、Python内で使用するためには、機能を呼び出す必要があります。

　まずは、自身の環境から、gdal_mergeがどこにあるか以下のように確認します。端末の中に、gdal_merge.pyがどこにあるか、"which"コマンドで確認しましょう。

```
!which gdal_merge.py
```

　gdal_mergeを下記の方法でインポートします。

```
import sys
sys.path.append('/usr/bin/')
import gdal_merge
```

　gdal_mergeのseparateオプションを用いて、以下のように書きます。

```
#  2つの検証データ画像を結合する
#  gdal_merge.main(["","-o",{出力画像},"-separate",{入力画像1},{入力画像2},{入力画像3}])
gdal_merge.main(["", "-o", "val_im.tif", im1, im2])
#2枚の画像を1枚に結合した画像を表示
val_tif = gdal.Open("val_im.tif", gdalconst.GA_ReadOnly)
imgArray_val = val_tif.ReadAsArray()
plt.figure(figsize = (6,12))
plt.imshow(imgArray_val)
```

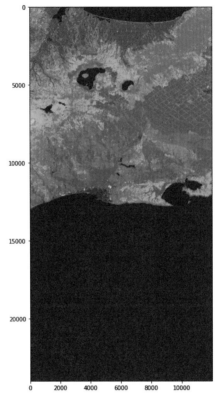

図A-10 合成した画像（Landsat 8 image courtesy of the U.S. Geological Survey）

　2枚のGeoTIFF画像を結合させ、検証データとなる釧路周辺の土地被覆分類図を表示することができました（図A-10）。

　続いて、先ほど取得した関心領域の左上・右下の緯度経度情報を用いて、結合した検証データの画像を切り出します。ここではgdal.Translateという機能を使います。

　またこのgdal.Tranlateは機能が豊富で、画像の分解能を調整するリサンプリングを行うことができます。今回の検証データは分解能（解像度）が10mである一方、元のLandsat 8データは30mであるため、切り出した画像のピクセル数が分類結果画像と合わなくなります。切り出した画像を分類結果画像と同じサイズで

ある240×262に直します（図A-11）。

```
# 以下の名前で保存
cut_val_tif_path = "cut_val_im.tif"

bbox = [144.38671875, 43.0046135, 144.45703125, 42.94033923]

# gdal.Translateを使って関心領域を切り出す
# gdal.Translate( [出力画像名] ,[入力画像名], width={X軸方向のピクセル数}, height={Y軸方向のピクセル数},
projWin=[xmin ymax xmax ymin], resampleAlg={nearest, averageなど})
cut_val_tif = gdal.Translate(cut_val_tif_path, val_tif, width=262, height=240, projWin=bbox,
resampleAlg="nearest")
cut_val_tif = None
# gdal.Openを使って画像読み込み
cut_val_tif_im = gdal.Open(cut_val_tif_path)

# 画像をarrayとする
cut_val_tif_arr = cut_val_tif_im.ReadAsArray()
plt.imshow(cut_val_tif_arr)
```

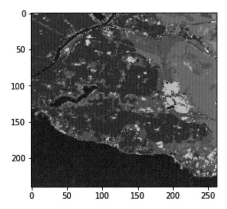

図A-11 画像サイズの修正（Landsat 8 image courtesy of the U.S. Geological Survey）

　関心領域で検証データを切り出すことができました。画像サイズも確認してみましょう。

```
cut_val_tif_arr.shape
```

　検証データも分類結果画像と同じ240×262にすることができました。

　しかし今回Landsat 8画像を4クラスに分類したのに対して、検証データは13クラスに分類されています。これを合わせる必要があります。

　Landsat 8画像はクラスの番号順に人工物（0）、草地／農地（1）、森林（2）、水域（3）に分類しました。検証データを以下のような分類クラスに直します。

0：未分類（Unclassified）

1：水域（Water）→水域

2：都市（Urban）→人工物

3：水田（Rice paddy）→草地／農地

4：畑地（Crops）→草地／農地

5：草地（Grassland）→草地／農地

6：落葉広葉樹（DBF）→森林

7：落葉針葉樹（DNF）→森林

8：常緑広葉樹（EBF）→森林

9：常緑針葉樹（ENF）→森林

10：裸地（Bare land）→草地／農地

11：竹林（Bamboo）→森林

12：ソーラーパネル（Solar panel）→人工物

未分類（Unclassified）があるかどうか確認します。

```
# 未分類(Unclassified)があるかどうか確認
val_arr = cut_val_tif_arr.copy() # 検証データのarrayをコピーして使用
print(np.where(val_arr == 0))
(array([], dtype=int64), array([], dtype=int64))
```

```
# np.selectを使って検証データの分類クラスをLandsat分類クラスに置換
val_arr = np.select([val_arr == 1, val_arr == 2, val_arr == 3, val_arr == 4, val_arr == 5, val_arr == 6,
val_arr == 7, val_arr == 8,
         val_arr == 9, val_arr == 10, val_arr == 11, val_arr == 12], [3, 0, 1, 1, 1, 2, 2, 2, 2, 1, 2, 0])
print(val_arr)
```

検証データの分類クラスを置換できました。これで混同行列を作成する準備が終わりです。表A-2のように scikit-learn の confusion_matrix[注5] の機能を使って簡単に混同行列を作成できます。

```
from sklearn.metrics import confusion_matrix

val_class = val_arr.flatten()
output_class = classified_img.flatten()
labels = [0, 1, 2, 3]

# confusion_matrix({検証データ},{分類結果データ})
cm = confusion_matrix(val_class, output_class, labels=labels)
```

注5　https://scikit-learn.org/stable/modules/generated/sklearn.metrics.confusion_matrix.html

```
print(cm)

# カラム名
columns = ['都市', '草地/農地', '森林', '水域']

n = len(columns)

actual = ['正解データ'] * n
pred = ['推定結果'] * n

# DataFrameを作成
cm_df = pd.DataFrame(cm, columns=[pred, columns], index=[actual, columns])

cm_df
```

表A-2 混同行列から得られた結果

		推定結果			
		都市	草地／農地	森林	水域
正解データ	都市	19006	705	2792	113
	草地／農地	4391	6536	4606	337
	森林	497	7593	1141	8
	水域	482	12	44	14617

　推定結果の精度を検証するための混同行列を作成できました。森林を草地／農地と推定してしまっていることがわかり、あまり精度が良いとは言えません。

Column

データサイエンティストの役割⑩
「衛星データで精密農業の実現」

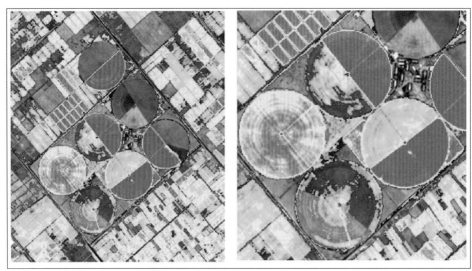

図A-12 センターピボット農業の植生指数マッピング

（Satellite Imaging Corporation　https://www.satimagingcorp.com/applications/natural-resources/agriculture/）

　衛星画像によって得られたデータからNDVIを始めとする植生指数を計算すると、農作物の生育の良し悪しを空間的に把握できます。たとえばこの情報を利用すると、必要な箇所に必要な量だけ肥料を与えることができます。このような手法は精密農業（Precision Agriculture）と言われており、この衛星画像に写っているセンターピボットのような大規模農業が中心の国（アメリカなど）ではすでに広がっています。また、余計な量の肥料を与えて土壌へ負荷をかけてしまうことも防げるので、環境負荷を下げる農業生産としても注目されています。トラクターなどの農機の自動運転も進んできていることから、土地利用型農業では、今後はほとんど人の手をかけずに農業生産ができるようになる可能性があります。

　一方、日本を始めとした生産規模が小さい国の農業に衛星画像を活用する場合、解像度が課題になります。また、撮影頻度も重要です。農作物は1週間で大きく変化することに加え、光学衛星の場合は天候の影響も受けるので、高頻度に撮影することが必要となります。とはいえ最近は、小型衛星を多数打ち上げてこの課題に取り組むスタートアップ企業が出てきたので、解決されるのはそう遠くない未来になりそうです。

■ 野秋 収平（のあき しゅうへい）
　東京大学大学院農学生命科学研究科修士課程修了。大学院では衛星画像やドローン空撮画像を用いた農地の画像解析に関する研究を行った。
● 静岡県生まれ。現在は株式会社CULTAにて代表取締役を務め、画像・3D解析技術の農業分野への応用を進めている。

著者プロフィール

田中康平（たなかこうへい）

青山学院大学非常勤講師　2017年総合研究大学院大学物理科学研究科宇宙科学専攻修了、博士（工学）。現在は青山学院大学の他、慶應義塾大学大学院システムデザイン・マネジメント研究科特任講師として研究に従事。立ち上げ当初から株式会社sorano meと宇宙ビジネスメディア宙畑にかかわり、衛星データ解析に関する業務や記事の企画編集を行う。超小型人工衛星の開発に複数機携わっていたものの、なかなか衛星データの利用が促進しないことに課題を感じて衛星データ利用に興味を持ち現職に至る。京都府出身。

田村賢哉（たむらけんや）

専門は地理学。東京大学渡邉英徳研究室の「ヒロシマ・アーカイブ」のプロジェクトに参加し、コミュニティベースの記憶の継承活動を研究テーマにする。2017年、「記憶」を現在のデータベースに保存しきれない課題から、データベース開発、可視化ツール開発をする株式会社Eukaryaを設立。2019年、国内クラウドファンディング史上最高額の2.76億円の調達に成功し、2021年に汎用WebGIS「Re:Earth」をリリースする。

東京大学大学院学際情報学府博士課程在籍、株式会社Eukarya 代表取締役、日本学術会議地理教育分科会地図・GIS小委員会委員、星槎大学 非常勤講師。

玉置慎吾（たまきしんご）

長崎大学熱帯医学・グローバルヘルス研究科修了、公衆衛生学修士（MPH）。現在は、企業のDXやデータ利活用におけるコンサルタント業務に携わる。専門は環境疫学であり、インドネシアでの大気汚染と特定疾患における健康被害の因果関係について研究を行った。株式会社sorano meで衛星データ解析に関する業務、宙畑での記事執筆も行う。春になったら野苺を摘むのが趣味、鹿児島県出身。

[監修]
宮﨑浩之（みやざきひろゆき）

2010年4月より東京大学にて日本学術振興会特別研究員、2012年4月より特任研究員、2016年4月より特任助教。2012年1月〜2015年3月にアジア開発銀行本部（フィリピン）に出向し、国際開発協力における地理空間情報技術の利活用と利用促進に従事。2016年8月よりアジア工科大学院（タイ）・客員助教。研究分野は、衛星リモートセンシングによる社会経済モニタリング・モデリング、開発課題や国際協力プロジェクト等への応用。2020年8月に株式会社GLODALを設立、宇宙利用・AI・IoTに関する研究開発事業と人材育成事業を国内外に展開している。

索 引

Staff

- 本文設計・組版　　BUCH⁺
- 装丁　　　　　　　Typeface
- 担当　　　　　　　池本公平
- Web ページ　　　　https://gihyo.jp/book/2022/978-4-297-13232-3

※本書記載の情報の修正・訂正については当該 Web ページおよび著者の GitHub リポジトリで行います。

Python で学ぶ衛星データ解析基礎
—— 環境変化を定量的に把握しよう

2022 年 12 月 31 日　初版　第 1 刷発行
2023 年 4 月 19 日　初版　第 2 刷発行

著　者	田中康平、田村賢哉、玉置慎吾
監　修	宮﨑浩之
発行者	片岡巌
発行所	株式会社技術評論社
	東京都新宿区市谷左内町 21-13
	電話　03-3513-6150　販売促進部
	電話　03-3513-6170　雑誌編集部
印刷／製本	図書印刷株式会社

定価はカバーに表示してあります。

ISBN978-4-297-13232-3 C3055
Printed in Japan

■ お問い合わせについて

- ご質問は、本書に記載されている内容に関するものに限定させていただきます。本書の内容と関係のない質問には一切お答えできませんので、あらかじめご了承ください。
- 電話でのご質問は一切受け付けておりません。FAX または書面にて下記までお送りください。また、ご質問の際には、書名と該当ページ、返信先を明記してくださいますようお願いいたします。
- お送りいただいた質問には、できる限り迅速に回答できるよう努力しておりますが、お答えするまでに時間がかかる場合がございます。また、回答の期日を指定いただいた場合でも、ご希望にお応えできるとは限りませんので、あらかじめご了承ください。

■ 問い合わせ先

〒162-0846
東京都新宿区市谷左内町 21-13
株式会社技術評論社　雑誌編集部
「Python で学ぶ衛星データ解析基礎」係
FAX　03-3513-6179